DIE GRUNDLEHREN DER
MATHEMATISCHEN WISSENSCHAFTEN

IN EINZELDARSTELLUNGEN MIT BESONDERER BERÜCKSICHTIGUNG DER ANWENDUNGSGEBIETE

HERAUSGEGEBEN VON

W. BLASCHKE · R. GRAMMEL · E. HOPF · F. K. SCHMIDT
B. L. VAN DER WAERDEN

BAND LII

FORMELN UND SÄTZE FÜR DIE SPEZIELLEN FUNKTIONEN DER MATHEMATISCHEN PHYSIK

VON

WILHELM MAGNUS UND FRITZ OBERHETTINGER

Springer-Verlag Berlin Heidelberg GmbH
1943

FORMELN UND SÄTZE FÜR DIE SPEZIELLEN FUNKTIONEN DER MATHEMATISCHEN PHYSIK

VON

DR. WILHELM MAGNUS

APL. PROFESSOR AN DER TECHNISCHEN HOCHSCHULE BERLIN

UND

DR. FRITZ OBERHETTINGER

BERLIN

Springer-Verlag Berlin Heidelberg GmbH

1943

Copyright 1943 by Springer-Verlag Berlin Heidelberg

Ursprünglich erschienen bei Springer-Verlag OHG. in Berlin 1943

ISBN 978-3-662-41656-3   ISBN 978-3-662-41791-1 (eBook)
DOI 10.1007/978-3-662-41791-1

Vorwort.

Die zunehmende Verwendung mathematischer Hilfsmittel in der physikalischen und technischen Literatur macht ein ständiges Nachschlagen in umfangreichen, mitunter schwer zugänglichen Werken der mathematischen Fachliteratur und in zahlreichen Einzelarbeiten notwendig. Dabei gibt es aber eine sehr große Zahl von Resultaten, insbesondere von Formeln, die sich auf geringem Raum wiedergeben lassen und einen großen Teil dessen ausmachen, was immer wieder gebraucht wird und immer wieder mit Mühe zusammengesucht werden muß. Die Verfasser hoffen, daß die von ihnen vorgelegte Übersicht über die Eigenschaften einer Reihe von speziellen Funktionen hier von Nutzen sein wird.

Um Unterbrechungen des Textes durch allzu viele Hinweise zu vermeiden, sind Zusammenstellungen der benutzten Abkürzungen und der verschiedenen Funktionssymbole sowie das Literaturverzeichnis am Schluß des Buches angefügt worden.

Alle Beweise, und alles, was zur Methode gehört, ist fortgelassen worden. Dementsprechend sind z. B. auch die zahlreichen Darstellungen der behandelten Funktionen durch Schleifenintegrale nicht aufgenommen worden, da diese wesentlich ein methodisches Hilfsmittel und nicht unmittelbar anzuwendende Formeln darstellen und im übrigen in den meisten Fällen aus den mitgeteilten Formeln in leicht ersichtlicher Weise gewonnen werden können.

Der Fragenkreis der Reihenentwicklungen nach orthogonalen Funktionen ist nicht berücksichtigt worden, da dies ohne ein ausführliches Eingehen auf Konvergenz- und Entwicklungssätze wenig sinnvoll zu sein schien; dementsprechend sind außer einigen speziellen Reihenentwicklungen nur die verschiedenen Orthogonalitätsrelationen angegeben worden.

Die LAMÉschen Funktionen sind fortgelassen und die Behandlung der MATHIEUschen Funktionen ist auf ein Mindestmaß beschränkt worden, da für diese beiden Funktionenklassen nur wenige abgeschlossene Resultate vorliegen, so daß ihre Verwendung ein Einarbeiten in die Methoden unerläßlich macht; gerade für diese Funktionen existiert im übrigen die ausführliche Monographie von M. I. O. STRUTT, auf die hier verwiesen werden kann.

Für freundlichen Rat und wertvolle Hilfe sind wir Frau Dr. FLÜGGE-LOTZ und den Herren Dr.-Ing. FLÜGGE, Professor Dr. H. GEPPERT, Professor Dr. R. GRAMMEL, Professor Dr. H. SCHMIDT und insbesondere Herrn Professor Dr. W. SÜSS zu größtem Dank verpflichtet.

Dem Springer-Verlag danken wir für die großzügige Unterstützung unserer Arbeit.

Berlin, im Januar 1943.

Die Verfasser.

Inhaltsverzeichnis.

Erstes Kapitel.
Die Gammafunktion.

Die Funktion[1] $\Gamma(z)$ ist eine analytische meromorphe Funktion von z mit einfachen Polen an den Stellen $z = -l$ für $l = 0, 1, 2, \ldots$ und den diesbezüglichen Residuen $\frac{(-1)^l}{l!}$. Sie ist als solche durch die folgenden drei Eigenschaften und die Forderung $\Gamma(1) = 1$ eindeutig bestimmt:

Die *Funktionalgleichung* $\Gamma(z + 1) = z\Gamma(z)$.

$\Gamma(z)$ ist reell und positiv, wenn z reell und positiv ist.

Für reelle positive Werte von z ist $(\Gamma'(z))^2 < \Gamma(z)\Gamma''(z)$.

Weitere Funktionalgleichungen:

$$\Gamma(z)\,\Gamma(1-z) = \frac{\pi}{\sin \pi z}; \quad \Gamma\left(\frac{1}{2} + z\right)\Gamma\left(\frac{1}{2} - z\right) = \frac{\pi}{\cos \pi z}$$

$$(Ergänzungssätze),$$

$$\Gamma(z)\,\Gamma\left(z + \frac{1}{n}\right)\Gamma\left(z + \frac{2}{n}\right)\ldots\Gamma\left(z + \frac{n-1}{n}\right) = (2\pi)^{(n-1)/2}\, n^{1/2 - nz}\,\Gamma(nz)$$

$$(Multiplikationstheorem;\ n = 2, 3, 4, \ldots).$$

Insbesondere für $n = 2$ und $n = 3$

$$\Gamma(2z) = \frac{1}{\sqrt{2\pi}} \cdot 2^{-1/2}\, 2^{2z}\, \Gamma(z)\,\Gamma\left(z + \frac{1}{2}\right)$$

$$\Gamma(3z) = \frac{1}{2\pi} \cdot 3^{-1/2}\, 3^{3z}\, \Gamma(z)\,\Gamma\left(z + \frac{1}{3}\right)\Gamma\left(z + \frac{2}{3}\right).$$

Spezielle Werte:

$$\Gamma(n + 1) = n!\ (n = 0, 1, 2, \ldots);$$

$$\Gamma\left(\frac{1}{2}\right) = \sqrt{\pi}; \quad \prod_{n=1}^{8} \Gamma\left(\frac{n}{3}\right) = \frac{640}{3^6}\left(\frac{\pi}{\sqrt{3}}\right)^3;$$

$$\frac{(\Gamma(\tfrac{1}{4})^4)}{16\pi^2} = \frac{3^2}{3^2 - 1}\,\frac{5^2 - 1}{5^2}\,\frac{7^2}{7^2 - 1}\,\frac{9^2 - 1}{9^2}\cdots; \quad \cdot\frac{\Gamma'(1)}{\Gamma(1)} - \frac{\Gamma'(\tfrac{1}{4})}{\Gamma(\tfrac{1}{4})} = 2\ln 2.$$

Verschiedene analytische Ausdrücke für $\Gamma(z)$:

$$\Gamma(z) = \int_0^\infty e^{-t}\, t^{z-1}\, dt = \int_0^1 \left(\ln\frac{1}{t}\right)^{z-1} dt \qquad (\mathrm{Re}\, z > 0),$$

$$\Gamma(z) = \int_0^\infty \left[e^{-t} - \sum_{l=0}^{n} \frac{(-t)^l}{l!}\right] t^{z-1}\, dt,$$

---

[1] Vielfach wird $\Gamma(z + 1)$ mit $\Pi(z)$ oder mit $z!$ bezeichnet und „Fakultät von z" genannt.

wobei n die nächst kleinere ganze Zahl der Reihe 0, 1, 2, . . . zu Re $(-z)$ ist.

$$\frac{1}{\Gamma(z)} = z e^{Cz} \prod_{n=1}^{\infty}\left(1 + \frac{z}{n}\right) e^{-z/n} = \lim_{m\to\infty} m^{1-z} \prod_{n=1}^{m}\left(1 + \frac{z-1}{n}\right)$$

mit
$$C = \lim_{m\to\infty}\left(\sum_{l=1}^{m}\frac{1}{l} - \ln m\right) = 0{,}577215\ldots;$$

C heißt „EULERsche Konstante"; diese wird vielfach auch mit γ bezeichnet.

$$\frac{\Gamma(x+1)\Gamma(y+1)}{\Gamma(x+y+1)} = \prod_{n=1}^{\infty}\frac{n(y+x+n)}{(x+n)(y+n)}$$

$$(x,\ y \neq -1,\ -2,\ -3,\ \ldots).$$

Es sei $\alpha = e^{2\pi i/n}$ und $n = 2, 3, 4, \ldots$; dann ist

$$\frac{1}{\Gamma(-z)\,\Gamma(-\alpha z)\ldots\Gamma(-\alpha^{n-1}z)} = -z^n\left[1-\left(\frac{z}{1}\right)^n\right]\left[1-\left(\frac{z}{2}\right)^n\right]\left[1-\left(\frac{z}{3}\right)^n\right]\cdots$$

$$\frac{\sqrt{\pi}}{\Gamma\left(1+\frac{z}{2}\right)\Gamma\left(\frac{1-z}{2}\right)} = (1-z)\left(1+\frac{z}{2}\right)\left(1-\frac{z}{3}\right)\left(1+\frac{z}{4}\right)\cdots$$

$$\frac{\Gamma(x+iy)}{\Gamma(x)} = e^{-iCy}\,\frac{x}{x+iy}\prod_{n=1}^{\infty}\left[\frac{e^{iy/n}}{1+\dfrac{iy}{x+n}}\right]$$

$$(x,\ y \text{ reell};\ x > 0),$$

$$\frac{\Gamma(x+iy)\,\Gamma(x-iy)}{\Gamma^2(x)} = \left|\frac{\Gamma(x+iy)}{\Gamma(x)}\right|^2 = \prod_{n=0}^{\infty}\left[\frac{1}{1+\dfrac{y^2}{(x+n)^2}}\right]$$

$$(x,\ y \text{ reell};\ x > 0),$$

$$\frac{\Gamma(z)\,\Gamma(\frac{1}{2})}{\Gamma(z+\frac{1}{2})} = \sum_{n=0}^{\infty}\frac{(2n)!}{2^{2n}\,n!\,n!}\,\frac{1}{z+n}\,,$$

$$\frac{\Gamma(z)\,\Gamma(a+1)}{\Gamma(z+a)} = \sum_{n=0}^{\infty}(-1)^n\,\frac{a(a-1)(a-2)\ldots(a-n)}{n!}\,\frac{1}{z+n}$$

$$(a \text{ reell und positiv}).$$

Die Funktion $\dfrac{d\ln\Gamma(z)}{dz} = \dfrac{\Gamma'(z)}{\Gamma(z)}$ wird mit $\psi(z)$ bezeichnet.

Es ist

$$\psi(z) = \int_0^\infty \left[\frac{e^{-t}}{t} - \frac{e^{-zt}}{1 - e^{-t}} \right] dt = \int_0^\infty \left[e^{-t} - \frac{1}{(1+t)^z} \right] \frac{dt}{t}$$

$$= \int_0^1 \left[\frac{-1}{\ln t} - \frac{t^{z-1}}{1-t} \right] dt \qquad \text{(für } \operatorname{Re} z > 0\text{)}$$

$$= -C + \sum_{n=1}^\infty \left(\frac{1}{n} - \frac{1}{z+n} \right),$$

$$\psi(z) = \ln z - \frac{1}{2z} - 2 \int_0^\infty \frac{t\, dt}{(t^2 + z^2)(e^{2\pi t} - 1)}$$

$$\left(|\arg z| < \frac{\pi}{2} \right),$$

$$\frac{d^2 \ln \Gamma(z)}{dz^2} = \frac{\Gamma(z)\,\Gamma''(z) - \Gamma'^2(z)}{\Gamma^2(z)} \equiv \psi'(z) = \sum_{n=0}^\infty \frac{1}{(z+n)^2},$$

$$\psi(1) = -C; \quad \psi(n+1) = -C + 1 + \frac{1}{2} + \frac{1}{3} + \cdots + \frac{1}{n}$$

$$(n = 1, 2, 3, \ldots),$$

$$\psi\left(\tfrac{1}{2}\right) = -C - 2\ln 2,$$

$$\psi\left(\frac{1}{2} \pm n\right) = -\ln 4\gamma + 2\left[1 + \frac{1}{3} + \frac{1}{5} + \cdots + \frac{1}{2n-1} \right]$$

$$(n = 1, 2, 3, \ldots; \ \gamma = e^C = 1{,}78107\ldots),$$

$$\ln \Gamma(z) = (z - \tfrac{1}{2}) \ln z - z + \frac{1}{2} \ln 2\pi + 2 \int_0^\infty \frac{\operatorname{arc tg} t/z}{e^{2\pi t} - 1} dt,$$

wobei $\operatorname{Re} z > 0$ und $\operatorname{arc\,tg} w = \int_0^w \frac{ds}{1 + s^2}$, erstreckt über einen geradlinigen Integrationsweg in der komplexen w-Ebene ist.

Asymptotische Entwicklung für $\Gamma(z)$ *bei großen Werten von* $|z|$: *Die Formel von* STIRLING:

$$\ln \Gamma(z) = \left(z - \frac{1}{2}\right) \ln z - z + \frac{1}{2} \ln 2\pi + \sum_{n=1}^{N-1} (-1)^{n-1} \frac{B_{2n}\, z^{1-2n}}{2n(2n-1)} + R_N(z).$$

Hierbei ist $|\arg z| < \pi$, die Zahlen B_{2n} sind die BERNOULLIschen Zahlen, welche durch

$$B_0 = 1, \ B_1 = \tfrac{1}{2}, \ B_{2n+1} = 0 \quad \text{(für } n = 1, 2, \ldots\text{)},$$

$$B_{2n} = \frac{2(2n)!}{(2\pi)^{2n}} \sum_{k=1}^\infty \frac{1}{k^{2n}},$$

oder durch

$$\frac{t}{1-e^{-t}} = B_0 + B_1 t + \sum_{n=1}^{\infty} (-1)^{n+1} \frac{B_{2n}}{(2n)!}\, t^{2n}$$

definiert sind, und es ist, mit $\arg z = \varphi$,

$$|\,R_N(z)\,| \leq \frac{B_{2N}}{2N(2N-1)\,|z|^{2N-1}\left(\cos\dfrac{\varphi}{2}\right)^{2N-1}}.$$

Hieraus findet man für $\Gamma(z)$ eine asymptotische Entwicklung, deren erste Glieder die Formel ergeben:

$$\Gamma(z) = e^{(z-1/2)\ln z - z}\,\sqrt{2\pi}\left[1 + \frac{1}{12\,z} + \frac{1}{288\,z^2} - \frac{139}{51840\,z^3} - \frac{71}{2488320\,z^4} + O\,(z^{-5})\right]$$

$$(\,|\arg z\,| < \pi).$$

Für reelle positive z ist der Fehler kleiner als das letzte noch berücksichtigte Glied.

Bestimmte Integrale, die auf die Gammafunktion führen: Man definiert die *Beta-Funktien* $B(x,\,y)$ durch

$$B(x,\,y) = \int_0^1 t^{x-1}\,(1-t)^{y-1}\,dt$$

$$(\operatorname{Re} x > 0,\ \operatorname{Re} y > 0).$$

Es ist

$$B(x,\,y) = \frac{\Gamma(x)\,\Gamma(y)}{\Gamma(x+y)} = B(y,\,x),$$

$$B(x,\,y)\,B(x+y,\,z) = B(y,\,z)\,B(y+z,\,x).$$

Für $n,\,m = 1,\,2,\,3,\,\ldots$ ist

$$\frac{1}{B(n,\,m)} = \binom{n+m-1}{n-1} = \binom{n+m-1}{m-1},$$

$$\int_0^1 t^{x-1}\,(1-t)^{y-1}\,\frac{dt}{(t+p)^{x+y}} = \frac{\Gamma(x)\,\Gamma(y)}{\Gamma(x+y)}\,\frac{1}{(1+p)^x\,p^y}$$

$$(\operatorname{Re} x > 0,\ \operatorname{Re} y > 0;\ p \text{ reell und positiv}),$$

$$\int_0^{\infty} \frac{t^x}{(1+t)^{1+y}}\,dt = \frac{\Gamma(x+1)\,\Gamma(y-x)}{\Gamma(y+1)}$$

$$(\operatorname{Re} y > \operatorname{Re} x > -1),$$

$$\int_0^{\infty} \frac{t^x}{(1+t^z)^{1+y}}\,dt = \frac{1}{z}\,\frac{\Gamma\left(\dfrac{x+1}{z}\right)\Gamma\left(y - \dfrac{x-z+1}{z}\right)}{\Gamma(y+1)}$$

$$\left(\operatorname{Re} z > 0;\ \operatorname{Re} y > \operatorname{Re}\frac{x-z+1}{z};\ \operatorname{Re} x > -1;\ \operatorname{Re} y > -1\right),$$

$$\int\limits_0^\infty e^{-at^x}\, t^y\, dt = \frac{1}{y+1}\, \frac{\Gamma\!\left(\frac{x+y+1}{x}\right)}{a^{(y+1)/x}}$$

$$(\operatorname{Re} a > 0,\ \ \operatorname{Re} x > 0,\ \ \operatorname{Re} y > -1),$$

$$\int\limits_{-1}^{+1} \frac{(1+t)^{2x-1}\,(1-t)^{2y-1}}{(1+t^2)^{x+y}}\, dt = 2^{x+y-2}\,\frac{\Gamma(x)\,\Gamma(y)}{\Gamma(x+y)}$$

$$(\operatorname{Re} x > 0,\ \ \operatorname{Re} y > 0),$$

$$\int\limits_0^1 (1-t^x)^{-1/y}\, dt = \frac{\Gamma\!\left(\frac{1+x}{x}\right)\Gamma\!\left(\frac{1-y}{y}\right)}{\Gamma\!\left(1+\frac{1}{x}-\frac{1}{y}\right)}$$

$$(x,\, y \ \text{reell};\ \ x > 0,\ y > 1),$$

$$\int\limits_0^{\pi/2} \sin^{2x}\varphi\,\cos^{2y}\varphi\, d\varphi = \frac{\pi}{2^{2x+2y+1}}\, \frac{\Gamma(2x+1)\,\Gamma(2y+1)}{\Gamma(x+1)\,\Gamma(y+1)\,\Gamma(x+y+1)}$$

$$= \frac{\Gamma(x+\tfrac{1}{2})\,\Gamma(y+\tfrac{1}{2})}{2\,\Gamma(x+y+1)}$$

$$(\operatorname{Re} x > -\tfrac{1}{2},\ \ \operatorname{Re} y > -\tfrac{1}{2}),$$

$$\int\limits_0^{\pi/2} \cos^x t\,\cos yt\, dt = \frac{\pi}{2^{x+1}}\, \frac{\Gamma(x+1)}{\Gamma\!\left(\frac{x+y}{2}+1\right)\Gamma\!\left(\frac{x-y}{2}+1\right)}$$

$$(\operatorname{Re} x > -1),$$

$$\int\limits_0^\infty \frac{\sin xt}{t^y}\, dt = \frac{\Gamma(1-y)}{x^{1-y}}\cos\frac{\pi y}{2}$$

$$(x,\, y \ \text{reell und positiv};\ \ 0 < y < 2).$$

$$\int\limits_0^\infty \frac{\cos xt}{t^y}\, dt = \frac{\Gamma(1-y)}{x^{1-y}}\sin\frac{\pi y}{2}$$

$$(x,\, y \ \text{reell und positiv};\ \ 0 < y < 1),$$

$$\int\limits_0^\infty \frac{\mathfrak{Cof}\,(2yt)}{(\mathfrak{Cof}\,t)^{2x}}\, dt = 2^{2x-2}\,\frac{\Gamma(x+y)\,\Gamma(x-y)}{\Gamma(2x)}$$

$$(\operatorname{Re} x > |\operatorname{Re} y|;\ \ \operatorname{Re} x > 0),$$

$$\int\limits_0^{\pi/2} \sin^{3/2} t\, dt = \int\limits_0^{\pi/2} \cos^{3/2} t\, dt = \frac{1}{6\,\sqrt{2\pi}}\,\Gamma^2\!\left(\tfrac{1}{4}\right),$$

$$\int_0^1 \frac{dt}{\sqrt{1-t^3}} = \frac{1}{2\,\pi\,3^{1/2}\cdot 2^{1/3}}\,\Gamma^2\!\left(\frac{1}{3}\right); \quad \int_0^1 \frac{t\,dt}{\sqrt{1-t^3}} = \frac{\sqrt{3}}{\pi\,2^{2/3}}\,\Gamma^2\!\left(\frac{2}{3}\right),$$

$$\int_0^1 \frac{dt}{\sqrt{1-t^4}} = \frac{1}{4\,\sqrt{2\,\pi}}\,\Gamma^2\!\left(\frac{1}{4}\right),$$

$$\int_0^1 \frac{t^{x-1}}{1+t}\,dt = \frac{1}{2}\left[\psi\!\left(\frac{1+x}{2}\right) - \psi\!\left(\frac{x}{2}\right)\right]$$

$$(\operatorname{Re} x > 0),$$

$$\int_0^1 \frac{t^{x-1}(1-t^y)}{1-t}\,dt = \psi(x+y) - \psi(x)$$

$$(\operatorname{Re}(x+y) > 0, \quad \operatorname{Re} x > 0),$$

$$\int_0^1 \frac{t^x - t^y}{t\,(1-t)}\,dt = \psi(y) - \psi(x)$$

$$(\operatorname{Re} x > 0, \ \operatorname{Re} y > 0).$$

Ergänzungen:

$$\ln \Gamma(z) = \left(z - \tfrac{1}{2}\right)\ln z - z + \tfrac{1}{2}\ln 2\,\pi +$$

$$+ \frac{1}{2}\left[\frac{1}{2\cdot 3}\sum_{n=1}^{\infty}\frac{1}{(z+n)^2} + \frac{2}{3\cdot 4}\sum_{n=1}^{\infty}\frac{1}{(z+n)^3} + \frac{3}{4\cdot 5}\sum_{n=1}^{\infty}\frac{1}{(z+n)^4} + \cdots\right]$$

$$(\,|\arg z| < \pi),$$

$$\int_z^{z+1} \ln \Gamma(\zeta)\,d\zeta = z\ln z - z + \tfrac{1}{2}\ln 2\,\pi$$

$$(\text{geradliniger Integrationsweg}; \ |\arg z| < \pi).$$

Einige bestimmte Integrale für die EULER*sche Konstante:*

$$C = -\int_0^{\infty} e^{-t}\ln t\,dt = -\int_0^1 \ln\left(\ln\frac{1}{t}\right) dt$$

$$= \int_0^1 \left[\frac{1}{\ln t} + \frac{1}{1-t}\right] dt = -\int_0^{\infty}\left[\cos t - \frac{1}{1+t}\right]\frac{dt}{t}$$

$$= -\int_0^{\infty}\left[e^{-t} - \frac{1}{1+t}\right]\frac{dt}{t} = 1 - \int_0^{\infty}\left[\frac{\sin t}{t} - \frac{1}{1+t}\right]\frac{dt}{t}$$

$$= -\int_0^{\infty}\left[e^{-t} - \frac{1}{1+t^2}\right]\frac{dt}{t}.$$

Integrale mit der Gammafunktion im Integranden treten hauptsächlich bei der MELLIN-Transformation auf; vgl. Kap. VIII, § 4. Hier ist noch anzumerken:

$$\int_{-\infty}^{+\infty} \frac{e^{its}\,ds}{\Gamma(\mu + s)\,\Gamma(\nu - s)} = \begin{cases} \dfrac{[2\cos \frac{1}{2}t]^{\mu+\nu-2}}{\Gamma(\mu + \nu - 1)}\, e^{\frac{1}{2}it(\nu-\mu)} & \text{für } |t| < \pi \\[2ex] 0 & \text{für } |t| > \pi \end{cases}$$

$$(t \text{ reell}; \quad \mathrm{Re}\,(\nu + \mu) > 1).$$

Zweites Kapitel.
Die hypergeometrische Funktion.

§ 1. Die hypergeometrische Reihe.

Hypergeometrische Funktionen werden die Lösungen der hypergeometrischen Differentialgleichung

$$z(1 - z)\frac{d^2 u}{dz^2} + [c - (a + b + 1)z]\frac{du}{dz} - ab\,u = 0$$

genannt; eine bei $z = 0$ reguläre Lösung dieser Differentialgleichung wird gegeben durch die hypergeometrische Reihe

$$u = F(a, b;\, c;\, z) = 1 + \frac{ab}{c}\frac{z}{1!} + \frac{a(a + 1)\,b(b + 1)}{c(c + 1)}\frac{z^2}{2!} + \cdots.$$

Die hypergeometrische Reihe bricht ab, wenn a oder b gleich $-n$ $(n = 0, 1, 2, \ldots)$ ist.

Wenn $c = -n$, ist die Reihe wegen des Verschwindens der Nenner vom $n + 2$ten Gliede ab nicht definiert, sofern sie nicht wegen a oder b gleich $-m$ $(m < n,\, m = 0, 1, 2, \ldots)$ abbricht.

Es gilt aber:

$$\lim_{c = -n} \frac{F(a, b;\, c;\, z)}{\Gamma(c)}$$

$$= \frac{a(a + 1)\ldots(a+n)\,b(b+1)\ldots(b + n)\,z^{n+1}\,F(a+n+1, b+n+1;\, n+2;\, z)}{(n + 1)!}$$

$$(n = 0, 1, 2, \ldots).$$

Falls a, b, c von Null verschieden und keine negativen ganzen Zahlen sind, ist der Konvergenzkreis der hypergeometrischen Reihe der Einheitskreis $|z| = 1$. Es gelten dann folgende Konvergenzbedingungen:

$1 > \mathrm{Re}\,(a + b - c) \geq 0$ **Konvergenz auf dem ganzen Einheitskreis mit Ausnahme von $z = 1$.**

$\mathrm{Re}\,(a + b - c) < 0$ **(Absolute) Konvergenz auf dem ganzen Einheitskreis einschließlich $z = 1$.**

$\mathrm{Re}\,(a + b - c) \geq 1$ **Divergenz auf dem ganzen Einheitskreis.**

Für $z = 1$ ergibt sich im Falle $\mathrm{Re}(a + b - c) < 0$

$$F(a, b;\ c;\ 1) = \frac{\Gamma(c)\ \Gamma(c - a - b)}{\Gamma(c - a)\ \Gamma(c - b)}.$$

Für die Ableitungen gilt:

$$\frac{dF}{dz} = \frac{a\,b}{c}\, F(a + 1,\, b + 1;\ c + 1;\ z),$$

$$\frac{d^2F}{dz^2} = \frac{a(a + 1)\,b(b + 1)}{c\,(c + 1)}\, F(a + 2,\, b + 2;\ c + 2;\ z).$$

Darstellung elementarer Funktionen durch hypergeometrische Reihen:

$$(1 + x)^n = F(-n,\, 1;\, 1;\, -x), \qquad F\left(\frac{1+n}{2},\, \frac{1-n}{2};\, \frac{3}{2};\, x^2\right) = \frac{\sin(n\arcsin x)}{n\,x},$$

$$\ln(1 + x) = x\, F(1,\, 1;\, 2;\, -x), \qquad F\left(1 + \frac{n}{2},\, 1 - \frac{n}{2};\, \frac{3}{2};\, x^2\right) = \frac{\sin(n\arcsin x)}{n\,x\sqrt{1-x^2}},$$

$$\arcsin x = x\, F\left(\frac{1}{2},\, \frac{1}{2};\, \frac{3}{2};\, x^2\right), \qquad F\left(\frac{n}{2},\, -\frac{n}{2};\, \frac{1}{2};\, x^2\right) = \cos(n\arcsin x),$$

$$\operatorname{arc\,tg} x = x\, F\left(\frac{1}{2},\, 1;\, \frac{3}{2};\, -x^2\right), \quad F\left(\frac{1+n}{2},\, \frac{1-n}{2};\, \frac{1}{2};\, x^2\right) = \frac{\cos(n\arcsin x)}{\sqrt{1-x^2}},$$

$$\sin n x = n \sin x\, F\left(\frac{1+n}{2},\, \frac{1-n}{2};\, \frac{3}{2};\, \sin^2 x\right),$$

$$e^{-n\,x} = (2\,\mathfrak{Cof}\, x)^{-n}\, \frac{\mathfrak{Sin}\, x}{\mathfrak{Cof}\, x}\, F\left(1 + \frac{n}{2},\, \frac{1+n}{2};\, 1 + n;\, \frac{1}{\mathfrak{Cof}^2 x}\right),$$

$$\cos n x = F\left(\frac{n}{2},\, -\frac{n}{2};\, \frac{1}{2};\, \sin^2 x\right),$$

$$\cos n x = \cos x\, F\left(\frac{1+n}{2},\, \frac{1-n}{2};\, \frac{1}{2};\, \sin^2 x\right),$$

$$\cos n x = \cos^n x\, F\left(-\frac{n}{2},\, \frac{1-n}{2};\, \frac{1}{2};\, -\operatorname{tg}^2 x\right),$$

$$\ln\left(\frac{1+x}{1-x}\right) = 2\,x\, F\left(\frac{1}{2},\, 1;\, \frac{3}{2};\, x^2\right).$$

Für die hypergeometrische Reihe existiert folgende Integraldarstellung:

$$F(a, b;\ c;\ z) = \frac{\Gamma(c)}{\Gamma(b)\,\Gamma(c - b)} \int_0^1 t^{b-1}(1 - t)^{c-b-1}(1 - t\,z)^{-a}\, dt$$

$$(\mathrm{Re}(c) > \mathrm{Re}(b) > 0).$$

Transformationsformeln für die hypergeometrische Funktion:

$$F(a,\, b;\ c;\ z) = (1 - z)^{-a}\, F\left(a,\, c - b;\ c;\ \frac{z}{z - 1}\right)$$

$$= (1 - z)^{-b}\, F\left(b,\, c - a;\ c;\ \frac{z}{z - 1}\right)$$

$$= (1 - z)^{c-a-b}\, F(c - a,\, c - b;\ c;\ z),$$

$$F(a, b; c; z) = \frac{\Gamma(c)\,\Gamma(c-a-b)}{\Gamma(c-a)\,\Gamma(c-b)}\, F(a, b; a+b-c+1; 1-z) +$$

$$+ (1-z)^{c-a-b}\, \frac{\Gamma(c)\,\Gamma(a+b-c)}{\Gamma(a)\,\Gamma(b)}\, F(c-a, c-b; c-a-b+1; 1-z),$$

$$F(a, b; c; z) = \frac{\Gamma(c)\,\Gamma(a-b)}{\Gamma(b)\,\Gamma(a-c)}\,(-z)^{-a}\, F\!\left(a, 1-c+a; 1-b+a; \frac{1}{z}\right) +$$

$$+ \frac{\Gamma(c)\,\Gamma(b-a)}{\Gamma(a)\,\Gamma(b-c)}\,(-z)^{-b}\, F\!\left(b, 1-c+b; 1-a+b; \frac{1}{z}\right),$$

$$F(a, b; 2b; z) = \left(1-\frac{z}{2}\right)^{-a} F\!\left[\frac{a}{2}, \frac{a+1}{2}; b+\frac{1}{2}; \left(\frac{z}{2-z}\right)^2\right].$$

$$(1+z)^{2a} F\!\left(a, a+\frac{1}{2}-b; b+\frac{1}{2}; z^2\right) = F\!\left(a, b; 2b; \frac{4z}{(1+z)^2}\right) \text{ (Gauss),}$$

$$(1+z)^{2a} F(2a, 2a+1-c; c; z) = F\!\left(a, a+\frac{1}{2}; c; \frac{4z}{(1+z)^2}\right) \text{ (Gauss),}$$

$$F\!\left(a, b; a+b+\frac{1}{2}; \sin^2\vartheta\right) = F\!\left(2a, 2b; a+b+\frac{1}{2}; \sin^2\frac{\vartheta}{2}\right) \text{ (Kummer).}$$

Rekursionsformeln von Gauss.

$$cF(a, b-1; c; z) - cF(a-1, b; c; z) + (a-b)zF(a, b; c+1; z) = 0$$

$$c(a-b)F(a, b; c; z) - a(c-b)F(a+1, b; c+1; z) +$$
$$+ b(c-a)F(a, b+1; c+1; z) \qquad = 0$$

$$c(c+1)F(a, b; c; z) - c(c+1)F(a, b; c+1; z)$$
$$- abzF(a+1, b+1; c+2; z) \qquad = 0$$

$$cF(a, b; c; z) - (c-a)F(a, b+1; c+1; z) -$$
$$- a(1-z)F(a+1, b+1; c+1; z) \qquad = 0$$

$$cF(a, b; c; z) + (b-c)F(a+1, b; c+1; z) -$$
$$- b(1-z)F(a+1, b+1; c+1; z) \qquad = 0$$

$$c(c-bz-a)F(a, b; c; z) - c(c-a)F(a-1, b; c; z) +$$
$$+ abz(1-z)F(a+1, b+1; c+1; z) \qquad = 0$$

$$c(c-az-b)F(a, b; c; z) - c(c-b)F(a, b-1; c; z) +$$
$$+ abz(1-z)F(a+1, b+1; c+1; z) = 0$$

$$cF(a, b; c; z) - cF(a, b+1; c; z) + azF(a+1, b+1; c+1; z) \qquad = 0$$

$$cF(a, b; c; z) - cF(a+1, b; c; z) + bzF(a+1, b+1; c+1; z) \qquad = 0$$

$$c\{a-(c-b)z\}F(a, b; c; z) - ac(1-z)F(a+1, b; c; z) +$$
$$+ (c-a)(c-b)zF(a, b; c+1; z) \qquad = 0$$

$$c\{b-(c-a)z\}F(a, b; c; z) - bc(1-z)F(a, b+1; c; z) +$$
$$+ (c-a)(c-b)zF(a, b; c+1; z) \qquad = 0$$

$$c(c+1)F(a, b; c; z) - c(c+1)F(a, b+1; c+1; z) +$$
$$+ a(c-b)z F(a+1, b+1; c+2; z) \quad = 0$$
$$c(c+1)F(a, b; c; z) - c(c+1)F(a+1, b; c+1; z) +$$
$$+ b(c-a)z F(a+1, b+1; c+2; z) \quad = 0$$
$$c F(a, b; c; z) - (c-b) F(a, b; c+1; z) - b F(a, b+1; c+1; z) \quad = 0$$
$$c F(a, b; c; z) - (c-a) F(a, b; c+1; z) - a F(a+1, b; c+1; z) \quad = 0$$

Die hypergeometrische Reihe läßt sich verallgemeinern; man schreibt in der Bezeichnungsweise von POCHHAMMER:

$$_pF_q(\alpha_1, \ldots, \alpha_p; \beta_1, \ldots, \beta_q; z) = \sum_{n=0}^{\infty} \frac{(\alpha_1)_n \cdots (\alpha_p)_n}{(\beta_1)_n \cdots (\beta_q)_n} \frac{z^n}{n!}$$

mit

$$(\alpha)_n = \alpha(\alpha+1)\ldots(\alpha+n-1); \quad \alpha_0 = 1,$$
$$(\beta)_n = \beta(\beta+1)\ldots(\beta+n-1); \quad \beta_0 = 1.$$

In dieser Schreibweise wird $F(a, b; c; z) \equiv {}_2F_1(a, b; c; z)$; ferner wird z. B.:

$$e^z = {}_1F_1(\beta; \beta; z),$$

$$e^{iz}J_\nu(z) = \frac{\left(\frac{z}{2}\right)^\nu}{\Gamma(\nu+1)} {}_1F_1\left(\nu + \frac{1}{2}; 2\nu+1; 2iz\right),$$

$$\mathfrak{P}_\nu^\mu(z) = \frac{(z+1)^{\frac{\mu}{2}}}{(z-1)^{\frac{\mu}{2}}} \frac{1}{\Gamma(1-\mu)} {}_2F_1\left(-\nu, \nu+1; 1-\mu; \frac{1-z}{2}\right),$$

$$\mathfrak{Q}_\nu^\mu(z) = \frac{e^{\mu\pi i}}{2^{\nu+1}} \frac{\Gamma(\nu+\mu+1)}{\Gamma(\nu+\frac{3}{2})} \frac{\Gamma(\frac{1}{2})(z^2-1)^{\frac{\mu}{2}}}{z^{\nu+\mu+1}} \times$$
$$\times {}_2F_1\left(\frac{\nu+\mu+2}{2}, \frac{\nu+\mu+1}{2}; \nu+\frac{3}{2}; \frac{1}{z^2}\right),$$

$$\mathsf{K}(k) = \frac{\pi}{2} {}_2F_1\left(\frac{1}{2}, \frac{1}{2}; 1; k^2\right) \quad \text{Vollständiges elliptisches Integral 1. Gattung,}$$

$$\mathsf{E}(k) = \frac{\pi}{2} {}_2F_1\left(-\frac{1}{2}, \frac{1}{2}; 1; k^2\right) \quad \text{Vollständiges elliptisches Integral 2. Gattung.}$$

Differentiationsformeln.

$$(a)_n x^{a-1} {}_2F_1(a+n, b; c; x) = \frac{d^n}{dx^n}[x^{a+n-1} {}_2F_1(a, b; c; x)],$$

$$\frac{(a)_n (b)_n}{(c)_n} {}_2F_1(a+n, b+n; c+n; x) = \frac{d^n}{dx^n} {}_2F_1(a, b; c; x),$$

$$(c-n)_n x^{c-1-n} {}_2F_1(a, b; c-n; x) = \frac{d^n}{dx^n}[x^{c-1} {}_2F_1(a, b; c; x)],$$

$$(c - a)_n\, x^{c-a-1}\, (1 - x)^{a+b-c-n}\, {}_2F_1(a - n, b; c; x)$$
$$= \frac{d^n}{d\,x^n} \left[x^{c-a+n-1}\, (1 - x)^{a+b-c}\, {}_2F_1(a, b; c; x) \right],$$

$$(c - n)_n\, x^{c-1-n}\, (1 - x)^{a+b-c-n}\, {}_2F_1(a - n, b - n; c - n; x)$$
$$= \frac{d^n}{d\,x^n} \left[x^{c-1}\, (1 - x)^{a+b-c}\, {}_2F_1(a, b; c; x) \right],$$

$$\frac{(c - a)_n\, (c - b)_n}{(c)_n}\, (1 - x)^{a+b-c-n}\, {}_2F_1(a, b; c + n; x)$$
$$= \frac{d^n}{d\,x^n} \left[(1 - x)^{a+b-c}\, {}_2F_1{}'(a, b; c; x) \right],$$

$$\frac{(- 1)^n\, (a)_n\, (c - b)_n}{(c)_n}\, (1 - x)^{a-1}\, {}_2F_1(a + n, b; c + n, x)$$
$$= \frac{d^n}{d\,x^n} \left[(1 - x)^{a+n-1}\, {}_2F_1(a, b; c; x) \right],$$

$$(c - n)_n\, x^{c-1-n}\, (1 - x)^{b-c}\, {}_2F_1(a - n, b; c - n; x)$$
$$= \frac{d^n}{d\,x^n} \left[x^{c-1}\, (1 - x)^{b-c+n}\, {}_2F_1(a, b; c; x) \right].$$

Ergänzungen.

Für die Funktion ${}_3F_2$ existiert eine Transformationsformel von WHIPPLE

$${}_3F_2(a, b, c; a - b + 1, a - c + 1; z)$$
$$= (1 - z)^{-a}\, {}_3F_2\left(\frac{a}{2}, \frac{a+1}{2}, a - b - c + 1; a - b + 1, a - c + 1; \frac{-4\,z}{(1-z)^2} \right).$$

Es ist

$${}_3F_2(a, b, c; 1 + a - b, 1 + a - c; 1)$$
$$= \frac{\Gamma\left(1 + \frac{a}{2}\right) \Gamma(1 + a - b)\, \Gamma(1 + a - c)\, \Gamma\left(1 + \frac{a}{2} - b - c\right)}{\Gamma(1 + a)\, \Gamma\left(1 + \frac{a}{2} - b\right) \Gamma\left(1 + \frac{a}{2} - c\right) \Gamma(1 + a - b - c)}.$$

Einige Integralbeziehungen:

$${}_2F_1(a, b; c; z) = \frac{\Gamma(c)}{\Gamma(\lambda)\, \Gamma(c - \lambda)} \int_0^1 x^{\lambda-1}\, (1 - x)^{c-\lambda-1}\, {}_2F_1(a, b; \lambda; x z)\, dx$$

$$(\operatorname{Re} c > \operatorname{Re} \lambda > 0; \ |\arg (1 - z)| < \pi; \ z \neq 1),$$

$${}_2F_1(\nu, n + \nu; n + 1; t^2) = \frac{1}{2\,\pi}\, t^{-n}\, \frac{\Gamma(\nu)\, \Gamma(n + 1)}{\Gamma(n + \nu)} \int_0^{2\pi} \frac{\cos n\, \varphi\, d\varphi}{(1 - 2t \cos \varphi + t^2)^\nu}$$

$$(n = 0, 1, 2, \ldots; \ \nu \neq 0, -1, -2, \ldots).$$

Asymptotische Formeln: Über das Verhalten von ${}_2F_1(a, b; c; z)$ bei großen Werten von $|a|, |b|, |c|$ vgl. G. N. WATSON (s. Literaturverzeichnis).

§ 2. Die RIEMANNsche Differentialgleichung.

Die hypergeometrische Differentialgleichung ist ein Spezialfall der RIEMANNschen Differentialgleichung.

$$\frac{d^2 u}{dz^2} + \left[\frac{1-\alpha-\alpha'}{z-a} + \frac{1-\beta-\beta'}{z-b} + \frac{1-\gamma-\gamma'}{z-c}\right]\frac{du}{dz} +$$

$$+ \left[\frac{\alpha\alpha'(a-b)(a-c)}{z-a} + \frac{\beta\beta'(b-c)(b-a)}{z-b} + \frac{\gamma\gamma'(c-a)(c-b)}{z-c}\right]\frac{u}{(z-a)(z-b)(z-c)} =$$

Die Koeffizienten dieser Differentialgleichung sind singulär an den Stellen $z = a$; $z = b$; $z = c$.

α, α'; β, β'; γ, γ' nennt man die zu den Polen a, b, c gehörigen Exponenten.

Die Exponenten müssen folgende Nebenbedingung erfüllen

$$\alpha + \alpha' + \beta + \beta' + \gamma + \gamma' = 1.$$

Die Differentialgleichung für u pflegt man durch folgendes Schema darzustellen:

$$u = P\begin{Bmatrix} a & b & c & \\ \alpha & \beta & \gamma & z \\ \alpha' & \beta' & \gamma' & \end{Bmatrix}.$$

Sonderfälle der RIEMANNschen Differentialgleichung: Die hypergeometrische Differentialgleichung

$$z(1-z)\frac{d^2 u}{dz^2} + \left[c - (a+b+1)z\right]\frac{du}{dz} - abu = 0$$

wird dargestellt durch

$$u = P\begin{Bmatrix} 0 & \infty & 1 & \\ 0 & a & 0 & z \\ 1-c & b & c-a-b & \end{Bmatrix}.$$

Die sogenannte „*verallgemeinerte*" hypergeometrische Differentialgleichung

$$\frac{d^2 u}{dz^2} + \left[\frac{1-\alpha-\alpha'}{z} + \frac{1-\gamma-\gamma'}{z-1}\right]\frac{du}{dz} + \left[\frac{-\alpha\alpha'}{z} + \frac{\gamma\gamma'}{z-1} + \beta\beta'\right]\frac{u}{z(z-1)} = 0$$

wird dargestellt durch:

$$u = P\begin{Bmatrix} 0 & \infty & 1 & \\ \alpha & \beta & \gamma & z \\ \alpha' & \beta' & \gamma' & \end{Bmatrix}.$$

Die Differentialgleichung der zugeordneten LEGRENDREschen Polynome $u = P_n^m(z)$

$$(1-z^2)\frac{d^2 u}{dz^2} - 2z\frac{du}{dz} + \left[-\frac{m^2}{1-z^2} + n(n+1)\right]u = 0$$

ist gegeben durch:

$$u = P \left\{ \begin{matrix} 0 & \infty & 1 & \\ -\dfrac{1}{2}n & \dfrac{1}{2}m & 0 & \dfrac{1}{1-z^2} \\ \dfrac{1}{2}n+\dfrac{1}{2} & -\dfrac{1}{2}m & \dfrac{1}{2} & \end{matrix} \right\}.$$

Die mit den zugeordneten LEGENDREschen Polynomen $P_n^m(z)$ zusammenhängenden Polynome $C_n^\mu(z)$, gegeben durch

$$(1 - 2hz + h^2)^{-\mu} = \sum_0^\infty h^n C_n^\mu(z),$$

erfüllen die Differentialgleichung

$$u = P \left\{ \begin{matrix} -1 & \infty & 1 & \\ \frac{1}{2}-\mu & n+2\mu & \frac{1}{2}-\mu & z \\ 0 & -n & 0 & \end{matrix} \right\}.$$

Die Differentialgleichung der konfluenten hypergeometrischen Funktion

$$\frac{d^2u}{dz^2} + \frac{du}{dz} + \left(\frac{\frac{1}{4}-m^2}{z^2} + \frac{k}{z}\right) u = 0$$

ist gegeben durch folgendes Schema:

$$u = \left\{ \begin{matrix} 0 & \infty & c & \\ \frac{1}{2}+m & -c & c-k & z \\ \frac{1}{2}-m & 0 & k & \end{matrix} \right\} \text{ mit } \lim c \to \infty.$$

Transformationsformeln für RIEMANNS *P-Gleichung:*
Es gelten·folgende zwei Transformationsformeln:

$$\left(\frac{z-a}{z-b}\right)^k \left(\frac{z-c}{z-b}\right)^l P \left\{ \begin{matrix} a & b & c & \\ \alpha & \beta & \gamma & z \\ \alpha' & \beta' & \gamma' & \end{matrix} \right\} = P \left\{ \begin{matrix} a & b & c & \\ \alpha+k & \beta-k-l & \gamma+l & z \\ \alpha'+k & \beta'-k-l & \gamma'+l & \end{matrix} \right\},$$

$$P \left\{ \begin{matrix} a & b & c & \\ \alpha & \beta & \gamma & z \\ \alpha' & \beta' & \gamma' & \end{matrix} \right\} = P \left\{ \begin{matrix} a_1 & b_1 & c_1 & \\ \alpha & \beta & \gamma & z_1 \\ \alpha' & \beta' & \gamma' & \end{matrix} \right\}.$$

Die erste Transformationsformel sagt aus, daß, falls

$$u = P \left\{ \begin{matrix} a & b & c & \\ \alpha & \beta & \gamma & z \\ \alpha' & \beta' & \gamma' & \end{matrix} \right\}$$

der Ausdruck

$$u_1 = \left(\frac{z-a}{z-b}\right)^k \left(\frac{z-c}{z-b}\right)^l u$$

eine Differentialgleichung zweiter Ordnung mit den gleichen singulären Punkten abc und den Exponenten $\alpha + k$, $\alpha' + k$; $\beta - k - l$; $\beta' - k - l$; $\gamma + l$, $\gamma' + l$ erfüllt. Die zweite Transformationsformel führt eine Differentialgleichung mit den Singularitäten a, b, c, den Exponenten α, α'; β, β'; γ, γ' und der Variablen z über in eine mit den gleichen Exponenten, den Singularitäten a_1, b_1, c_1 und der Variablen z_1, wobei die Variable z_1 aus z durch eine gebrochen lineare Transformation

$$z = \frac{A z_1 + B}{C z_1 + D} \qquad (AD - BC \neq 0)$$

hervorgeht. Die a_1, b_1, c_1 bestimmen sich aus den a, b, c durch die gleiche gebrochen lineare Transformation.

Lösung der RIEMANN*schen Differentialgleichung.*

Durch aufeinanderfolgende Anwendung beider Transformationsformeln läßt sich die RIEMANNsche Differentialgleichung auf die hypergeometrische Differentialgleichung und daher ihre Lösung auf die hypergeometrische Funktion zurückzuführen.

Für $k = -\alpha$ und $l = -\gamma$ sowie $z_1 = \dfrac{(z-a)(c-b)}{(z-b)(c-a)}$ wird:

$$u = P\begin{Bmatrix} a & b & c \\ \alpha & \beta & \gamma & z \\ \alpha' & \beta' & \gamma' \end{Bmatrix} = \left(\frac{z-a}{z-b}\right)^{\alpha}\left(\frac{z-c}{z-b}\right)^{\gamma} P\begin{Bmatrix} a & b & c \\ 0 & \beta+\alpha+\gamma & 0 & z \\ \alpha'-\alpha & \beta'+\alpha+\gamma & \gamma'-\gamma \end{Bmatrix}$$

$$= \left(\frac{z-a}{z-b}\right)^{\alpha}\left(\frac{z-c}{z-b}\right)^{\gamma} P\begin{Bmatrix} 0 & \infty & 1 \\ 0 & \beta+\alpha+\gamma & 0 & \frac{(z-a)(c-b)}{(z-b)(c-a)} \\ \alpha'-\alpha & \beta'+\alpha+\gamma & \gamma'-\gamma \end{Bmatrix}.$$

Eine Lösung drückt sich daher nach dem Vorhergehenden folgendermaßen durch die hypergeometrische Reihe aus:

$$u = \left(\frac{z-a}{z-b}\right)^{\alpha}\left(\frac{z-c}{z-b}\right)^{\gamma} F\left(\alpha+\beta+\gamma,\ \alpha+\beta'+\gamma;\ 1+\alpha-\alpha';\ \frac{(z-a)(c-b)}{(z-b)(c-a)}\right).$$

Da die RIEMANNsche Gleichung ungeändert bleibt, wenn die Konstanten a, b, c; α, α'; β, β'; γ, γ' in geeigneter Weise untereinander vertauscht werden, so ergeben sich insgesamt **24** Lösungen der Differentialgleichung, die unter der Voraussetzung, daß die Größen $\alpha - \alpha'$, $\beta - \beta'$, $\gamma - \gamma'$ weder Null noch eine ganze Zahl sind, folgende Form haben:

$$u_1 = \left(\frac{z-a}{z-b}\right)^{\alpha}\left(\frac{z-c}{z-b}\right)^{\gamma} F\left(\alpha+\beta+\gamma,\ \alpha+\beta'+\gamma;\ 1+\alpha-\alpha';\ \frac{(c-b)(z-a)}{(c-a)(z-b)}\right),$$

$$u_2 = \left(\frac{z-a}{z-b}\right)^{\alpha'}\left(\frac{z-c}{z-b}\right)^{\gamma} F\left(\alpha'+\beta+\gamma,\ \alpha'+\beta'+\gamma;\ 1+\alpha'-\alpha;\ \frac{(c-b)(z-a)}{(c-a)(z-b)}\right),$$

$$u_3 = \left(\frac{z-a}{z-b}\right)^{\alpha}\left(\frac{z-c}{z-b}\right)^{\gamma'} F\left(\alpha+\beta+\gamma',\ \alpha+\beta'+\gamma';\ 1+\alpha-\alpha';\ \frac{(c-b)(z-a)}{(c-a)(z-b)}\right),$$

$$u_4 = \left(\frac{z-a}{z-b}\right)^{\alpha'}\left(\frac{z-c}{z-b}\right)^{\gamma'} F\left(\alpha'+\beta+\gamma',\ \alpha'+\beta'+\gamma';\ 1+\alpha'-\alpha;\ \frac{(c-b)(z-a)}{(c-a)(z-b)}\right),$$

$$u_5 = \left(\frac{z-b}{z-c}\right)^{\beta}\left(\frac{z-a}{z-c}\right)^{\alpha} F\left(\beta+\gamma+\alpha,\ \beta+\gamma'+\alpha;\ 1+\beta-\beta';\ \frac{(a-c)(z-b)}{(a-b)(z-c)}\right),$$

$$u_6 = \left(\frac{z-b}{z-c}\right)^{\beta'}\left(\frac{z-a}{z-c}\right)^{\alpha} F\left(\beta'+\gamma+\alpha,\ \gamma'+\beta'+\alpha;\ 1+\beta'-\beta;\ \frac{(a-c)(z-b)}{(a-b)(z-c)}\right),$$

$$u_7 = \left(\frac{z-b}{z-c}\right)^{\beta}\left(\frac{z-a}{z-c}\right)^{\alpha'} F\left(\beta+\gamma+\alpha',\ \beta+\gamma'+\alpha';\ 1+\beta-\beta';\ \frac{(a-c)(z-b)}{(a-b)(z-c)}\right),$$

$$u_8 = \left(\frac{z-b}{z-c}\right)^{\beta'}\left(\frac{z-a}{z-c}\right)^{\alpha'} F\left(\beta'+\gamma+\alpha',\ \beta'+\gamma'+\alpha';\ 1+\beta'-\beta;\ \frac{(a-c)(z-b)}{(a-b)(z-c)}\right),$$

$$u_9 = \left(\frac{z-c}{z-a}\right)^{\gamma}\left(\frac{z-b}{z-a}\right)^{\beta} F\left(\gamma+\alpha+\beta,\ \gamma+\alpha'+\beta;\ 1+\gamma-\gamma';\ \frac{(b-a)(z-c)}{(b-c)(z-a)}\right),$$

$$u_{10} = \left(\frac{z-c}{z-a}\right)^{\gamma'}\left(\frac{z-b}{z-a}\right)^{\beta} F\left(\gamma'+\alpha+\beta,\ \gamma'+\alpha'+\beta;\ 1+\gamma'-\gamma;\ \frac{(b-a)(z-c)}{(b-c)(z-a)}\right),$$

$$u_{11} = \left(\frac{z-c}{z-a}\right)^{\gamma}\left(\frac{z-b}{z-a}\right)^{\beta'} F\left(\gamma+\alpha+\beta',\ \gamma+\alpha'+\beta';\ 1+\gamma-\gamma';\ \frac{(b-a)(z-c)}{(b-c)(z-a)}\right),$$

$$u_{12} = \left(\frac{z-c}{z-a}\right)^{\gamma'}\left(\frac{z-b}{z-a}\right)^{\beta'} F\left(\gamma'+\alpha+\beta',\ \gamma'+\alpha'+\beta';\ 1+\gamma'-\gamma;\ \frac{(b-a)(z-c)}{(b-c)(z-a)}\right),$$

$$u_{13} = \left(\frac{z-a}{z-c}\right)^{\alpha}\left(\frac{z-b}{z-c}\right)^{\beta} F\left(\alpha+\gamma+\beta,\ \alpha+\gamma'+\beta;\ 1+\alpha-\alpha';\ \frac{(b-c)(z-a)}{(b-a)(z-c)}\right),$$

$$u_{14} = \left(\frac{z-a}{z-c}\right)^{\alpha'}\left(\frac{z-b}{z-c}\right)^{\beta} F\left(\alpha'+\gamma+\beta,\ \alpha'+\gamma'+\beta;\ 1+\alpha'-\alpha;\ \frac{(b-c)(z-a)}{(b-a)(z-c)}\right),$$

$$u_{15} = \left(\frac{z-a}{z-c}\right)^{\alpha}\left(\frac{z-b}{z-c}\right)^{\beta'} F\left(\alpha+\gamma+\beta',\ \alpha+\gamma'+\beta';\ 1+\alpha-\alpha';\ \frac{(b-c)(z-a)}{(b-a)(z-c)}\right),$$

$$u_{16} = \left(\frac{z-a}{z-c}\right)^{\alpha'}\left(\frac{z-b}{z-c}\right)^{\beta'} F\left(\alpha'+\gamma+\beta',\ \alpha'+\gamma'+\beta';\ 1+\alpha'-\alpha;\ \frac{(b-c)(z-a)}{(b-a)(z-c)}\right),$$

$$u_{17} = \left(\frac{z-c}{z-b}\right)^{\gamma}\left(\frac{z-a}{z-b}\right)^{\alpha} F\left(\gamma+\beta+\alpha,\ \gamma+\beta'+\alpha;\ 1+\gamma-\gamma';\ \frac{(a-b)(z-c)}{(a-c)(z-b)}\right),$$

$$u_{18} = \left(\frac{z-c}{z-b}\right)^{\gamma'}\left(\frac{z-a}{z-b}\right)^{\alpha} F\left(\gamma'+\beta+\alpha,\ \gamma'+\beta'+\alpha;\ 1+\gamma'-\gamma;\ \frac{(a-b)(z-c)}{(a-c)(z-b)}\right),$$

$$u_{19} = \left(\frac{z-c}{z-b}\right)^{\gamma}\left(\frac{z-a}{z-b}\right)^{\alpha'} F\left(\gamma+\beta+\alpha',\ \gamma+\beta'+\alpha';\ 1+\gamma-\gamma';\ \frac{(a-b)(z-c)}{(a-c)(z-b)}\right),$$

$$u_{20} = \left(\frac{z-c}{z-b}\right)^{\gamma'}\left(\frac{z-a}{z-b}\right)^{\alpha'} F\left(\gamma'+\beta+\alpha',\ \gamma'+\beta'+\alpha';\ 1+\gamma'-\gamma;\ \frac{(a-b)(z-c)}{(a-c)(z-b)}\right),$$

$$u_{21} = \left(\frac{z-b}{z-a}\right)^{\beta}\left(\frac{z-c}{z-a}\right)^{\gamma} F\left(\beta+\alpha+\gamma,\ \beta+\alpha'+\gamma;\ 1+\beta-\beta';\ \frac{(c-a)(z-b)}{(c-b)(z-a)}\right),$$

$$u_{22} = \left(\frac{z-b}{z-a}\right)^{\beta'}\left(\frac{z-c}{z-a}\right)^{\gamma} F\left(\beta'+\alpha+\gamma,\ \beta'+\alpha'+\gamma;\ 1+\beta'-\beta;\ \frac{(c-a)(z-b)}{(c-b)(z-a)}\right),$$

$$u_{23} = \left(\frac{z-b}{z-a}\right)^{\beta}\left(\frac{z-c}{z-a}\right)^{\gamma'} F\left(\beta+\alpha+\gamma',\ \beta+\alpha'+\gamma';\ 1+\beta-\beta';\ \frac{(c-a)(z-b)}{(c-b)(z-a)}\right),$$

$$u_{24} = \left(\frac{z-b}{z-a}\right)^{\beta'}\left(\frac{z-c}{z-a}\right)^{\gamma'} F\left(\beta'+\alpha+\gamma',\ \beta'+\alpha'+\gamma';\ 1+\beta'-\beta;\ \frac{(c-a)(z-b)}{(c-b)(z-a)}\right).$$

Die hypergeometrische sowie die „verallgemeinerte" hypergeometrische Differentialgleichung sind charakterisiert durch $a = 0; b = \infty; c = 1$.

In diesem Falle sind in den vorstehenden 24 Lösungen die Faktoren der hypergeometrischen Funktion F, welche die Gestalt einer Potenz von $z - b$ haben, gleich eins zu setzen. Im Argument von F hat man dagegen den Grenzübergang $b \to \infty$ zu vollziehen.

Drittes Kapitel.

Zylinderfunktionen.

§ 1. Definitionen, Differentialgleichung, Rekursionsformeln, Reihentwicklung, Mehrdeutigkeit, Unbestimmte Integrale.

Die Zylinderfunktionen $\mathfrak{Z}_\nu(z)$ sind Lösungen der Differentialgleichung

$$(1) \qquad \frac{d^2 \mathfrak{Z}_\nu}{dz^2} + \frac{1}{z}\frac{d\mathfrak{Z}_\nu}{dz} + \left(1 - \frac{\nu^2}{z^2}\right)\mathfrak{Z}_\nu = 0.$$

Ihre Abhängigkeit von dem Parameter ν wird nach N. Nielsen gewöhnlich so normiert, daß sie den Rekursionsformeln

$$(2a) \qquad \mathfrak{Z}_{\nu-1}(z) + \mathfrak{Z}_{\nu+1}(z) = \frac{2\nu}{z}\mathfrak{Z}_\nu(z), \qquad \text{(vgl. § 8, b)}$$

$$(2b) \qquad \mathfrak{Z}_{\nu-1}(z) - \mathfrak{Z}_{\nu+1}(z) = 2\frac{d\mathfrak{Z}_\nu(z)}{dz}$$

genügen. Spezielle Zylinderfunktionen, die (2a) und (2b) befriedigen, sind die Besselschen, Neumannschen und Hankelschen Funktionen $J_\nu(z)$, $N_\nu(z)$, $H_\nu^{(1)}(z)$ bzw. $H_\nu^{(2)}(z)$, welche auch Zylinderfunktionen 1., 2., 3. Art heißen[1] und durch die Reihentwicklungen

$$J_\nu(z) = \left(\frac{z}{2}\right)^\nu \sum_{l=0}^\infty \frac{\left(\frac{iz}{2}\right)^{2l}}{l!\,\Gamma(\nu+l+1)} = \frac{\left(\frac{1}{2}z\right)^\nu}{\Gamma(\nu+1)}\,{}_0F_1\left(\nu+1;\, -\frac{1}{4}z^2\right)$$

$$(|\arg z| < \pi),$$

$$N_\nu(z) = \frac{1}{\sin \nu\pi}\left[\cos \nu\pi\, J_\nu(z) - J_{-\nu}(z)\right]$$

$$= \frac{1}{\sin \nu\pi}\left[\left(\frac{z}{2}\right)^\nu \cos \nu\pi \sum_{l=0}^\infty \frac{\left(\frac{iz}{2}\right)^{2l}}{l!\,\Gamma(\nu+l+1)} - \left(\frac{z}{2}\right)^{-\nu}\sum_{l=0}^\infty \frac{\left(\frac{iz}{2}\right)^{2l}}{l!\,\Gamma(-\nu+l+1)}\right]$$

$$(\nu \neq 0,\, \pm 1,\, \pm 2, \ldots;\, |\arg z| < \pi),$$

---

[1] Für N_ν ist auch die Bezeichnung Y_ν sehr gebräuchlich.

$$N_n(z) = \frac{2}{\pi} J_n(z) \ln \frac{\gamma z}{2} - \frac{1}{\pi} \left(\frac{z}{2}\right)^n \sum_{l=0}^{\infty} \frac{(-1)^l}{l!\,(n+l)!} \left(\frac{z}{2}\right)^{2l} \left(\sum_{m=1}^{l} \frac{1}{m} + \sum_{m=1}^{l+n} \frac{1}{m}\right)$$

$$- \frac{1}{\pi} \left(\frac{z}{2}\right)^{-n} \sum_{l=0}^{n-1} \frac{(n-l-1)!}{l!} \left(\frac{z}{2}\right)^{2l}$$

$$(\ln \gamma = C,\ \text{vgl. S. 2};\ n = 0, 1.\,2, \ldots;\ |\arg z| < \pi;$$

$$\text{die letzte Summe} \equiv 0\ \text{für}\ n = 0),$$

$$N_{-n}(z) = (-1)^n N_n(z);\quad J_{-n}(z) = (-1)^n J_n(z)$$

$$(n = 1, 2, 3, \ldots),$$

$$\begin{aligned} H_\nu^{(1)}(z) &= J_\nu(z) + i N_\nu(z) \\ H_\nu^{(2)}(z) &= J_\nu(z) - i N_\nu(z) \end{aligned} \quad (\nu\ \text{beliebig})$$

definiert werden können. Die Funktionenpaare

$$H_\nu^{(1)}(z),\ H_\nu^{(2)}(z);\quad J_\nu(z),\ N_\nu(z);\quad J_\nu(z),\ J_{-\nu}(z)\quad \text{für}\quad \nu \neq 0, \pm 1, \pm 2, \ldots$$

sind Fundamentalsysteme (d. h. linear unabhängige Lösungen) von (1); ihre WRONSKISCHEN Determinanten (s. S. 160) haben die Werte

$$- \frac{4i}{\pi z};\qquad \frac{2}{\pi z};\qquad -\frac{2}{\pi z} \sin \nu \pi.$$

Die Funktionen J_ν, N_ν, $H_\nu^{(1,\,2)}$ sind mit Ausnahme der Funktionen $J_n(z)$ ($n = 0, \pm 1, \pm 2, \ldots$) nicht eindeutig, sondern besitzen bei $z = 0$ einen Verzweigungspunkt. Der Übergang zu verschiedenen Funktionszweigen über $(-\infty, 0)$ als Verzweigungsschnitt hinweg wird durch die Umlaufsrelationen

$$J_\nu(e^{m\pi i} z) = e^{m\nu\pi i} J_\nu(z);$$

$$N_\nu(e^{m\pi i} z) = e^{-m\nu\pi i} N_\nu(z) + 2i \sin m\nu\pi \cotg \nu\pi\, J_\nu(z),$$

$$H_\nu^{(1)}(e^{m\pi i} z) = \frac{-\sin(m-1)\nu\pi}{\sin \nu\pi} H_\nu^{(1)}(z) - e^{-\nu\pi i} \frac{\sin m\nu\pi}{\sin \nu\pi} H_\nu^{(2)}(z),$$

$$H_\nu^{(2)}(e^{m\pi i} z) = e^{\nu\pi i} \frac{\sin m\nu\pi}{\sin \nu\pi} H_\nu^{(1)}(z) + \frac{\sin(m+1)\nu\pi}{\sin \nu\pi} H_\nu^{(2)}(z),$$

$$(m = \pm 1, \pm 2, \pm 3, \ldots)$$

ermöglicht; zu diesen Formeln treten noch die folgenden hinzu:

$$H_\nu^{(1)}(e^{i\pi} z) = - H_{-\nu}^{(2)}(z) = - e^{-i\pi\nu} H_\nu^{(2)}(z),$$

$$H_\nu^{(2)}(e^{-i\pi} z) = - H_{-\nu}^{(1)}(z) = - e^{-i\pi\nu} H_\nu^{(1)}(z),$$

$$\overline{H_\nu^{(2)}(z)} = H_{\bar\nu}^{(1)}(\bar z).$$

(Ein Querstrich bedeutet die konjugiert-komplexe Größe.)

Die Funktion $u = z^{\beta\nu-\alpha} \mathfrak{Z}_\nu(\gamma z^\beta)$ genügt der Differentialgleichung

$$z^2 \frac{d^2 u}{dz^2} + (2\alpha - 2\nu\beta + 1) z \frac{du}{dz} + [\beta^2 \gamma^2 z^{2\beta} + \alpha(\alpha - 2\nu\beta)] u = 0;$$

durch spezielle Wahl von $\alpha, \beta, \gamma, \nu$ ergeben sich hieraus die Lösungen einer Reihe von Differentialgleichungen mit Hilfe von Zylinderfunktionen; insbesondere hat

$$\frac{d^2 v}{dz^2} + c^2 z^{2q-2} v = 0 \quad \text{die Lösung} \quad v = \sqrt{z}\, \mathfrak{Z}_{1/2q}\left(\frac{c}{q}\, z^q\right).$$

Ferner sind $y = \mathfrak{Z}_\nu(e^z)$ bzw. $y = z\, \mathfrak{Z}_\nu(e^{1/z})$ Lösungen von

$$\frac{d^2 y}{dz^2} + (e^{2z} - \nu^2)\, y = 0 \quad \text{bzw.} \quad \frac{d^2 y}{dz^2} + \frac{e^{2/z} - \nu^2}{z^4}\, y = 0.$$

Die Zylinderfunktionen von halbzahligem Index $\nu = n + \frac{1}{2}$ mit $n = 0, \pm 1, \pm 2, \ldots$ sind elementare Funktionen[1]; insbesondere ist

$$J_{1/2}(z) = \sqrt{\frac{2}{\pi}}\,\frac{\sin z}{\sqrt{z}}, \quad J_{-1/2}(z) = \sqrt{\frac{2}{\pi}}\,\frac{\cos z}{\sqrt{z}},$$

$$J_{3/2}(z) = \sqrt{\frac{2}{\pi}}\left(\frac{-\cos z}{\sqrt{z}} + \frac{\sin z}{z\sqrt{z}}\right), \quad J_{-3/2}(z) = \sqrt{\frac{2}{\pi}}\left(\frac{-\sin z}{\sqrt{z}} - \frac{\cos z}{z\sqrt{z}}\right),$$

$$J_{5/2}(z) = \sqrt{\frac{2}{\pi}}\left[\left(-1 + \frac{3}{z^2}\right)\frac{\sin z}{\sqrt{z}} - \frac{3\cos z}{z\sqrt{z}}\right],$$

$$J_{-5/2}(z) = \sqrt{\frac{2}{\pi}}\left[\left(-1 + \frac{3}{z^2}\right)\frac{\cos z}{\sqrt{z}} + \frac{3\sin z}{z\sqrt{z}}\right],$$

$$H^{(1)}_{1/2}(z) = \sqrt{\frac{2}{\pi z}}\,\frac{1}{i}\,e^{iz}, \quad H^{(2)}_{1/2}(z) = \sqrt{\frac{2}{\pi z}}\,\frac{e^{-iz}}{-i},$$

$$H^{(1)}_{-1/2}(z) = \sqrt{\frac{2}{\pi z}}\,e^{iz}, \quad H^{(2)}_{-1/2}(z) = \sqrt{\frac{2}{\pi z}}\,e^{-iz}.$$

Allgemein ist für $n = 1, 2, 3, \ldots$:

$$J_{n+1/2}(z) = \sqrt{\frac{2}{\pi}}\, z^{n+1/2}\left(-\frac{1}{z}\,\frac{d}{dz}\right)^n \frac{\sin z}{z}.$$

Man vergleiche hierzu § 3a.

Besonders einfache Eigenschaften besitzen ferner die BESSELschen Funktionen $J_n(z)$ mit ganzzahligem Index $n = 0, 1, 2, \ldots$ Sie sind überall eindeutige, ganze transzendente Funktionen, die sich auf folgende Arten als Koeffizienten von Reihenentwicklungen ergeben:

$$e^{z(t-t^{-1})/2} = J_0(z) + \sum_{n=1}^{\infty}[t^n + (-t)^n]\, J_n(z),$$

$$e^{\pm iz\sin\vartheta} = \sum_{n=0}^{\infty}[\varepsilon_{2n} J_{2n}(z)\cos 2n\vartheta \pm i\,\varepsilon_{2n+1} J_{2n+1}(z)\sin(2n+1)\vartheta]$$

$$(\varepsilon_n = 2 \text{ für } n = 1, 2, 3, \ldots; \quad \varepsilon_0 = 1)$$

$$(\text{JACOBI-ANGER sche Formel}).$$

---

[1] Man schreibt vielfach nach SOMMERFELD

$$\psi_n(z) = \sqrt{\frac{\pi}{2z}}\, J_{n+1/2}(z); \quad \zeta^{(1)}_n(z) = \sqrt{\frac{\pi}{2z}}\, H^{(1)}_{n+1/2}(z); \quad \zeta^{(2)}_n(z) = \sqrt{\frac{\pi}{2z}}\, H^{(2)}_{n+1/2}(z).$$

Die Potenzen von z lassen sich linear und bilinear durch die $J_n(z)$ ausdrücken:

$$1 = \sum_{n=0}^{\infty} \varepsilon_n J_{2n}(z),$$

$$(\tfrac{1}{2}z)^m = \sum_{n=0}^{\infty} \frac{(m+2n)(m+n-1)!}{n!} J_{2n+m}(z) \qquad (m = 1, 2, 3, \ldots),$$

$$1 = \sum_{n=0}^{\infty} \varepsilon_n J_n^2(z),$$

$$z^{2k+r} = 2^{2k+r} k!(k+r)! \sum_{n=0}^{\infty} \frac{(2n+2k+r)(n+2k+r-1)!}{n!(2k+r)!} J_{n+k}(z) J_{n+k+r}(z)$$

$$(k,\ r = 0, 1, 2, \ldots;\ 2k+r > 0).$$

Vielfach treten Zylinderfunktionen $\mathfrak{Z}_\nu(z)$ mit festem, von Null verschiedenem Wert von $\arg z$ auf. Man hat für diese in einigen Fällen besondere Bezeichnungen eingeführt, indem man definiert:

$$I_\nu(z) = e^{-\nu\pi i/2} J_\nu(e^{i\pi/2}z) = e^{3\nu\pi i/2} J_\nu(e^{-3\pi i/2}z)$$

$$\left(-\pi < \arg z < \frac{\pi}{2}\right) \quad \left(\frac{\pi}{2} < \arg z \leqq \pi\right),$$

$$K_\nu(z) = \frac{\pi i}{2} e^{\nu\pi i/2} H_\nu^{(1)}(iz) = \frac{\pi i}{2} e^{-\nu\pi i/2} H_{-\nu}^{(1)}(iz),$$

$$\left(-\pi < \arg z < \frac{\pi}{2}\right).$$

$I_\nu(z)$ bzw. K_ν heißen „*modifizierte* BESSEL*sche* bzw. HANKEL*sche Funktion*" und genügen den Beziehungen

$$I_{\nu-1}(z) - I_{\nu+1}(z) = \frac{2\nu}{z} I_\nu(z); \qquad I_{\nu-1}(z) + I_{\nu+1}(z) = 2 I_\nu'(z),$$

$$K_{\nu-1}(z) - K_{\nu+1}(z) = -\frac{2\nu}{z} K_\nu(z); \qquad K_{\nu-1}(z) + K_{\nu+1}(z) = -2 K_\nu'(z),$$

$$K_{-\nu}(z) = K_\nu(z).$$

Die modifizierten Zylinderfunktionen $I_\nu(z)$ und $K_\nu(z)$ sind Lösungen der Differentialgleichung

$$\frac{d^2 u}{dz^2} + \frac{1}{z}\frac{du}{dz} - \left(1 + \frac{\nu^2}{z^2}\right)u = 0.$$

Die vier Funktionen $J_\nu(z)$, $N_\nu(z)$, $I_\nu(z)$, $K_\nu(z)$ sind linear unabhängige Lösungen der Differentialgleichung 4. Ordnung

$$\frac{d^4 y}{dz^4} + \frac{2}{z}\frac{d^3 y}{dz^3} - \frac{2\nu^2+1}{z^2}\frac{d^2 y}{dz^2} + \frac{2\nu^2+1}{z^3}\frac{dy}{dz} + \left(\frac{\nu^4 - 4\nu^2}{z^4} - 1\right)y = 0.$$

Man definiert ferner die bei reellem ν für reelle positive Werte von z reellen Funktionen $ber_\nu(z)$, $bei_\nu(z)$; $her_\nu(z)$, $hei_\nu(z)$; $ker_\nu(z)$, $kei_\nu(z)$, in

denen man den Index ν für $\nu = 0$ wegläßt, also „ber" statt „ber_0"
schreibt usw., durch die Beziehungen:

$$ber_\nu(z) \pm i\, bei_\nu(z) = J_\nu(e^{\pm 3\pi i/4}z),$$

$$her_\nu(z) \pm i\, hei_\nu(z) = H_\nu^{(1)}(e^{\pm 3\pi i/4}z),$$

$$ker_\nu(z) = -\frac{\pi}{2}\, hei_\nu(z), \quad kei_\nu(z) = \frac{\pi}{2}\, her_\nu(z).$$

Für ganzzahlige Werte von $n = 0, 1, 2, \ldots$ und reelle Werte von
$\nu > 0$ ist insbesondere

$$J_n(r\sqrt{i}) = (-1)^n\left[ber_n(r) - i\, bei_n(r)\right],$$

$$H_n^{(1)}(r\sqrt{i}) = (-1)^{n+1}\left[her_n(r) - i\, hei_n(r)\right].$$

Unbestimmte Integrale.

Eine Folge von (1) und (2a), (2b) sind die für irgend zwei Zylinderfunktionen $\mathfrak{Z}_\nu$ und Z_μ bestehenden Beziehungen:

$$\int\left[(\alpha^2 - \beta^2)z - \frac{\mu^2 - \nu^2}{z}\right]\mathfrak{Z}_\nu(\beta z)\, Z_\mu(\alpha z)\, dz =$$

$$= z[\beta Z_\mu(\alpha z)\, \mathfrak{Z}_\nu'(\beta z) - \alpha\, \mathfrak{Z}_\nu(\beta z)\, Z_\mu'(\alpha z)]$$

$$= z[\beta Z_\mu(\alpha z)\, \mathfrak{Z}_{\nu-1}(\beta z) - \alpha\, Z_{\mu-1}(\alpha z)\, \mathfrak{Z}_\nu(\beta z)] + (\mu - \nu)\, Z_\mu(\alpha z)\, \mathfrak{Z}_\nu(\beta z).$$

Weitere Formeln in § 10 und bei R. STRAUBEL (s. Literaturverzeichnis).

§ 2. Additionstheoreme. Multiplikationstheorem.

Es seien r, ϱ und $R = \sqrt{r^2 + \varrho^2 - 2\, r\varrho \cos\varphi}$ reelle positive Größen,
und es sei φ reell. Dann sind r, ϱ, R die Seiten eines Dreiecks, wobei
φ der Winkel zwischen r und ϱ ist. Es sei $\varrho < r$ und ψ der der Seite ϱ
gegenüberliegende Winkel, also

$$0 < \psi < \frac{\pi}{2}, \quad e^{2i\psi} = \frac{r - \varrho\, e^{-i\varphi}}{r - \varrho\, e^{i\varphi}};$$

k sei eine beliebige komplexe Zahl. Dann gilt für jede Zylinderfunktion
$\mathfrak{Z}_\nu$ das Additionstheorem

$$(3) \qquad e^{i\nu\psi}\, \mathfrak{Z}_\nu(k R) = \sum_{n=-\infty}^{+\infty} J_n(k\varrho)\, \mathfrak{Z}_{\nu+n}(k r)\, e^{in\varphi}$$

$$(0 < \varrho < r; \quad k \text{ beliebig komplex}),$$

wobei die Funktionen $\mathfrak{Z}_{\nu+n}$ die Rekursionsformeln (2a, 2b) befriedigen müssen; dies ist insbesondere erfüllt für

$$\mathfrak{Z}_{\nu+n} = J_{\nu+n}, \quad N_{\nu+n}, \quad H_{\nu+n}^{(1)}, \quad H_{\nu+n}^{(2)}.$$

Für $\mathfrak{Z}_\nu = J_\nu$ und ganzzahlige Werte von ν ist die Beschränkung $\varrho < r$
überflüssig. Man kann in (3) für r, ϱ, φ auch komplexe Größen wählen,

wenn diese sich nebst R und ψ stetig in reelle positive überführen lassen, wobei überdies beständig $|\varrho\, e^{\pm i\varphi}| < |r|$ zu gelten hat.

Es gilt speziell:

(3a) $\qquad J_0(k\,\sqrt{r^2 + \varrho^2 - 2\,r\,\varrho\cos\varphi}) = \sum\limits_{n=0}^{\infty} \varepsilon_n J_n(k\,\varrho)\, J_n(k\,r)\cos\varphi.$

(3b) $\qquad H_0^{(1,\,2)}(k\,\sqrt{r^2 + \varrho^2 - 2\,r\,\varrho\cos\varphi}) = \sum\limits_{n=0}^{\infty} \varepsilon_n J_n(k\,\varrho)\, H_n^{(1,\,2)}(k\,r)\cos n\,\varphi$

$$(\varrho < r).$$

$$J_0(z\sin\alpha) = \sum\limits_{n=0}^{\infty} \varepsilon_n J_n^2\Big(\frac{z}{2}\Big)\cos 2\,n\,\alpha.$$

Ebenfalls als „Additionstheorem" werden die Formeln bezeichnet:

(4) $\qquad \dfrac{\mathfrak{Z}_\nu(k\,R)}{R^\nu} = 2^\nu k^{-\nu}\,\Gamma(\nu)\sum\limits_{m=0}^{\infty}(\nu + m)\,\dfrac{J_{\nu+m}(k\,\varrho)\,\mathfrak{Z}_{\nu+m}(k\,r)}{\varrho^\nu\qquad r^\nu}\,C_m^{(\nu)}(\cos\varphi)$

$[\nu \neq -1,\,-2,\,-3,\ldots;\quad$ Bedingungen für $r,\,\varrho,\,R,\,\varphi,\,k$ wie bei (3)].

Für $\nu = 0$ liefern sie durch Grenzübergang (3a), (3b); für $\mathfrak{Z}_\nu \equiv J_\nu$ sind sie bei beliebigen Werten von $r,\,\varrho,\,\varphi$ richtig. Für $\nu = \tfrac{1}{2}$ liefern sie die Formeln:

(4a) $\qquad \dfrac{e^{\pm i k R}}{R} = \dfrac{\pi}{2}\dfrac{\pm i}{\sqrt{r\varrho}}\sum\limits_{m=0}^{\infty}(2\,m + 1)\,J_{m+1/2}(k\,\varrho)\,H_{m+1/2}^{(1,\,2)}(k\,r)\,P_m(\cos\varphi)$

$$(H^{(1)}\ \text{bei}\ + i\,k\,R,\quad H^{(2)}\ \text{bei}\ - i\,k\,R).$$

Schließlich gilt das aus (4a) bzw. (4) durch Grenzübergang $r \to \infty$ gewonnene „ausgeartete Additionstheorem":

$$e^{i\,k\,\varrho\cos\varphi} = \Big(\frac{\pi}{2\,k\,\varrho}\Big)^{1/2}\sum\limits_{m=0}^{\infty} i^m\,(2\,m + 1)\,J_{m+1/2}(k\,\varrho)\,P_m(\cos\varphi)$$

$$= 2^\nu\,\Gamma(\nu)\sum\limits_{m=0}^{\infty}(\nu + m)\,i^m\,J_{\nu+m}(k\,\varrho)\,(k\,\varrho)^{-\nu}\,C_m^{(\nu)}(\cos\varphi)$$

$$(\nu \neq 0,\,-1,\,-2,\ldots),$$

welches für $\nu \to 0$ in die JACOBI-ANGERsche Formel aus § 1 übergeht.

Als „*Multiplikationstheorem*" wird die Formel bezeichnet:

$$\mathfrak{Z}_\nu(\lambda\,z) = \lambda^\nu\sum\limits_{m=0}^{\infty}\frac{1}{m!}\,\mathfrak{Z}_{\nu+m}(z)\Big[\frac{1 - \lambda^2}{2}\,z\Big]^m;$$

sie gilt für $\mathfrak{Z}_\nu \equiv J_\nu$ bei beliebigen Werten von λ und z, sonst nur für $|1 - \lambda^2| < 1$.

§ 3. Asymptotische Entwicklungen.

a) Die asymptotischen Reihen von Hankel. Es sei:

$$(\nu, m) \equiv \frac{[4\nu^2 - 1^2][4\nu^2 - 3^2] \ldots [4\nu^2 - (2m-1)^2]}{2^{2m}\, m!}, \qquad (\nu, 0) \equiv 1.$$

$$(m = 1, 2, 3, \ldots).$$

Dann gelten die für $|z| \gg |\nu|$, $|z| \gg 1$ zu benutzenden Formeln:

$$(5a) \quad H_\nu^{(1)}(z) = \sqrt{\frac{2}{\pi z}}\, e^{i\left(z - \frac{\nu\pi}{2} - \frac{\pi}{4}\right)} \left[\sum_{m=0}^{M-1} \frac{(\nu, m)}{(-2iz)^m} + O\left(|z|^{-M}\right)\right]$$

$$(-\pi < \arg z < 2\pi),$$

$$(5b) \quad H_\nu^{(2)}(z) = \sqrt{\frac{2}{\pi z}}\, e^{-i\left(z - \frac{\nu\pi}{2} - \frac{\pi}{4}\right)} \left[\sum_{m=0}^{M-1} \frac{(\nu, m)}{(2iz)^m} + O\left(|z|^{-M}\right)\right]$$

$$(-2\pi < \arg z < \pi).$$

$$(5c) \quad J_\nu(z) = \sqrt{\frac{2}{\pi z}}\cos\left(z - \frac{\nu\pi}{2} - \frac{\pi}{4}\right)\left[\sum_{m=0}^{M-1}{}'(-1)^m \frac{(\nu, 2m)}{(2z)^{2m}} + O\left(|z|^{-2M}\right)\right] -$$

$$- \sqrt{\frac{2}{\pi z}}\sin\left(z - \frac{\nu\pi}{2} - \frac{\pi}{4}\right)\left[\sum_{m=0}^{M-1}{}'(-1)^m \frac{(\nu, 2m+1)}{(2z)^{2m+1}} + O\left(|z|^{-2M-1}\right)\right]$$

$$(-\pi < \arg z < \pi).$$

$$(5d) \quad N_\nu(z) = \sqrt{\frac{2}{\pi z}}\sin\left(z - \frac{\nu\pi}{2} - \frac{\pi}{4}\right)\left[\sum_{m=0}^{M-1}(-1)^m \frac{(\nu, 2m)}{(2z)^{2m}} + O\left(|z|^{-2M}\right)\right] +$$

$$+ \sqrt{\frac{2}{\pi z}}\cos\left(z - \frac{\nu\pi}{2} - \frac{\pi}{4}\right)\left[\sum_{m=0}^{M-1}(-1)^m \frac{(\nu, 2m)}{(2z)^{2m+1}} + O\left(|z|^{-2M-1}\right)\right]$$

$$(-\pi < \arg z < \pi).$$

Für halbzahliges $\nu = \frac{2n+1}{2}$ $(n = 0, 1, 2, \ldots)$ brechen diese Reihen ab und liefern die für alle Werte von z gültigen geschlossenen Ausdrücke:

$$H_{n+1/2}^{(1)}(z) \equiv \sqrt{\frac{2z}{\pi}}\, \zeta_n^{(1)}(z) = \sqrt{\frac{2}{\pi z}}\, i^{-n-1}\, e^{iz} \sum_{m=0}^{n}(-1)^m \frac{(n + \frac{1}{2}, m)}{(2iz)^m},$$

$$H_{n+1/2}^{(2)}(z) \equiv \sqrt{\frac{2z}{\pi}}\, \zeta_n^{(2)}(z) = \sqrt{\frac{2}{\pi z}}\, i^{n+1}\, e^{-iz} \sum_{m=0}^{n} \frac{(n + \frac{1}{2}, m)}{(2iz)^m}.$$

Für reelle positive Werte von z und ν und $2M > \nu - \frac{1}{2}$ ist der Fehler beim Abbrechen der Reihen (5a), (5b) kleiner als der absolute Betrag des ersten nicht mehr berücksichtigten Gliedes. Für Werte von $\arg z$, die nahe an $\pm\,\pi$ liegen, werden diese Reihen dagegen unter Umständen sehr schlecht brauchbar; insbesondere kann der Fehler für $|\arg z| > 0$ größer als der Betrag des ersten unberücksichtigten Gliedes werden.

b) Die asymptotischen Reihen von Debye. Diese gelten für große Werte von $|\nu|$ und $|z|$. In den folgenden Formeln mögen ν und x reelle positive Größen bedeuten; für den Fall komplexer Werte vergleiche man die Arbeiten von Debye (s. Literaturverzeichnis). Es sei ferner ε eine beliebig kleine, feste, reelle positive Zahl < 1. Dann gilt:

b_1) Für $1 - \dfrac{\nu}{x} > \varepsilon$; $\dfrac{\nu}{x} = \cos\alpha$ die insbesondere für $1 - \dfrac{\nu}{x} > \dfrac{3}{x}\,\nu^{1/3}$ gut brauchbare asymptotische Reihe für $H_\nu^{(2)}(x)$, deren erste Glieder lauten

$$H_\nu^{(2)}(x) \sim \frac{1}{\pi}\,e^{i x\left[\cos\alpha + \left(\alpha - \frac{\pi}{2}\right)\sin\alpha\right]} \times$$

$$\times\left\{\frac{e^{i\pi/4}\,\Gamma(\frac{1}{2})}{\left(-\dfrac{x}{2}\cos\alpha\right)^{1/2}} + \left(\frac{1}{8} + \frac{5}{24}\operatorname{tg}^2\alpha\right)\frac{e^{3\pi i/4}\,\Gamma(\frac{3}{2})}{\left(-\dfrac{x}{2}\cos\alpha\right)^{3/2}} + \right.$$

$$\left. + \left(\frac{3}{128} + \frac{77}{576}\operatorname{tg}^2\alpha + \frac{385}{3456}\operatorname{tg}^4\alpha\right)\frac{e^{5\pi i/4}\,\Gamma(\frac{5}{2})}{\left(-\dfrac{x}{2}\cos\alpha\right)^{5/2}} + \cdots\right\}.$$

b_2) für $\dfrac{\nu}{x} - 1 > \varepsilon$, $\dfrac{\nu}{x} = \mathfrak{Cof}\,\sigma$, insbesondere für $|\nu^2 - x^2|^{1/2}$ und $|\nu^2 - x^2|^{3/2}\,\nu^{-2} \gg 1$

$$H_\nu^{(2)}(x) \sim \frac{1}{\pi}\,e^{x(\sigma\,\mathfrak{Cof}\,\sigma - \mathfrak{Sin}\,\sigma)} \times$$

$$\times\left\{\frac{\Gamma(\frac{1}{2})}{\left(-\dfrac{x}{2}\mathfrak{Sin}\,\sigma\right)^{1/2}} + \left(\frac{1}{8} - \frac{5}{24}\mathfrak{Cotg}^2\,\sigma\right)\frac{\Gamma(\frac{3}{2})}{\left(-\dfrac{x}{2}\mathfrak{Sin}\,\sigma\right)^{3/2}} + \right.$$

$$\left. + \left(\frac{3}{128} - \frac{77}{576}\mathfrak{Cotg}^2\,\sigma + \frac{385}{3456}\mathfrak{Cotg}^4\,\sigma\right)\frac{\Gamma(\frac{5}{2})}{\left(-\dfrac{x}{2}\mathfrak{Sin}\,\sigma\right)^{5/2}} + \cdots\right\}.$$

b_3) für $\nu \approx x$, $|x - \nu| \ll x^{1/3}$; $x \gg 1$ mit $x - \nu = \delta$:

$$H_\nu^{(2)}(x) \sim \frac{3^{1/2}\,6^{1/3}\,e^{i\pi/3}}{\pi}\left\{\frac{\Gamma(\frac{1}{3})}{x^{1/3}} - 6^{1/3}\,e^{i\pi/3}\,\delta\,\frac{\Gamma(\frac{3}{2})}{x^{2/3}} - \left(\delta^3 - \frac{2}{5}\,\delta\right)\frac{\Gamma(\frac{4}{3})}{x^{4/3}} + \right.$$

$$\left. + \left(\frac{\delta^4}{4} - \frac{\delta^2}{4} + \frac{3}{140}\right)6^{1/3}\,e^{i\pi/3}\,\frac{\Gamma(\frac{5}{3})}{x^{5/3}} + \cdots\right\}.$$

Hieraus berechnet sich $H_\nu^{(1)}(x) = \overline{H_\nu^{(2)}(x)}$ und damit auch $N_\nu(x)$, $J_\nu(x)$ in den Fällen b_1), b_2), b_3); jedoch liefert b_2) für $J_\nu(x)$ die Entwicklung $J_\nu(x) \sim 0$, da $J_\nu(x)$ hier von höherer Größenordnung verschwindet als die in b_2) rechts auftretenden Terme. Man hat für diesen Fall die mit den Voraussetzungen von b_2) gültige Reihe zu benutzen:

$$J_\nu(x) \sim \frac{1}{2\pi} e^{-x(\sigma\,\mathfrak{Cof}\,\sigma - \mathfrak{Sin}\,\sigma)} \left\{ \frac{\Gamma(\tfrac{1}{3})}{\left(\frac{x}{2}\,\mathfrak{Sin}\,\sigma\right)^{1/2}} + \left(\frac{1}{8} - \frac{5}{24}\mathfrak{Cotg}^2\,\sigma\right) \frac{\Gamma(\tfrac{2}{3})}{\left(\frac{x}{2}\,\mathfrak{Sin}\,\sigma\right)^{3/2}} \right. $$

$$\left. + \left(\frac{3}{128} - \frac{77}{576}\mathfrak{Cotg}^2\,\sigma + \frac{385}{3456}\mathfrak{Cotg}^4\,\sigma\right) \frac{\Gamma(\tfrac{5}{3})}{\left(\frac{x}{2}\,\mathfrak{Sin}\,\sigma\right)^{5/2}} + \cdots \right\}.$$

    c) Die Formeln von Watson und Nicholson. Die unter b_3) aufgeführten Formeln versagen, wenn dort $|x - \nu|$ mit $x^{1/3}$ vergleichbar wird; für diesen Fall, aber über ihn hinaus auch für größere und für beliebig kleine Werte von $|x - \nu|$ kann man die Formeln von Watson benutzen.

    Es sei x reell und positiv und τ beliebig komplex. Man setze

$$\nu = x + \tau x^{1/3} \qquad (|\tau| \ll x^{2/3})$$

$$w = \left(\frac{x^2}{\nu^2} - 1\right)^{1/2} \qquad \left(-\frac{\pi}{2} \leqq \arg w < \frac{\pi}{2}\right).$$

Dann wird

$$H_\nu^{(1)}(x) = \frac{w}{\sqrt{3}}\, e^{i\pi/6}\, e^{-i\nu\{w - w^3/3 - \operatorname{arctg} w\}}\, H_{1/3}^{(1)}\left(\frac{1}{3}[-2\tau]^{3/2}\right) + O\,|\nu^{-1}|,$$

$$H_\nu^{(2)}(x) = \frac{w}{\sqrt{3}}\, e^{-i\pi/6}\, e^{i\nu\{w - w^3/3 - \operatorname{arctg} w\}}\, H_{1/3}^{(2)}\left(\frac{1}{3}[-2\tau]^{3/2}\right) + O\,|\nu^{-1}|$$

$$\left(-\frac{\pi}{2} \leqq \arg(-2\tau)^{1/2} < \frac{\pi}{2}; \quad \operatorname{arctg} w = w - \frac{w^3}{3} + \frac{w^5}{5} \mp \cdots\right).$$

Der Fehler $O\,|\nu^{-1}|$ ist dabei für reelle Werte von τ absolut genommen kleiner als $24\sqrt{2}\,|\nu^{-1}|$.

    Die Debyeschen Formeln werden auch als „*Tangensapproximation*", die Watsonschen Formeln als „*Hankelapproximation*" bezeichnet.

    Für reelle positive ganzzahlige Werte von $\nu = n$ gelten für $n \gg 1$ nach Nicholson mit einem bisher nicht genau bekannten Fehler die aus den Airyschen Integralen (s. § 5, S. 28) abgeleiteten Formeln:

$$J_n(x) \approx \frac{1}{2}\, e^{2\pi i/3} \sqrt{\frac{2(n-x)}{3x}}\, H_{1/3}^{(1)}\left[\frac{i}{3}\frac{2^{3/2}(n-x)^{3/2}}{\sqrt{x}}\right]$$

$$(n > x),$$

$$J_n(x) \approx \frac{1}{\sqrt{3}} \sqrt{\frac{2(x-n)}{3x}}\left\{ J_{1/3}\left[\frac{1}{3}\frac{2^{3/2}(x-n)^{3/2}}{\sqrt{x}}\right] + J_{-1/3}\left[\frac{1}{3}\frac{2^{3/2}(x-n)^{3/2}}{\sqrt{x}}\right]\right\}$$

$$(x > n),$$

$$N_n(x) \approx -\sqrt{\frac{2(x-n)}{3x}}\left\{ J_{-1/3}\left[\frac{1}{3}\frac{2^{3/2}(x-n)^{3/2}}{\sqrt{x}}\right] - J_{1/3}\left[\frac{1}{3}\frac{2^{3/2}(x-n)^{3/2}}{\sqrt{x}}\right]\right\}$$

$$(x > n).$$

d) Ergänzungen:

Für $x \gg |\nu|$, x reell und positiv, ist

$$J_\nu^2(x) + J_{\nu+1}^2(x) \approx \frac{2}{\pi x}.$$

Für reelle positive Werte von ν und x ist

$$x\,[J_\nu^2(x) + N_\nu^2(x)]$$

als Funktion von x monoton abnehmend für $\nu > \tfrac{1}{2}$ und monoton zunehmend für $0 < \nu < \tfrac{1}{2}$. Ferner ist:

$$\frac{1}{\sqrt{x^2 - \nu^2}} > \frac{\pi}{2}\,[J_\nu^2(x) + N_\nu^2(x)] \geqq \frac{1}{x}$$

$$\left(x \geqq \nu \geqq \tfrac{1}{2}\right),$$

$$|J_n(nz)| \leqq 1, \quad \text{wenn} \quad \left|\frac{z\,e^{\sqrt{1-z^2}}}{1 + \sqrt{1-z^2}}\right| < 1. \quad (n = 1, 2, 3, \ldots)$$

§ 4. Nullstellen. Produktzerlegung für $J_\nu(z)$.
Eine Partialbruchzerlegung.

Die asymptotischen Entwicklungen von § 3 enthalten leicht explizit angebbare Aussagen über die Nullstellen der Zylinderfunktionen für großes Argument. Darüber hinaus gilt:

Ist ν reell und > -1, so besitzt $J_\nu(z)$ ausschließlich reelle Nullstellen. Ist s eine natürliche Zahl oder gleich Null, und liegt ν zwischen $-(2s + 1)$ und $-(2s + 2)$, so hat $J_\nu(z)$ genau $4s + 2$ komplexe Nullstellen, von denen zwei rein imaginär sind; liegt ν zwischen $-2s$ und $-(2s + 1)$ mit $s = 1, 2, 3, \ldots$, so hat $J_\nu(z)$ genau $4s$ komplexe Nullstellen, von denen keine rein imaginär ist.

Ist ν reell und > 0, und ist j_ν bzw. j_ν' die kleinste, positive Nullstelle von $J_\nu(z)$ bzw. $J_\nu'(z)$, so ist $j_\nu > \nu$, $j_\nu' > \nu$.

Für $n = 0, 1, 2, \ldots$ und $m = 1, 2, 3, \ldots$ haben $J_n(z)$ und $J_{n+m}(z)$ bzw. $J_{n+1/2}$ und $J_{n+m+1/2}$ keine gemeinsamen Nullstellen.

Für reelles $\nu \geqq 0$ ist die Anzahl der Nullstellen von $K_\nu(z)$ im Bereich $\operatorname{Re} z < 0$, $|\arg z| < \pi$ gleich der geraden Zahl die am nächsten an $\nu - \frac{1}{2}$ liegt; sie läßt sich durch $\nu - \frac{1}{2} + \frac{1}{\pi}\operatorname{arctg}(\operatorname{cotg}\nu\pi)$ ausdrücken.

Es sei ν beliebig, aber $\neq -1, -2, -3, \ldots$, und es seien $j_{\nu,n}$ für $n = 1, 2, 3, \ldots$ die nach wachsenden Absolutbeträgen ihrer Realteile geordneten Nullstellen von $z^{-\nu} J_\nu(z)$. Dann gilt für alle z die Produktzerlegung

$$J_\nu(z) = \frac{(\tfrac{1}{2}z)^\nu}{\Gamma(\nu + 1)} \prod_{n=1}^{\infty}\left(1 - \frac{z^2}{j_{\nu,n}^2}\right).$$

Die $j_{\nu,n}$ sind dabei alle voneinander verschieden. Sind ferner x und X reelle positive Zahlen, so gilt:

$$\frac{\pi J_{\nu}(x\,z)}{4\,z\,J_{\nu}(z)}\left[J_{\nu}(z)\,N_{\nu}(Xz)-N_{\nu}(z)\,J_{\nu}(Xz)\right]=\sum_{n=1}^{\infty}\frac{J_{\nu}(j_{\nu,n}\,x)\,J_{\nu}(j_{\nu,n}\,X)}{(z^2-j_{\nu,n}^2)\,j_{\nu,n}\,J_{\nu}'^2(j_{\nu,n})}$$

$$(0 < x < X < 1;\quad \mathrm{Re}\,z > 0)$$

(Formel von KNESER und SOMMERFELD).

§ 5. Integraldarstellungen.

Formeln von POISSON:

$$J_{\nu}(z)=\frac{2\left(\frac{z}{2}\right)^{\nu}}{\sqrt{\pi}\,\Gamma(\nu+\tfrac{1}{2})}\int_{0}^{\pi/2}\cos\,(z\cos\alpha)\,\sin^{2\nu}\alpha\,d\alpha$$

$$(\mathrm{Re}\,\nu > -\tfrac{1}{2}),$$

$$N_{\nu}(z)=\frac{2}{\sqrt{\pi}}\,\frac{\left(\frac{z}{2}\right)^{\nu}}{\Gamma(\nu+\tfrac{1}{2})}\left[\int_{0}^{\pi/2}\sin\,(z\sin\beta)\,\cos^{2\nu}\beta\,d\beta-\int_{0}^{\infty}e^{-z\,\mathfrak{Sin}\,\tau}\,\mathfrak{Cof}^{2\nu}\tau\,d\tau\right]$$

$$(\mathrm{Re}\,\nu > -\tfrac{1}{2},\ \mathrm{Re}\,z > 0).$$

Formeln von HEINE:

$$H_{\nu}^{(1)}(z)=e^{-(\nu+1)\,\pi i/2}\,\frac{2}{\pi}\int_{0}^{\infty}e^{iz\,\mathfrak{Cof}\,\tau}\,\mathfrak{Cof}\,\nu\,\tau\,d\tau$$

$$(0 < \arg z < \pi;\quad \text{bei } \nu = 0 \text{ auch für } \arg z = 0),$$

$$H_{\nu}^{(2)}(z)=e^{(\nu+1)\,\pi i/2}\,\frac{2}{\pi}\int_{0}^{\infty}e^{-iz\,\mathfrak{Cof}\,\tau}\,\mathfrak{Cof}\,\nu\,\tau\,d\tau$$

$$(-\pi < \arg z < 0;\quad \text{bei } \nu = 0 \text{ auch für } \arg z = 0).$$

Formeln für ganzzahlige Werte von $\nu = n = 0, 1, 2, \ldots$

$$J_{n}(z)=\frac{1}{2\pi}\int_{-\pi}^{\pi}e^{iz\cos\alpha}\,e^{in(\alpha-\pi/2)}\,d\alpha=\frac{i^{-n}}{\pi}\int_{0}^{\pi}e^{iz\cos\alpha}\cos n\,\alpha\,d\alpha$$

$$=\frac{1}{\pi}\int_{0}^{\pi}\cos\,(z\sin\beta-n\,\beta)\,d\beta,$$

$$J_{2n}(z)=\frac{2}{\pi}\int_{0}^{\pi/2}\cos\,(z\sin\beta)\cos 2\,n\,\beta\,d\beta,$$

$$J_{2n+1}(z)=\frac{2}{\pi}\int_{0}^{\pi/2}\sin\,(z\sin\beta)\sin\,(2\,n+1)\,\beta\,d\beta,$$

$$N_n(z) = \frac{1}{\pi} \int_0^\pi \sin(z\sin\beta - n\beta)\,d\beta - \frac{2}{\pi} e^{-in\pi/2} \int_0^\infty e^{-z\,\mathfrak{Sin}\,\tau}\,\mathfrak{Cof}\,n\left(\tau + \frac{i\pi}{2}\right)d\tau$$

$$(\operatorname{Re} z > 0),$$

$$N_0(x) = -\frac{2}{\pi} \int_0^\infty \cos(x\,\mathfrak{Cof}\,\tau)\,d\tau$$

$$(x \text{ reell und positiv}),$$

$$H_0^{(1)}(kx) = \frac{-i}{\pi} \int_{-\infty}^{+\infty} \frac{e^{ik\sqrt{x^2+t^2}}}{\sqrt{x^2+t^2}}\,dt, \quad H_0^{(2)}(kx) = \frac{i}{\pi} \int_{-\infty}^{+\infty} \frac{e^{-ik\sqrt{x^2+t^2}}}{\sqrt{x^2+t^2}}\,dt$$

$$(k, x \text{ reell und positiv}),$$

$$J_0(x) = \frac{2}{\pi} \int_0^1 \frac{\cos tx}{\sqrt{1-t^2}}\,dt.$$

Weitere Formeln:

$$J_\nu(x) = \frac{2\left(\frac{1}{2}x\right)^{-\nu}}{\Gamma\left(\frac{1}{2}-\nu\right)\Gamma\left(\frac{1}{2}\right)} \int_1^\infty \frac{\sin xt}{(t^2-1)^{\nu+1/2}}\,dt$$

$$\left(-\tfrac{1}{2} < \operatorname{Re}\nu < \tfrac{1}{2};\quad x \text{ reell und positiv}\right),$$

$$N_\nu(x) = \frac{-2\left(\frac{1}{2}x\right)^{-\nu}}{\Gamma\left(\frac{1}{2}-\nu\right)\Gamma\left(\frac{1}{2}\right)} \int_1^\infty \frac{\cos xt}{(t^2-1)^{\nu+1/2}}\,dt$$

$$\left(-\tfrac{1}{2} < \operatorname{Re}\nu < \tfrac{1}{2};\quad x \text{ reell und positiv}\right),$$

$$H_\nu^{(1,\,2)}(z) = -\frac{\pm\,i\,2^{\nu+1}\,z^\nu}{\Gamma\left(\nu+\frac{1}{2}\right)\Gamma\left(\frac{1}{2}\right)} \int_0^{\pi/2} \frac{\cos^{\nu-1/2}\vartheta\,e^{\pm i(z-\nu\vartheta+\vartheta/2)}}{\sin^{2\nu+1}\vartheta}\,e^{-2z\cotg\vartheta}\,d\vartheta$$

$$\left(\operatorname{Re}\nu > -\tfrac{1}{2};\quad \operatorname{Re} z > 0;\quad +i \text{ bei } H^{(1)}, \; -i \text{ bei } H^{(2)}\right),$$

$$K_\nu(z) = \frac{\sqrt{\pi}}{\Gamma\left(\nu+\frac{1}{2}\right)} \left(\frac{z}{2}\right)^\nu \int_0^\infty e^{-z\,\mathfrak{Cof}\,t}(\mathfrak{Sin}\,t)^{2\nu}\,dt$$

$$\left(\operatorname{Re}\nu > -\tfrac{1}{2}, \; \operatorname{Re} z > 0\right),$$

$$K_0(ax) = \int_0^\infty \frac{\cos xt}{\sqrt{a^2+t^2}}\,dt = \int_1^\infty \frac{e^{-axt}}{\sqrt{t^2-1}}\,dt$$

$$(a, x \text{ reell und positiv}),$$

$$H_\nu^{(1,\,2)}(x) = \frac{\Gamma\left(\frac{1}{2}-\nu\right)\left(\frac{x}{2}\right)^\nu}{\pm i\pi\,\Gamma(\frac{1}{2})}\left[1 - e^{\mp 2i\pi(\nu-1/2)}\right]\int\limits_1^\infty e^{\pm ixt}\,(t^2-1)^{\nu-1/2}\,dt$$

$(-\frac{1}{2} < \operatorname{Re}\nu < \frac{1}{2};$ x reell und positiv, oberes Vorzeichen bei $H^{(1)}$, unteres bei $H^{(2)}$),

$$J_\nu(z) = \frac{1}{2\pi i}\left(\frac{1}{2}z\right)^\nu \int\limits_{c-i\infty}^{c+i\infty} e^{\left(t-\frac{z^2}{4t}\right)}\,t^{-\nu-1}\,dt$$

$(|\arg z| < \pi;$ c reell und positiv, $\operatorname{Re}\nu > -1)$,

$$J_\nu(x) = \frac{1}{2\pi i}\int\limits_{-\frac{1}{2}-i\infty}^{-\frac{1}{2}+i\infty} \frac{\Gamma(-s)}{\Gamma(\nu+s+1)}\left(\frac{1}{2}x\right)^{\nu+2s}\,ds$$

$(\operatorname{Re}\nu \geqq 0,$ x reell und positiv),

$$e^{3\pi i/4}\sqrt{\frac{\pi x}{2z}}\,H_{1/2}^{(1)}(ixz) \equiv \frac{e^{-xz}}{z} = \frac{2}{\pi}\int\limits_0^\infty \frac{\cos xu}{u^2+z^2}\,du$$

$(x,\,z$ reell und positiv$)$.

Integrale von AIRY *für die Funktionen vom Index* $\frac{1}{3}$:

$$\int\limits_0^\infty \cos(t^3 - tx)\,dt = \frac{\pi}{3}\sqrt{\frac{x}{3}}\left[J_{1/3}\left(\frac{2x\sqrt{x}}{3\sqrt{3}}\right) + J_{-1/3}\left(\frac{2x\sqrt{x}}{3\sqrt{3}}\right)\right],$$

$$\int\limits_0^\infty \cos(t^3 + tx)\,dt = \frac{1}{3}\sqrt{x}\,K_{1/3}\left(\frac{2x\sqrt{x}}{3\sqrt{3}}\right)$$

$(x$ reell und $\geqq 0)$.

Integraldarstellung von LERCH *für das unbestimmte Integral von* $\frac{1}{z}J_0(z)$:

$$\int\limits_{2x}^\infty J_0(t)\,\frac{dt}{t} = \frac{-1}{4\pi i}\int\limits_{-\frac{1}{2}-i\infty}^{-\frac{1}{2}+i\infty} \frac{\Gamma(-s)\,x^{2s}}{s\,\Gamma(s+1)}\,ds$$

$(x$ reell und positiv$)$.

§ 6. Integralbeziehungen zwischen Zylinderfunktionen.

$$J_\mu(z)\,J_\nu(z) = \frac{2}{\pi}\int\limits_0^{\pi/2} J_{\mu+\nu}(2z\cos\vartheta)\cos(\mu-\nu)\vartheta\,d\vartheta$$

$(\operatorname{Re}(\mu+\nu) > -1)$,

$$J_\mu(R z) J_\nu(r z)$$

$$= \frac{1}{\pi} R^\mu r^\nu \int\limits_{-\pi/2}^{+\pi/2} e^{i\,\vartheta(\mu-\nu)} \left(\frac{2\cos\vartheta}{R^2 e^{i\vartheta} + r^2 e^{-i\vartheta}}\right)^{\frac{\mu+\nu}{2}} J_{\mu+\nu}\left(z\sqrt{2\cos\vartheta\,[R^2 e^{i\vartheta} + r^2 e^{-i\vartheta}]}\right) d\vartheta$$

$$(\mathrm{Re}(\mu+\nu) > -1; \quad R \text{ und } r \text{ reell und positiv}),$$

$$\frac{1}{2p^2} e^{-\frac{a^2+b^2}{4p^2}} I_\nu\left(\frac{a\,b}{2p^2}\right) = \int\limits_0^\infty e^{-p^2 t^2} J_\nu(a t) J_\nu(b t)\, t\, dt$$

$$\left(\mathrm{Re}\,\nu > -1; \quad |\arg p| < \frac{\pi}{4}; \quad a,\, b \text{ reell und positiv}\right),$$

$$\frac{b^\mu}{a^\nu} \left[\frac{\sqrt{a^2+b^2}}{z}\right]^{\nu-\mu-1} K_{\nu-\mu-1}(z\sqrt{a^2+b^2}) = \int\limits_0^\infty J_\mu(b t) \frac{K_\nu(a\sqrt{t^2+z^2})}{(t^2+z^2)^{\nu/2}}\, t^{\mu+1}\, dt$$

$$\left(a,\, b \text{ reell und positiv}; \quad |\arg z| < \frac{\pi}{4}; \quad \mathrm{Re}\,\mu > -1\right),$$

$$\int\limits_0^\infty J_\mu(b t) \frac{\prod\limits_{n=1}^{m} J_\nu(a_n \sqrt{t^2+x^2})}{(t^2+x^2)^{m\nu/2}}\, t^{\mu-1}\, dt = \frac{2^{\mu-1}\,\Gamma(\mu)}{b^\mu} \prod\limits_{n=1}^{m}\left[\frac{J_\nu(a_n x)}{x^\nu}\right]$$

$$\left\{x,\, b,\, a_1, \ldots, a_m \text{ reell und positiv}; \quad b > \sum\limits_{n=1}^{m} a_n; \right.$$

$$\left. [\mathrm{Re}\,(m\,\nu + \tfrac{1}{2}m + \tfrac{1}{2}) > \mathrm{Re}\,\mu > 0]\right\},$$

$$\frac{\pi}{2} e^{-i\pi\,(\nu-\mu-1/2)} \frac{b^\mu}{a^\nu} \left[\frac{\sqrt{a^2+b^2}}{y}\right]^{\nu-\mu-1} H^{(2)}_{\nu-\mu-1}(y\sqrt{a^2+b^2})$$

$$= \int\limits_0^\infty J_\mu(b t) K_\nu(a\sqrt{t^2-y^2}) (t^2-y^2)^{-\nu/2}\, t^{\mu+1}\, dt$$

$$\left(\mathrm{Re}\,\nu < 1, \quad \mathrm{Re}\,\mu > -1, \quad a,\, b,\, y \text{ reell und positiv}, \quad \arg\sqrt{t^2-y^2} = 0\right.$$

für $t > y$; $\arg(t^2-y^2)^\sigma = \pi\,\sigma$ für $t < y$, wobei $\sigma = \tfrac{1}{2}$ bzw. $\left.\sigma = -\frac{\nu}{2}\right)$.

Ein Spezialfall ($\mu = 0$, $\nu = \tfrac{1}{2}$) dieser WATSONschen Formel ist die Formel von SOMMERFELD (s. § 7).

Formeln von SONINE:

$$J_{\nu-\mu-1}(a\,x) = \frac{x^{\nu-\mu-1}\, a^{\mu+1}}{2^\mu\,\Gamma(\mu+1)} \int\limits_0^\infty \frac{J_\nu(a\sqrt{t^2+x^2})}{(t^2+x^2)^{\nu/2}}\, t^{2\mu+1}\, dt$$

$$\left(a,\, x \text{ reell und positiv}; \quad \mathrm{Re}\left(\frac{\nu}{2} - \frac{1}{4}\right) > \mathrm{Re}\,\mu > -1\right),$$

$$K_{\nu-\mu-1}(a\,x) = \frac{x^{\nu-\mu-1}\, a^{\mu+1}}{2^\mu\,\Gamma(\mu+1)} \int\limits_0^\infty \frac{K_\nu(a\sqrt{t^2+x^2})}{(t^2+x^2)^{\nu/2}}\, t^{2\mu+1}\, dt$$

$$(a,\, x \text{ reell und positiv}; \quad \mathrm{Re}\,\mu > -1),$$

$$K_{\nu-\mu}(a\,x) = \frac{2^\mu\,\Gamma(\mu+1)}{a^\mu\,x^{\nu-\mu}} \int\limits_0^\infty \frac{J_\nu(a\,t)\,t^{\nu+1}}{(t^2+\cdot\,x^2)^{\mu+1}}\,dt$$

$$(a,\,x \text{ reell und positiv}; \quad -1 < \operatorname{Re}\nu < \operatorname{Re}(2\mu+\tfrac{3}{2})).$$

$$J_{\nu+\mu+1}(z) = \frac{z^{\nu+1}}{2^\nu\,\Gamma(\nu+1)} \int\limits_0^{\pi/2} J_\mu(z\sin\vartheta)\,\sin^{\mu+1}\vartheta\,\cos^{2\nu+1}\vartheta\,d\vartheta$$

$$(\operatorname{Re}\mu > -1; \quad \operatorname{Re}\nu > -1),$$

$$H_0^{(1)}(x) = -\frac{2\,i}{\pi} \int\limits_0^\infty \frac{e^{i\,(t+x)}}{t+x}\,J_0(t)\,dt$$

$$(x \text{ reell und positiv}),$$

$$\int\limits_0^{\pi/2} J_\mu(z\sin\vartheta)\,J_\nu(\zeta\cos\vartheta)\,\sin^{\mu+1}\vartheta\,\cos^{\nu+1}\vartheta\,d\vartheta = \frac{z^\mu\,\zeta^\nu\,J_{\mu+\nu+1}(\sqrt{z^2+\zeta^2})}{(z^2+\zeta^2)^{(\mu+\nu+1)/2}}$$

$$(\operatorname{Re}\mu > -1,\ \operatorname{Re}\nu > -1).$$

Formeln von WATSON:

$$I_{\nu/2}(\tfrac{1}{2}a\,x)\,K_{\nu/2}(\tfrac{1}{2}a\,x) = \int\limits_0^\infty \frac{J_\nu(a\,t)}{(t^2+x^2)^{1/2}}\,dt$$

$$\left(\operatorname{Re}\nu > -1,\ a \text{ reell und positiv},\ |\arg x| < \frac{\pi}{2}\right),$$

$$J_\nu(a\,x)\,K_\nu(a\,x) = \frac{(2\,x)^{2\nu}\,\Gamma(\nu+\tfrac{1}{2})}{(\tfrac{1}{2}a)^\nu\cdot\sqrt{\pi}} \int\limits_0^\infty \frac{t^{\nu+1}\,J_\nu(a\,t)}{(t^4+4\,x^4)^{\nu+1/2}}\,dt$$

$$\left(\operatorname{Re}\nu > -\frac{1}{2},\ a \text{ reell und positiv},\ |\arg x| < \frac{\pi}{4}\right),$$

$$J_\nu(a\,x)\,K_\nu(a\,x) = \frac{2\,(2\,x)^{2\nu}\,\Gamma(\nu+\tfrac{3}{2})}{(\tfrac{1}{2}a)^{\nu+1}\,\sqrt{\pi}} \int\limits_0^\infty \frac{t^{\nu+4}\,J_{\nu+1}'(a\,t)}{(t^4+4\,x^4)^{\nu+3/2}}\,dt$$

$$\left(\operatorname{Re}\nu > -\frac{5}{6},\ a \text{ reell und positiv},\ |\arg x| < \frac{\pi}{4}\right),$$

$$J_\mu(z)\,N_\nu(z) - J_\nu(z)\,N_\mu(z) = \frac{4\sin(\mu-\nu)\pi}{\pi^2} \int\limits_0^\infty K_{\nu-\mu}(2\,z\operatorname{\mathfrak{Sin}}t)\,e^{(\mu+\nu)t}\,dt$$

$$(\operatorname{Re}z > 0,\ |\operatorname{Re}(\mu-\nu)| < 1),$$

$$J_\nu(z)\,\frac{\partial N_\nu(z)}{\partial\nu} - N_\nu(z)\,\frac{\partial J_\nu(z)}{\partial\nu} = -\frac{4}{\pi} \int\limits_0^\infty K_0(2\,z\operatorname{\mathfrak{Sin}}t)\,e^{-2\nu t}\,dt$$

$$(\operatorname{Re}z > 0).$$

Formel von NICHOLSON:

$$J_\nu^2(z) + N_\nu^2(z) = \frac{8}{\pi^2}\int\limits_0^\infty K_0(2z\,\mathfrak{Sin}\,t)\,\mathfrak{Cos}\,2\nu t\,dt$$

$$(\operatorname{Re} z > 0).$$

Formel von DIXON *und* FERRAR:

$$J_\nu^2(z) + N_\nu^2(z) = \frac{8\cos\nu\pi}{\pi^2}\int\limits_0^\infty K_{2\nu}(2z\,\mathfrak{Sin}\,t)\,dt$$

$$(\operatorname{Re} z > 0;\ \ -\tfrac{1}{2} < \operatorname{Re}\nu < \tfrac{1}{2}).$$

Formel von RAMANUJAN: Für $-\pi < t < \pi$, $\operatorname{Re}(\mu+\nu) > 1$ und $x > 0$, $y > 0$ ist:

$$\int\limits_{-\infty}^{+\infty}\frac{J_{\mu+\xi}(x)}{x^{\mu+\xi}}\,\frac{J_{\nu-\xi}(y)}{y^{\nu-\xi}}\,e^{it\xi}\,d\xi$$

$$= \left[\frac{2\cos\dfrac{t}{2}}{x^2 e^{-it/2} + y^2 e^{it/2}}\right]^{(\mu+\nu)/2} e^{it(\nu-\mu)/2}\,J_{\mu+\nu}\left(\sqrt{(x^2 e^{-it/2} + y^2 e^{it/2})}\,2\cos\tfrac{1}{2}t\right).$$

Für alle anderen (reellen) Werte von t verschwindet das Integral. Für $t = 0$, $x = y$ wird

$$\int\limits_{-\infty}^{+\infty} J_{\mu+\xi}(x)\,J_{\nu-\xi}(x)\,d\xi = J_{\mu+\nu}(2x)$$

$$(\operatorname{Re}(\mu+\nu) > 1;\ x \text{ reell und positiv}).$$

Weitere Formeln:

$$H_\nu^{(1,\,2)}(z)\,J_\nu(\zeta) = \frac{\pm 1}{\pi i}\int\limits_0^{c\pm i\infty} e^{1/2\{t-(z^2+\zeta^2)t^{-1}\}} I_\nu\left(\frac{z\zeta}{t}\right)\frac{dt}{t}$$

($+$ bei $H^{(1)}$, $-$ bei $H^{(2)}$, c reell und positiv, $\operatorname{Re}\nu > -1$, $|\zeta| < |z|$),

$$K_\nu(z)\,K_\nu(\zeta) = \frac{1}{2}\int\limits_0^\infty e^{-1/2[t+(z^2+\zeta^2)t^{-1}]} K_\nu\left(\frac{z\zeta}{t}\right)\frac{dt}{t}$$

$$\left(|\arg z| < \pi,\ |\arg\zeta| < \pi,\ |\arg(z+\zeta)| < \frac{\pi}{4}\right),$$

$$\frac{J_n(x)}{\sqrt{x}} = \sqrt{\frac{2}{\pi}}\int\limits_0^{\pi/2} J_{n-1/2}(x\sin\vartheta)\,\sin^{n+1/2}\vartheta\,d\vartheta$$

$$(n = 0,\,1,\,2,\,\ldots;\ x \text{ reell und positiv}),$$

$$\frac{J_{n+1/2}(x)}{\sqrt{x}} = \sqrt{\frac{2}{\pi}} \int_0^{\pi/2} J_n(x \sin \vartheta) \sin^{n+1} \vartheta \, d\vartheta$$

$$(n = 0, 1, 2, \ldots; \ x \text{ reell und positiv}),$$

$$J_n^2(z) = (-1)^n \frac{1}{\pi} \int_0^\pi J_0(2z \cos \varphi) \cos 2n\varphi \, d\varphi = \frac{1}{\pi} \int_0^\pi J_0(2z \sin \varphi) \cos 2n\varphi \, d\varphi$$

$$(n = 0, 1, 2, \ldots),$$

$$J_{\nu/2}\left(k \frac{\sqrt{z^2 + x^2} + x}{2}\right) J_{\nu/2}\left(k \frac{\sqrt{z^2 + x^2} - x}{2}\right) = \frac{2}{\pi} \int_0^{\pi/2} J_\nu(kz \sin \vartheta) \cos (kx \cos \vartheta) \, d\vartheta$$

$$(\operatorname{Re} \nu > -1, \ \operatorname{Re} z > 0),$$

$$J_{\nu/2}\left(\frac{x}{2}\right) N_{\nu/2}\left(\frac{x}{2}\right) = -\frac{2}{\pi} \int_0^\infty \frac{J_\nu(x \sqrt{t^2+1})}{\sqrt{t^2+1}} \, dt$$

$$(\operatorname{Re} \nu > -1, \ x \text{ reell und positiv}),$$

$$J_0(2 \sqrt{x}) = \int_0^\infty J_0(s) J_0\left(\frac{x}{s}\right) ds$$

$$(x \text{ reell und positiv}),$$

$$I_0(ax) K_0(ax) = \int_0^\infty \frac{J_0^2(at)}{t^2 + x^2} t \, dt,$$

$$\ker x = \frac{x}{2} \int_0^\infty J_1(ux) \ln \sqrt{1 + u^4} \, du = \int_0^\infty \frac{J_0(ux) u^3 du}{u^4 + 1},$$

$$\operatorname{kei} x = -\frac{x}{2} \int_0^\infty J_1(ux) \operatorname{arctg} u^2 \, du = -\int_0^\infty \frac{J_0(ux) u \, du}{u^4 + 1}.$$

§ 7. Bestimmte Integrale mit Zylinderfunktionen, insbesondere diskontinuierliche Faktoren und Integraldarstellungen elementarer Funktionen.

$$\int_0^\infty e^{-at} J_\nu(bt) t^{\mu-1} dt = \frac{\left(\frac{b}{2a}\right)^\nu \Gamma(\mu + \nu)}{a^\mu \Gamma(\nu + 1)} \, {}_2F_1\left(\frac{\mu + \nu}{2}, \frac{\mu + \nu + 1}{2}; \nu + 1; \frac{-b^2}{a^2}\right)$$

$$(\operatorname{Re}(a + ib) > 0, \ \operatorname{Re}(a - ib) > 0, \ \operatorname{Re}(\mu + \nu) > 0),$$

$$\int_0^\infty e^{-at} J_\nu(bt)\, t^\nu\, dt = \frac{(2b)^\nu \Gamma(\nu + \frac{1}{2})}{(a^2 + b^2)^{\nu + 1/2} \sqrt{\pi}}$$

$$(\operatorname{Re}\nu > -\tfrac{1}{2};\ \operatorname{Re} a > |\operatorname{Im} b|),$$

$$\int_0^\infty e^{-at} J_\nu(bt)\, t^{\nu+1}\, dt = \frac{2a\,(2b)^\nu \Gamma(\nu + \frac{3}{2})}{(a^2 + b^2)^{\nu + 3/2} \sqrt{\pi}}$$

$$(\operatorname{Re}\nu > -1;\ \operatorname{Re} a > |\operatorname{Im} b|),$$

$$\int_0^\infty e^{-at} J_\nu(bt)\, \frac{dt}{t} = \frac{(\sqrt{a^2 + b^2} - a)^\nu}{\nu\, b^\nu}$$

$$(\operatorname{Re}\nu > 0;\ \operatorname{Re} a > |\operatorname{Im} b|),$$

$$\int_0^\infty e^{-at} J_\nu(bt)\, dt = \frac{[\sqrt{a^2 + b^2} - a]^\nu}{b^\nu\, \sqrt{a^2 + b^2}}$$

$$(\operatorname{Re}\nu > -1;\ \operatorname{Re} a > |\operatorname{Im} b|),$$

$$\int_0^\infty J_0(\varrho\sqrt{t^2 + b^2})\cos a t\, dt = \begin{cases} \dfrac{\cos[b\sqrt{\varrho^2 - a^2}]}{\sqrt{\varrho^2 - a^2}} & \text{für } \varrho > a \\[2ex] 0 & \text{für } \varrho < a \end{cases}$$

$$(a,\, b,\, \varrho \text{ reell und positiv}),$$

$$\int_0^\infty N_0(\varrho\sqrt{t^2 + b^2})\cos a t\, dt = \begin{cases} \dfrac{1}{\sqrt{\varrho^2 - a^2}}\sin(b\sqrt{\varrho^2 - a^2}) & \text{für } \varrho > a \\[2ex] \dfrac{-1}{\sqrt{a^2 - \varrho^2}}\, e^{-b\sqrt{a^2 - \varrho^2}} & \text{für } \varrho < a \end{cases}$$

$$(a,\, b,\, \varrho \text{ reell und positiv}),$$

$$\int_0^\infty e^{-at} N_0(bt)\, dt = \frac{1}{\sqrt{a^2 + b^2}}\ln\frac{a + \sqrt{a^2 + b^2}}{b}$$

$$(a,\, b \text{ reell};\ a \geqq 0,\ b > 0),$$

$$\int_0^\infty e^{-at} K_0(bt)\, dt = \begin{cases} \dfrac{\arccos\dfrac{a}{b}}{\sqrt{b^2 - a^2}} & \text{für } b > a \\[3ex] \dfrac{1}{\sqrt{a^2 - b^2}}\ln\left(\dfrac{a}{b} + \sqrt{\dfrac{a^2}{b^2} - 1}\right) & \text{für } a > b \end{cases}$$

$$(a,\, b \text{ reell};\ a \geqq 0,\ b > 0),$$

$$\int_0^\infty \cos a t\, K_0(bt)\, dt = \frac{\pi}{2}\,\frac{1}{\sqrt{a^2 + b^2}}$$

$$(a,\, b \text{ reell};\ b > 0),$$

$$\int\limits_0^\infty \sin a t\, K_0(b t)\, dt = \frac{1}{\sqrt{a^2+b^2}}\ln\left(\frac{b}{a}+\sqrt{1+\frac{b^2}{a^2}}\right)$$

$$(a,\, b \text{ reell und} > 0),$$

$$\int\limits_0^z J_0\left(\sqrt{z^2-t^2}\right) dt = \sin z; \qquad \int\limits_0^z J_0\left(\sqrt{z^2-t^2}\right)\cos t\, dt = \frac{1}{\sqrt{2}}\sin\left(z\,\sqrt{2}\right),$$

$$\int\limits_0^\infty e^{-t\,\mathfrak{Cof}\,\alpha}\, K_\nu(t)\, dt = \frac{\pi}{\sin\nu\pi}\,\frac{\mathfrak{Sin}\,\nu\alpha}{\mathfrak{Sin}\,\alpha}$$

$$(\alpha \text{ reell}, \ |\operatorname{Re}\nu| < 1),$$

$$\int\limits_0^\infty J_\nu(t)\, t^{\mu-\nu-1}\, dt = \frac{\Gamma\left(\dfrac{\mu}{2}\right)2^{-\nu+\mu-1}}{\Gamma\left(\nu-\tfrac{1}{2}\mu+1\right)}$$

$$\left(0 < \operatorname{Re}\mu < \tfrac{3}{2} + \operatorname{Re}\nu\right).$$

Formel von GALLOP:

$$\int\limits_{-\infty}^{+\infty}\frac{\sin a\,(x+t)}{x+t}\,J_0(b t)\, dt = \begin{cases} \pi J_0(b x) & \text{für } b \leqq a \\[2ex] 2\displaystyle\int\limits_0^a \frac{\cos u\, x}{\sqrt{b^2-u^2}}\, du & \text{für } b \geqq a \end{cases}$$

$$(a,\, b,\, x \text{ reell und positiv}).$$

Formel von SOMMERFELD:

$$\frac{e^{i k\sqrt{r^2+x^2}}}{\sqrt{r^2+x^2}} = \int\limits_0^\infty J_0(\tau r)\, e^{-|x|\sqrt{\tau^2-k^2}}\,\frac{\tau\, d\tau}{\sqrt{\tau^2-k^2}}$$

$$\left(r \text{ und } x \text{ reell}; \ -\frac{\pi}{2}\leqq \arg\sqrt{\tau^2-k^2} < \frac{\pi}{2};\ 0\leqq\arg k<\pi\right).$$

Schreibt man links im Exponenten $-ik$ statt $+ik$, so muß man $-\dfrac{\pi}{2} < \arg\sqrt{\tau^2-k^2}\leqq\dfrac{\pi}{2};\ -\pi<\arg k\leqq 0$ fordern.

Formel von WEYRICH:

$$\frac{e^{i k\sqrt{r^2+x^2}}}{\sqrt{r^2+x^2}} = \frac{i}{2}\int\limits_{-\infty}^{+\infty} e^{i\tau x}\, H_0^{(1)}\left(r\,\sqrt{k^2-\tau^2}\right) d\tau$$

$$(r \text{ und } x \text{ reell}; \ 0\leqq\arg\sqrt{k^2-\tau^2}<\pi;\ 0\leqq\arg k<\pi).$$

Schreibt man links im Exponenten $-ik$ statt $+ik$, so muß man rechts $-i$ sowie $e^{-i\tau x}$ und $H_0^{(2)}$ schreiben und $-\pi<\arg\sqrt{k^2-\tau^2}\leqq 0$; $-\pi<\arg k\leqq 0$ fordern.

Formel von WEBER *und* SONINE:

$$\int_0^\infty J_\nu(a t)\, e^{-p^2 t^2}\, t^{\mu-1}\, dt = \frac{\left(\frac{a}{2p}\right)^\nu \Gamma\left(\frac{\nu+\mu}{2}\right)}{2\, p^\mu\, \Gamma(\nu+1)}\; {}_1F_1\left(\frac{\nu+\mu}{2};\; \nu+1;\; \frac{-a^2}{4\,p^2}\right)$$

$$\left(\operatorname{Re}(\mu+\nu) > 0;\; |\arg p| < \frac{\pi}{4};\; a \text{ reell und positiv}\right),$$

$$\int_0^\infty J_\nu(a t)\, e^{-p^2 t^2}\, t^{\nu+1}\, dt = \frac{a^\nu}{(2\,p^2)^{\nu+1}}\, e^{-\left(\frac{a^2}{4\,p^2}\right)}$$

$$\left(\operatorname{Re}(2\nu+2) > 0;\; |\arg p| < \frac{\pi}{4}\right).$$

Formeln von SONINE *und* SCHAFHEITLIN:

$$(S_1)\quad \int_0^\infty J_\mu(a t)\, J_\nu(b t)\, t^{-\lambda}\, dt = \frac{a^\mu\, \Gamma\left(\frac{\mu+\nu-\lambda+1}{2}\right)}{2^\lambda\, b^{\mu-\lambda+1}\, \Gamma\left(\frac{-\mu+\nu+\lambda+1}{2}\right)\Gamma(\mu+1)} \times$$

$$\times\; {}_2F_1\left(\frac{\mu+\nu-\lambda+1}{2},\; \frac{\mu-\nu-\lambda+1}{2};\; \mu+1;\; \frac{a^2}{b^2}\right)$$

$$(\operatorname{Re}(\mu+\nu-\lambda+1) > 0;\quad \operatorname{Re}\lambda > -1;\quad a \text{ und } b \text{ reell};\quad 0 < a < b).$$

Die rechte Seite liefert eine andere Funktion, wenn man in ihr μ mit ν sowie a mit b vertauscht; das Integral links ist mithin i. a. eine bei $\frac{a}{b} = 1$ nicht analytische Funktion von $\frac{a}{b}$. Für $a = b$ erhält man:

$$(S_2)\quad \int_0^\infty J_\mu(a t)\, J_\nu(a t)\, t^{-\lambda}\, dt$$

$$= \frac{\left(\frac{1}{2} a\right)^{\lambda-1} \Gamma(\lambda)\, \Gamma\left(\frac{\mu+\nu-\lambda+1}{2}\right)}{2\, \Gamma\left(\frac{-\mu+\nu+\lambda+1}{2}\right) \Gamma\left(\frac{\mu+\nu+\lambda+1}{2}\right) \Gamma\left(\frac{\mu-\nu+\lambda+1}{2}\right)}$$

$$(\operatorname{Re}(\mu+\nu+1) > \operatorname{Re}\lambda > 0;\; a \text{ reell und positiv}).$$

Dagegen wird für $0 < b < a$:

$$(S_3)\quad \int_0^\infty J_\mu(a t)\, J_\nu(b t)\, t^{-\lambda}\, dt = \frac{b^\nu\, \Gamma\left(\frac{\mu+\nu-\lambda+1}{2}\right)}{2^\lambda\, a^{\nu-\lambda+1}\, \Gamma\left(\frac{\mu-\nu+\lambda+1}{2}\right) \Gamma(\nu+1)} \times$$

$$\times\; {}_2F_1\left(\frac{\mu+\nu-\lambda+1}{2},\; \frac{-\mu+\nu-\lambda+1}{2};\; \nu+1;\; \frac{b^2}{a^2}\right)$$

$$(\operatorname{Re}(\mu+\nu-\lambda+1) > 0;\; \operatorname{Re}\lambda > -1;\; a \text{ und } b \text{ reell};\; 0 < b < a).$$

Wenn $\nu-\mu+\lambda+1$ oder $\mu-\nu+\lambda+1$ gleich einer geraden nicht positiven ganzen Zahl ist, so verschwindet in Formel (S_1) bzw. (S_3) die rechte Seite identisch. Dieser Fall ist besonders wichtig, wenn dabei gleichzeitig in Formel (S_3) bzw. (S_1) die hypergeometrische Funktion $_2F_1$ sich auf eine elementare Funktion reduziert. Spezialfälle der Formeln (S_1), (S_2), (S_3) sind die folgenden:

$$\int_0^\infty J_{\nu+n}(at)\, J_{\nu-n-1}(bt)\, dt = \begin{cases} \dfrac{b^{\nu-n-1}\,\Gamma(\nu)}{a^{\nu-n}\,n!\,\Gamma(\nu-n)}\, _2F_1\!\left(\nu,\,-n;\,\nu-n;\,\dfrac{b^2}{a^2}\right) \\[1.2em] (-1)^n/2\,a \\[1em] 0 \end{cases}$$

(oberste Formel für $0 < b < a$, mittlere für $0 < b = a$, unterste für
$$0 < a < b; \quad n = 0, 1, 2, \ldots; \quad \operatorname{Re}\nu > 0),$$

$$\int_0^\infty J_\mu(at)\, J_\nu(at)\, \frac{dt}{t} = \frac{2}{\pi}\, \frac{\sin\left(\dfrac{\nu-\mu}{2}\,\pi\right)}{\nu^2-\mu^2}$$
$$(\operatorname{Re}(\nu+\mu) > 0; \quad a > 0),$$

$$\int_0^\infty t^{-\mu}\, J_\mu(t)\, t^{-\nu}\, J_\nu(t)\, dt = \frac{\sqrt{\pi}\,\Gamma(\mu+\nu)\, 2^{-\mu-\nu}}{\Gamma(\mu+\nu+\frac{1}{2})\,\Gamma(\mu+\frac{1}{2})\,\Gamma(\nu+\frac{1}{2})}$$
$$(\operatorname{Re}(\mu+\nu) > 0),$$

$$\int_0^\infty J_\nu(at)\, J_{\nu+1}(bt)\, dt = \begin{cases} a^\nu\, b^{-\nu-1} & \text{für } 0 < a < b \\[0.8em] \dfrac{1}{2\,a} & \text{für } 0 < a = b \\[0.8em] 0 & \text{für } 0 < b < a \end{cases}$$
$$(a,\, b \text{ reell und positiv, } \operatorname{Re}\nu > -1),$$

$$\int_0^\infty J_\mu(at)\, J_\mu(bt)\, \frac{dt}{t} = \begin{cases} \dfrac{1}{2\,\mu}\left(\dfrac{b}{a}\right)^\mu & \text{für } a > b \\[1em] \dfrac{1}{2\,\mu}\left(\dfrac{a}{b}\right)^\mu & \text{für } a < b \end{cases}$$
$$(a,\, b \text{ reell und } \geqq 0,\, \operatorname{Re}\mu > 0),$$

$$\int_0^\infty J_\mu(at)\, \sin bt\, \frac{dt}{t} = \begin{cases} \dfrac{1}{\mu}\sin\left(\mu \arcsin \dfrac{b}{a}\right) & \text{für } a > b \\[1em] \dfrac{a^\mu \sin\dfrac{\mu\pi}{2}}{\mu\,(b+\sqrt{b^2-a^2})^\mu} & \text{für } a < b \end{cases}$$
$$(a,\, b \text{ reell und } \geqq 0,\, \operatorname{Re}\mu > -1),$$

$$\int_0^\infty J_\mu(at)\, \cos bt\, \frac{dt}{t} = \begin{cases} \dfrac{1}{\mu}\cos\left(\mu \arcsin \dfrac{b}{a}\right) & \text{für } a > b \\[1em] \dfrac{a^\mu \cos\dfrac{\mu\pi}{2}}{\mu\,(b+\sqrt{b^2-a^2})^\mu} & \text{für } a < b \end{cases}$$
$$(a,\, b \text{ reell und } \geqq 0,\, \operatorname{Re}\mu > 0),$$

$$\int_0^\infty J_\mu(a\,t)\sin b\,t\,dt = \begin{cases} \dfrac{\sin\left(\mu\arcsin\dfrac{b}{a}\right)}{\sqrt{a^2-b^2}} & \text{für } a > b \\[3ex] \dfrac{a^\mu\cos\dfrac{\mu\pi}{2}}{\sqrt{b^2-a^2}\,(b+\sqrt{b^2-a^2})^\mu} & \text{für } a < b \end{cases}$$

$$(a,\,b \text{ reell und } \geqq 0,\ \operatorname{Re}\mu > -2),$$

$$\int_0^\infty J_\mu(a\,t)\cos b\,t\,dt = \begin{cases} \dfrac{\cos\left(\mu\arcsin\dfrac{b}{a}\right)}{\sqrt{a^2-b^2}} & \text{für } a > b \\[3ex] \dfrac{-\,a^\mu\sin\dfrac{\mu\pi}{2}}{\sqrt{b^2-a^2}\,(b+\sqrt{b^2-a^2})^\mu} & \text{für } a < b \end{cases}$$

$$(a,\,b \text{ reell und } \geqq 0;\ \operatorname{Re}\mu > -1),$$

$$\int_0^\infty J_{\mu+1}(a\,t)\,J_\nu(b\,t)\,t^{\nu-\mu}\,dt = \begin{cases} 0 & \text{für } a < b \\[2ex] \dfrac{(a^2-b^2)^{\mu-\nu}\,b^\nu}{2^{\mu-\nu}\,a^{\mu+1}\,\Gamma(\mu-\nu+1)} & \text{für } a \geqq b \end{cases}$$

$$(a,\,b \text{ reell und positiv};\ \operatorname{Re}\nu > -1;\ \operatorname{Re}(\mu-\nu+1) > 0).$$

Weitere Formeln:

$$\int_0^\infty K_\mu(a\,t)\,J_\nu(b\,t)\,t^{\nu+\mu+1}\,dt = \frac{(2a)^\mu(2b)^\nu\,\Gamma(\mu+\nu+1)}{(a^2+b^2)^{\mu+\nu+1}}$$

$$(\operatorname{Re}(\nu+1) > |\operatorname{Re}\mu|;\ \operatorname{Re}a > |\operatorname{Im}b|;\ \operatorname{Re}a > 0),$$

$$b^{-\mu-\nu}\int_0^\infty e^{-2at}\,J_\mu(b\,t)\,J_\nu(b\,t)\,t^{\mu+\nu}\,dt$$
$$= \frac{\Gamma(\mu+\nu+\tfrac12)}{\pi^{3/2}}\int_0^{\pi/2}\frac{\cos^{\mu+\nu}\varphi\,\cos(\mu-\nu)\varphi}{(a^2+b^2\cos^2\varphi)^{\mu+\nu+1/2}}\,d\varphi$$

$$(\operatorname{Re}a > |\operatorname{Im}b|;\ \operatorname{Re}(\mu+\nu) > -\tfrac12),$$

$$\int_0^\infty \prod_{n=1}^m J_\nu(a_n t)\,\frac{d\,t}{t^{\nu\,m-2\nu-1}} = 0$$

$$(a_1,\,\ldots,\,a_n \text{ reell};\ a_1 > a_2 > a_3 \cdots > a_m > 0;\ a_1 > a_2 + a_3 + \cdots + a_m;$$
$$\operatorname{Re}\nu > -1).$$

Formel von SONINE *und* DOUGALL:

$$\int_0^\infty J_\mu(a\,t)\,J_\nu(b\,t)\,J_\nu(c\,t)\,t^{1-\mu}\,dt$$
$$= \frac{(b\,c)^\nu\,2^{-\mu+1}}{a^\mu\,\Gamma(\mu-\nu)\,\Gamma(\nu+\tfrac12)\,\Gamma(\tfrac12)}\int_0^A (a^2-b^2-c^2+2\,b\,c\cos\varphi)^{\mu-\nu-1}\sin^{2\nu}\varphi\,d\varphi,$$

wobei a, b, c reell und positiv sind, und

$$A = 0; \quad \arccos\frac{b^2 + c^2 - a^2}{2\,b\,c}; \quad \pi$$

ist, je nachdem $a^2 < (b - c)^2$; $(b - c)^2 < a^2 < (b + c)^2$; $(b + c)^2 < a^2$ ist. Ferner ist $\operatorname{Re}\mu > -\tfrac{1}{2}$, $\operatorname{Re}\nu > -\tfrac{1}{2}$ zu fordern. Für $\mu = \nu$ liefert diese Formel

$$\int\limits_0^\infty J_\nu(at)\,J_\nu(bt)\,J_\nu(ct)\,\frac{dt}{t^{\nu-1}} = \frac{2^{\nu-1}\,\varDelta^{2\nu-1}}{(abc)^\nu\,\varGamma(\nu + \tfrac{1}{2})\,\varGamma(\tfrac{1}{2})},$$

wobei $\operatorname{Re}\nu > -\tfrac{1}{2}$ ist und $\varDelta$ der Inhalt des Dreiecks mit den Seiten a, b, c ist; wenn diese Größen sich nicht als Seiten eines Dreiecks auffassen lassen, ist $\varDelta$ gleich Null zu setzen.

Formel von SONINE *und* GEGENBAUER:

$$\int\limits_0^\infty J_\mu(bt)\,J_\nu\!\left(a\,\sqrt{t^2 + x^2}\right)(t^2 + x^2)^{-\nu/2}\,t^{\mu+1}\,dt$$

$$= \begin{cases} 0 & \text{für } a < b \\[2ex] \dfrac{b^\mu}{a^\nu}\left\{\dfrac{\sqrt{a^2 - b^2}}{x}\right\}^{\nu-\mu-1} J_{\nu-\mu-1}\!\left(x\,\sqrt{a^2 - b^2}\right) & \text{für } a > b \end{cases}$$

$$(\operatorname{Re}\nu > \operatorname{Re}\mu > -1; \quad a,\,b,\,x \text{ reell und } \geqq 0).$$

Weitere Formeln in Kapitel VIII, §§ 1, 2, 3.

§ 8. Den BESSELschen Funktionen zugeordnete Polynome.

a) **Die** NEUMANN**schen Polynome** $O_n(t)$ sind Polynome in t^{-1}, welche durch die für $|t| > |z|$ gültige Reihenentwicklung

$$\frac{1}{t - z} = \sum_{n=0}^\infty \varepsilon_n\,O_n(t)\,J_n(z)$$

definiert werden können. Es ist

$$O_0(t) = \frac{1}{t}; \quad O_n(t) = \frac{1}{4}\sum_{m=0}^{[n/2]}\frac{n(n - m - 1)!}{m!\,(\tfrac{1}{2}t)^{n-2m+1}} \quad \text{für } n = 1, 2, 3, \ldots$$

Es gilt für $n \geqq 1$:

$$(n - 1)\,O_{n+1}(t) + (n + 1)\,O_{n-1}(t) - \frac{2\,(n^2 - 1)}{t}\,O_n(t) = \frac{2\,n\sin^2\frac{n\pi}{2}}{t},$$

$$O_{n-1}(t) - O_{n+1}(t) = 2\,O_n'(t),$$

sowie

$$-O_1(t) = O_0'(t) = -\frac{1}{t^2}.$$

Für jede den Nullpunkt der z-Ebene umschließende doppelpunktfreie geschlossene Kurve $\mathfrak{C}$ gilt

$$\int_{\mathfrak{C}} O_m(z)\,O_n(z)\,dz = 0 \qquad\qquad \text{für } m,\, n = 0,\, 1,\, 2,\, \ldots$$

$$\int_{\mathfrak{C}} J_m(z)\,O_n(z)\,dz = 0 \quad \text{für } m^2 \neq n^2\,;\ m,\, n = 0,\, 1,\, 2,\, \ldots$$

$$\int_{\mathfrak{C}} J_n(z)\,O_n(z)\,dz = \frac{2\pi i}{\varepsilon_n} \qquad\qquad \text{für } n = 0,\, 1,\, 2,\, \ldots .$$

Ebenfalls als Neumannsche Polynome werden auch die Funktionen $\Omega_n(t)$ (für $n = 0,\, 1,\, 2,\, \ldots$) bezeichnet, welche Polynome in t^{-1} sind und durch die Reihenentwicklung

$$\frac{1}{t^2 - z^2} = \sum_{n=0}^{\infty} \varepsilon_n\,\Omega_n(t)\,J_n^2(z)$$

definiert werden.

Als Verallgemeinerung der Neumannschen Polynome sind die Funktionen $A_{n,\nu}(t)$ anzusehen, die durch

$$\frac{z^\nu}{t - z} = \sum_{n=0}^{\infty} A_{n,\nu}(t)\,J_{\nu+n}(z)$$

definiert sind und zuweilen als „*Polynome von Gegenbauer*" bezeichnet werden; sie sind ebenfalls Polynome in t^{-1}.

Statt der Funktionen $O_n(t)$ kann man sich der **Polynome von Schläfli** bedienen, welche durch

$$S_0(t) = 0, \quad S_{-n}(t) = (-1)^{n+1}\,S_n(t) \qquad \text{für } n = 1,\, 2,\, \ldots,$$

$$S_n(t) = \frac{2}{n}\left\{t\,O_n(t) - \cos^2\frac{1}{2}\,n\,\pi\right\} \qquad \text{für } n = 1,\, 2,\, \ldots$$

definiert sind; sie genügen der Differentialgleichung

$$\left\{t^2\frac{d^2}{dt^2} + t\frac{d}{dt} + (t^2 - n^2)\right\} S_n(t) = 2\,t\sin^2\frac{1}{2}\,\pi\,n + 2\,n\cos^2\frac{1}{2}\,\pi\,n$$

und der Funktionalgleichung

$$S_n(t - z) = \sum_{m=-\infty}^{+\infty} S_{n+m}(t)\,J_m(z).$$

b) Die **Polynome von Lommel** $R_{m,\nu}(z)$ sind für beliebige Werte von ν und für $m = 0,\, 1,\, 2,\, \ldots$ definiert durch

$$R_{m,\nu}(z) = (\nu)_m\left(\frac{1}{2}\,z\right)^{-m} {}_2F_3\left(\frac{1-m}{2},\, \frac{-m}{2};\ \nu,\, -m,\, 1-\nu-m;\ -z^2\right);$$

sie sind Polynome in z^{-1} und verbinden je drei Besselsche Funktionen, deren Indizes sich um m und $m - 1$ von einem von ihnen unterscheiden durch die Formeln

$$J_{\nu+m}(z) = J_\nu(z)\,R_{m,\nu}(z) - J_{\nu-1}(z)\,R_{m-1,\nu+1}(z),$$
$$(-1)^m J_{-\nu-m}(z) = J_{-\nu}(z)\,R_{m,\nu}(z) + J_{-\nu+1}(z)\,R_{m-1,\nu+1}(z)$$
$$(m = 1, 2, 3, \ldots).$$

Die $R_{m,\nu}$ lassen sich durch die BESSELschen Funktionen ausdrücken:

$$J_{\nu+m}(z)\,J_{-\nu+1}(z) + (-1)^m J_{-\nu-m}(z)\,J_{\nu-1}(z) = \frac{2\sin\nu\pi}{\pi z}\,R_{m,\nu}(z)$$
$$(m = 0, 1, 2, \ldots).$$

Es ist speziell:

$$R_{0,\nu} = 1,\quad R_{1,\nu} = \frac{2\nu}{z},\quad R_{2,\nu} = \frac{2\nu(2\nu+2)}{z^2}\left\{1 - \frac{z^2}{2\nu(2\nu+2)}\right\},$$
$$J_{1/2}^2(z) + J_{-1/2}^2(z) = \frac{2}{\pi z}\;;\quad J_{3/2}^2(z) + J_{-3/2}^2(z) = \frac{2}{\pi z}\left(1 + \frac{1}{z^2}\right),$$
$$J_{\nu-1}(z)\,H_\nu^{(1)}(z) - J_\nu(z)\,H_{\nu-1}^{(1)}(z) = \frac{2}{\pi i z}.$$

§ 9. Die Funktionen von STRUVE, ANGER und WEBER.

In diesem und dem folgenden Abschnitt werde zur Abkürzung

$$\nabla_\nu \equiv z^2\frac{\partial^2}{\partial z^2} + z\frac{\partial}{\partial z} + z^2 - \nu^2$$

gesetzt. Die Funktionen $\mathsf{H}_\nu(z)$, $\mathsf{J}_\nu(z)$, $\mathsf{E}_\nu(z)$, die resp. nach STRUVE, ANGER und WEBER benannt werden, sind Lösungen der inhomogenen BESSELschen Differentialgleichungen

$$\nabla_\nu\,\mathsf{H}_\nu(z) = \frac{4\left(\tfrac{1}{2}z\right)^{\nu+1}}{\Gamma(\nu+\tfrac{1}{2})\,\Gamma(\tfrac{1}{2})}\;;$$
$$\nabla_\nu\,\mathsf{J}_\nu(z) = \frac{(z-\nu)\sin\nu\pi}{\pi}\;;$$
$$\nabla_\nu\,\mathsf{E}_\nu(z) = -\frac{z+\nu}{\pi} - \frac{(z-\nu)\cos\nu\pi}{\pi}$$

und lassen sich definieren durch

$$\mathsf{H}_\nu(z) = \frac{2\left(\tfrac{1}{2}z\right)^\nu}{\Gamma(\nu+\tfrac{1}{2})\,\Gamma(\tfrac{1}{2})}\int_0^{\pi/2}\sin(z\cos\vartheta)\sin^{2\nu}\vartheta\,d\vartheta$$
$$= \sum_{m=0}^{\infty}\frac{(-1)^m\left(\tfrac{1}{2}z\right)^{\nu+2m+1}}{\Gamma(m+\tfrac{3}{2})\,\Gamma(\nu+m+\tfrac{3}{2})},$$
$$\mathsf{J}_\nu(z) = \frac{1}{\pi}\int_0^\pi\cos(\nu\vartheta - z\sin\vartheta)\,d\vartheta,$$
$$\mathsf{E}_\nu(z) = \frac{1}{\pi}\int_0^\pi\sin(\nu\vartheta - z\sin\vartheta)\,d\vartheta.$$

Zwischen ihnen bestehen die Beziehungen:

$$\sin \nu \pi \, \mathsf{J}_\nu (z) = \cos \nu \pi \, \mathsf{E}_\nu (z) - \mathsf{E}_{-\nu} (z),$$

$$\sin \nu \pi \, \mathsf{E}_\nu (z) = \mathsf{J}_{-\nu} (z) - \cos \nu \pi \, \mathsf{J}_\nu (z)$$

und die Rekursionsformeln

$$\mathsf{E}_{\nu-1} (z) + \mathsf{E}_{\nu+1} (z) - \frac{2\nu}{z} \, \mathsf{E}_\nu (z) = - \frac{2 \, (1 - \cos \nu \pi)}{\pi \, z},$$

$$\mathsf{E}_{\nu-1} (z) - \mathsf{E}_{\nu+1} (z) = 2 \, \mathsf{E}_\nu' (z),$$

$$\mathsf{H}_{\nu-1} (z) + \mathsf{H}_{\nu+1} (z) - \frac{2\nu}{z} \, \mathsf{H}_\nu (z) = \frac{(\tfrac{1}{2} z)^\nu}{\Gamma(\nu + \tfrac{3}{2}) \, \Gamma(\tfrac{1}{2})},$$

$$\mathsf{H}_{\nu-1} (z) - \mathsf{H}_{\nu+1} (z) - 2 \, \mathsf{H}_\nu' (z) = \frac{-(\tfrac{1}{2} z)^\nu}{\Gamma(\nu + \tfrac{3}{2}) \, \Gamma(\tfrac{1}{2})}.$$

Für $|z| \gg 1$, $|z| \gg |\nu|$ gelten die asymptotischen Formeln:

$$\mathsf{J}_\nu (z) \approx J_\nu (z) + \frac{\sin \nu \pi}{\pi z} \left[1 - \frac{1 - \nu^2}{z^2} + \frac{(1 - \nu^2)(3 - \nu^2)}{z^4} \mp \cdots \right] -$$

$$- \frac{\sin \nu \pi}{\pi z} \left[\frac{\nu}{z} - \frac{\nu (2^2 - \nu^2)}{z^3} + \frac{\nu (2^2 - \nu^2)(4^2 - \nu^2)}{z^5} \mp \cdots \right],$$

$$\mathsf{H}_\nu (z) = N_\nu (z) + \frac{(\tfrac{1}{2} z)^{\nu-1}}{\Gamma(\nu + \tfrac{1}{2}) \, \Gamma(\tfrac{1}{2})} \left[\sum_{m=0}^{p-1} \frac{(-1)^m \, (\tfrac{1}{2} - \nu)_m \, (2 \, m)!}{m! \, z^{2 \, m}} + O(z^{-2 \, p}) \right]$$

$$(-\pi < \arg z < \pi).$$

Für ganzzahlige Werte von $\nu = 0, \pm 1, \pm 2$ ist $\mathsf{J}_\nu \equiv J_\nu$; für halbzahlige Werte von $\nu = \tfrac{1}{2} (2n + 1)$, $n = 0, \pm 1, \pm 2, \ldots$ ist $\mathsf{H}_\nu (z)$ eine elementare Funktion; insbesondere ist

$$\mathsf{H}_{1/2} (z) = \sqrt{\frac{2}{\pi z}} \, (1 - \cos z).$$

Für die STRUVEschen Funktionen gilt ferner:

$$\mathsf{H}_\nu (z \, e^{m \pi i}) = e^{m \, (\nu+1) \, \pi i} \, \mathsf{H}_\nu (z) \qquad (m = \pm 1, \pm 2, \ldots).$$

Für reelle Werte von $x > 0$ und $\nu \geqq \tfrac{1}{2}$ ist $\mathsf{H}_\nu (x) > 0$.

$$\mathsf{H}_\nu (2 \, z) = \frac{2 \, z^{\nu+1} \sqrt{\pi}}{\Gamma(\nu - \tfrac{1}{2})} \int_0^\infty \frac{J_\nu^2 \left(\sqrt{t^2 + z^2} \right)}{(t^2 + z^2)^\nu} \, t^{2\nu-2} \, dt$$

$$= \frac{2 \, z^{\nu+1} \sqrt{\pi}}{\Gamma(\nu - \tfrac{1}{2})} \int_z^\infty \frac{J_\nu^2 (u)}{u^{2\nu-1}} \, (u^2 - z^2)^{\nu-3/2} \, du$$

$$\left(\operatorname{Re} \nu > \frac{1}{2}; \ |\arg z| < \frac{\pi}{2} \right),$$

$$\mathsf{H}_\nu (z) = \frac{(\tfrac{1}{2} z)^{\nu-1} (2 \, \nu - 1)}{\Gamma(\nu + \tfrac{1}{2}) \, \Gamma(\tfrac{1}{2})} \int_0^{\pi/2} [1 - \cos (z \cos \vartheta)] \sin^{2\nu-2} \vartheta \cos \vartheta \, d\vartheta$$

$$(\operatorname{Re} \nu > \tfrac{1}{2}),$$

$$\int_0^\infty \mathsf{H}_\nu(t)\, t^{\mu-\nu-1}\, dt = \frac{\Gamma(\tfrac{1}{2}\mu)\ \mathrm{tang}\,(\tfrac{1}{2}\mu\pi)}{\Gamma(\nu - \tfrac{1}{2}\mu + 1)\ 2^{\nu-\mu+1}}$$

$$(-1 < \mathrm{Re}\,\mu \leq 0;\ \ \mathrm{Re}\,\mu < \mathrm{Re}\,\nu + \tfrac{3}{2}),$$

$$\int_0^\infty \mathsf{H}_\mu(t)\, \mathsf{H}_\nu(t)\, t^{-\mu-\nu}\, dt = \frac{2^{-\mu-\nu}\,\Gamma(\tfrac{1}{2})\,\Gamma(\mu+\nu)}{\Gamma(\nu+\tfrac{1}{2})\,\Gamma(\mu+\tfrac{1}{2})\,\Gamma(\mu+\nu+\tfrac{1}{2})}$$

$$(\mathrm{Re}\,(\mu+\nu) > 0),$$

$$\int_0^\infty \frac{J_\nu(ax)\, x^\nu}{x+k}\, dx = \frac{\pi\, k^\nu}{2\cos\nu\pi}\,[\mathsf{H}_{-\nu}(ak) - N_{-\nu}(ak)]$$

$$(a,\ k \text{ reell und positiv};\ \ -\tfrac{1}{2} < \mathrm{Re}\,\nu < \tfrac{3}{2},\ \nu \neq \tfrac{1}{2}).$$

Weitere Formeln in Kapitel VIII, § 2.

§ 10. Die Funktionen von LOMMEL.

Die Differentialgleichung $V_\nu y = k\, z^{\mu+1}$ besitzt als Lösung die Funktion $y = k s_{\mu,\nu}(z)$ mit

$$s_{\mu,\nu}(z) = \frac{z^{\mu+1}}{(\mu-\nu+1)(\mu+\nu+1)}\,{}_1F_2\!\left(1;\ \frac{\mu-\nu+3}{2},\ \frac{\mu+\nu+3}{2};\ -\frac{1}{4}z^2\right),$$

sofern $\mu+\nu$ und $\mu-\nu$ von den Zahlen $-1,\ -3, -5, \ldots$ verschieden sind. Für beliebige Werte von μ und ν liefert die Funktion

$$S_{\mu,\nu}(z) = s_{\mu,\nu}(z) + 2^{\mu-1}\,\Gamma\!\left(\frac{\mu-\nu+1}{2}\right) \times$$

$$\times\, \Gamma\!\left(\frac{\mu+\nu+1}{2}\right)\frac{1}{\sin\nu\pi}\left[\cos\!\left(\frac{\mu-\nu}{2}\pi\right)J_{-\nu}(z) - \cos\!\left(\frac{\mu+\nu}{2}\pi\right)J_\nu(z)\right]$$

eine Lösung von $V_\nu y = z^{\mu+1}$, da in diesem Ausdruck die rechte Seite sinnvoll bleibt, wenn $\mu \pm \nu$ einer negativen ungeraden Zahl zustrebt. Für $\mu \pm \nu = 1,\ 3,\ 5,\ \ldots$ wird

$$S_{\mu,\nu}(z) = z^{\mu-1}\left[1 - \frac{(\mu-1)^2 - \nu^2}{z^2} + \frac{[(\mu-1)^2 - \nu^2][(\mu-3)^2 - \nu^2]}{z^4} \mp \cdots\right];$$

die rechte Seite in dieser Formel liefert bei beliebigen Werten von μ und ν eine semikonvergente Reihe für $S_{\mu,\nu}$ bei großen Werten von z.

Die Funktionen $S_{\mu,\nu}(z)$ und $s_{\mu,\nu}(z)$ heißen LOMMELsche *Funktionen*. Sie genügen den Rekursionsformeln:

$$S_{\mu+2,\nu}(z) = z^{\mu+1} - [(\mu+1)^2 - \nu^2]\, S_{\mu,\nu}(z),$$

$$S'_{\mu,\nu}(z) \pm \frac{\nu}{z}\, S_{\mu,\nu}(z) = (\mu \pm \nu - 1)\, S_{\mu-1,\nu\mp 1}(z);$$

dieselben Formeln gelten auch für die Funktionen $s_{\mu,\nu}(z)$.

Ist $\mathfrak{Z}_\nu(z)$ eine beliebige Zylinderfunktion, so ist

$$\frac{d}{dz}\left[(\mu + \nu - 1)\, z\, \mathfrak{Z}_\nu(z)\, S_{\mu-1,\,\nu-1}(z) - z\, \mathfrak{Z}_{\nu-1}\, S_{\mu,\,\nu}(z)\right] = z^\mu\, \mathfrak{Z}_\nu(z).$$

Einige Integraldarstellungen:

$$S_{0,\,\nu}(z) = \int_0^\infty e^{-z\,\mathfrak{Sin}\,t}\,\mathfrak{Cof}\,\nu t\, dt = \frac{z}{\nu}\int_0^\infty e^{-z\,\mathfrak{Sin}\,t}\,\mathfrak{Sin}\,\nu t\,\mathfrak{Cof}\,t\, dt,$$

$$S_{1,\,\nu}(z) = z\int_0^\infty e^{-z\,\mathfrak{Sin}\,t}\,\mathfrak{Cof}\,\nu t\,\mathfrak{Cof}\,t\, dt,$$

$$\nu\, S_{-1,\,\nu}(z) = \int_0^\infty e^{-z\,\mathfrak{Sin}\,t}\,\mathfrak{Sin}\,\nu t\, dt$$

$$(\operatorname{Re}\, z > 0).$$

§ 11. Beispiele Kapteynscher Reihen.

Es handelt sich um Reihen der Form $\sum\limits_{n=0}^\infty \alpha_n\, J_{\nu+n}[z\,(\nu + n)]$

$$\left.\begin{array}{l} \dfrac{1}{1-z} = 1 + 2\sum\limits_{n=1}^\infty J_n(nz) \\[3ex] \dfrac{\frac{1}{4} z^2}{1-z^2} = \sum\limits_{m=1}^\infty J_{2m}(2mz) \end{array}\right\} \quad \text{sofern}\quad \left|\frac{z\, e^{\sqrt{1-z^2}}}{1+\sqrt{1-z^2}}\right| < 1..$$

Für reelle Werte von ε mit $0 \le \varepsilon < 1$ gilt

$$\frac{1}{2} + \frac{\varepsilon}{4} = \sum_{n=1}^\infty \frac{J_n'(n\varepsilon)}{n};\qquad \frac{1}{2} - \frac{\varepsilon}{4} = \sum_{n=1}^\infty (-1)^{n-1}\frac{J_n'(n\varepsilon)}{n},$$

$$\frac{\frac{1}{2}\varepsilon}{1-\varepsilon} = \sum_{n=1}^\infty J_n(n\varepsilon);\qquad \frac{\frac{1}{2}\varepsilon}{1+\varepsilon} = \sum_{n=1}^\infty (-1)^{n-1} J_n(n\varepsilon),$$

$$\frac{1}{2(1-\varepsilon)^2} = \sum_{n=1}^\infty n\, J_n'(n\varepsilon);\qquad \frac{1}{2(1+\varepsilon)^2} = \sum_{n=1}^\infty (-1)^{n-1} n\, J_n'(n\varepsilon).$$

§ 12. Schlömilch-Reihen.

Es sei $f(x)$ eine in dem Intervall $0 \le x \le \pi$ zweimal stetig differenzierbare Funktion der reellen Veränderlichen x. Dann ist für $0 < x < \pi$

$$f(x) = \tfrac{1}{2} a_0 + \sum_{n+1}^\infty a_n\, J_0(nx)$$

mit

$$a_0 = 2f(0) + \frac{2}{\pi}\int_0^\pi du \int_0^{\pi/2} d\varphi\, f'(u \sin\varphi),$$

$$a_n = \frac{2}{\pi}\int_0^\pi du \int_0^{\pi/2} d\varphi\, u f'(u \sin\varphi)\cos n\varphi.$$

Beispiele: Es ist

$$\frac{2}{x} + 4 \sum_{k=1}^{r} \frac{1}{\sqrt{x^2 - 4\,k^2\,\pi^2}} = 1 + 2 \sum_{n=1}^{\infty} J_0(n\,x)$$

$$(2\,r\,\pi < x < 2\,(r+1)\,\pi),$$

$$\sqrt{x^2 - \pi^2} - \frac{x}{2} - \pi \arccos\frac{\pi}{x} + \frac{\pi^2}{8} = \sum_{n=0}^{\infty} \frac{J_0[(2\,n-1)\,x]}{(2\,n-1)^2}$$

$$(\pi < x < 2\,\pi),$$

$$\tfrac{1}{2} + \sum_{n=1}^{\infty} (-1)^n J_0(n\,x) = 0, \qquad\qquad (0 < x < \pi)$$

$$\frac{1}{r} + \frac{1}{2} + \sum_{m=1}^{\infty}\left[\frac{1}{\sqrt{[2\,m\,i\,\pi + z]^2 + x^2 + y^2}} - \frac{1}{\sqrt{[2\,m\,i\,\pi - z]^2 + x^2 + y^2}}\right]$$

$$= 1 + \sum_{n=1}^{\infty} e^{-n\,z} J_0\left(n\,\sqrt{x^2 + y^2}\right),$$

$$= \frac{1}{r} + \frac{1}{2} + \sum_{n=1}^{\infty} \frac{(-1)^{n-1} B_{2n}}{(2\,n)!}\, r^{2n-1}\, P_{2n-1}(\cos\vartheta) \quad (0 < r < 2\,\pi),$$

wobei $r = \sqrt{x^2 + y^2 + z^2}$, $\cos\vartheta = \dfrac{z}{r}$ ist und B_{2n} die BERNOULLISchen Zahlen sind (vgl. Kap. I).

Anhang zum dritten Kapitel.
§ 13. MATHIEUsche Funktionen.

Der BERNOULLISche Ansatz der Trennung der Veränderlichen führt bei der in gewöhnlichen Zylinderkoordinaten geschriebenen Wellengleichung auf Zylinderfunktionen (vgl. Kap. IX § 2). Derselbe Ansatz führt bei Zugrundelegung elliptischer Zylinderkoordinaten auf eine neue Klasse von Funktionen, welche als Verallgemeinerung der Zylinderfunktionen anzusehen sind, aber längst nicht so gut untersucht sind wie diese. Die Funktionen, um die es sich hier handelt, heißen „MATHIEUsche Funktionen"; sie sind Lösungen der MATHIEU*schen Differentialgleichung*

$$(\text{M}) \qquad\qquad \frac{d^2 y}{d x^2} + (\lambda - 2\,h^2 \cos 2\,x)\, y = 0,$$

welche ihrerseits ein Spezialfall der Differentialgleichung

$$\frac{d^2 y}{d z^2} + (a_0^2 + b_0^2 \cos p\,z)\, y = 0$$

ist. Durch die Substitution $a_0 p = a$, $b_0 p = b$, $p z = x$ läßt sich diese zurückführen auf die Differentialgleichung

$$(\text{M}') \qquad\qquad \frac{d^2 y}{d x^2} + (a^2 + b^2 \cos x)\, y = 0.$$

Man bezeichnet vielfach auch (M') als MATHIEUsche Differentialgleichung. Es gilt das *Theorem von* FLOQUET:

Es gibt eine Lösung $y(x)$ von (M'), derart, daß

$$y(x + 2\pi) = \sigma\, y(x)$$

wird. Wenn y_1 und y_2 zwei Lösungen von (M') sind, derart, daß

$$y_1(0) = 1, \qquad y_2(0) = 0,$$
$$y_1'(0) = 0, \qquad y_2'(0) = 1,$$

so gilt:

$$\sigma^2 - \sigma[y_1(2\pi) + y_2'(2\pi)] + 1 = 0.$$

Man hat daher folgenden Lösungsansatz:

$$y = e^{\mu x} \sum_{n=-\infty}^{+\infty} A_n\, e^{i n x}; \qquad (\sigma = e^{2\pi\mu}).$$

Einsetzen in die Differentialgleichung (M') liefert ein System von unendlich vielen linearen homogenen Gleichungen für die unendlich vielen
unbekannten Koeffizienten A_n

$$A_n[a^2 + (\mu + i n)^2] + \frac{b^2}{2}(A_{n-1} + A_{n+1}) = 0$$

$$\cdots -2, -1 = n = 0, 1, 2\ldots$$

Damit dieses Gleichungssystem lösbar ist, muß gelten:

$$= \varDelta(\mu) = \begin{vmatrix} \cdot & \cdot & \cdot & \cdot & \cdot & \cdot & \cdot & \cdot \\ \cdot\,\dfrac{b^2}{2[a^2+(\mu-2i)^2]} & 1 & \dfrac{b^2}{2[a^2+(\mu-2i)^2]} & 0 & 0 & 0 & 0 & \\ \cdot & 0 & \dfrac{b^2}{2[a^2+(\mu-i)^2]} & 1 & \dfrac{b^2}{2[a^2+(\mu-i)^2]} & 0 & 0 & 0 & \cdot \\ \cdot & 0 & 0 & \dfrac{b^2}{2(\mu^2+a^2)} & 1 & \dfrac{b^2}{2(\mu^2+a^2)} & 0 & 0 & \cdot \\ \cdot & 0 & 0 & 0 & \dfrac{b^2}{2[a^2+(\mu+i)^2]} & 1 & \dfrac{b^2}{2[a^2+(\mu+i)^2]} & 0 & \cdot \\ \cdot & 0 & 0 & 0 & 0 & \dfrac{b^2}{2[a^2+(\mu+2i)^2]} & 1 & \dfrac{b^2}{2[a^2+(\mu+2i)^2]} \\ \cdot & \cdot & \cdot & \cdot & \cdot & \cdot & \cdot & \cdot \end{vmatrix} \cdot$$

Aus dieser Determinantengleichung kann bei vorgegebenem a und b
die Größe μ, der charakteristische Exponent berechnet werden und damit aus den Rekursionsformeln für die A_n bis auf einen konstanten
Faktor die A_n selbst, womit die Lösung der Differentialgleichung

$$\frac{d^2 y}{d x^2} + (a^2 + b^2 \cos x)\, y = 0 \quad \text{durch} \quad y = e^{\mu x} \sum_{-\infty}^{+\infty} A_n\, e^{i n x}$$

bestimmt ist.

Der charakteristische Exponent μ kann auch berechnet werden aus folgender Gleichung:

$$\sin^2(i\pi\mu) = \Delta(0)\sin^2(\pi a),$$

wobei $\Delta(0)$ der Wert der obenstehenden Determinante für $\mu = 0$ ist. Ist μ rein imaginär, so ist die Lösung stabil; für reelles oder komplexes μ ist die Lösung labil.

Für $\mu = m\,i\ (m = 0, 1, 2\ldots)$ ist die Lösung periodisch mit der Periode 2π.

Für $\mu = (m + \tfrac{1}{2})\,i\ (m = 0, 1, 2, \ldots)$ ist die Lösung periodisch mit der Periode 4π.

Mathieusche Funktionen erster Art.

Besonders wichtig sind solche Lösungen der Mathieuschen Differentialgleichung $\frac{d^2 y}{dx^2} + (\lambda - 2h^2\cos 2x) = 0$, welche periodisch in x mit der Periode 2π sind. Es sind dies die Mathieuschen Funktionen 1. Art. Derartige Lösungen sind bei vorgegebenem h^2 nur für ganz bestimmte von der Größe h^2 abhängige Werte des Parameters λ möglich.

Es existieren vier verschiedene Serien von periodischen Lösungen, deren Fourierentwicklungen die Gestalt besitzen:

$$ce_{2n}(x) = \sum_{r=0}^{\infty} A_{2n,2r}\cos 2rx; \quad ce_{2n+1}(x) = \sum_{r=0}^{\infty} A_{2n+1,2r+1}\cos(2r+1)x;$$

$$se_{2n}(x) = \sum_{r=1}^{\infty} B_{2n,2r}\sin 2rx; \quad se_{2n+1}(x) = \sum_{r=0}^{\infty} B_{2n+1,2r+1}\sin(2r+1)x$$

$$(n = 0, 1, 2, \ldots; \text{ bei } se_{2n} \text{ nur } n = 1, 2, 3, \ldots),$$

wobei die Koeffizienten A und B von h^2 abhängen. Die Mathieusche Funktion erster Art ist also entweder eine gerade oder eine ungerade Funktion von x und ihre Fourierentwicklung hat entweder nur Glieder mit geradem oder nur solche mit ungeradem r.

Der willkürliche konstante Faktor bei jeder Mathieuschen Funktion η_n wird so gewählt, daß

$$\int_0^{2\pi} \eta_n^2\,dx = \begin{cases} 2\pi & \text{für } n = 0 \\ \pi & \text{für } n \neq 0 \end{cases}$$

ist; demzufolge gilt im $\lim h \to 0$.

$$\lim_{h\to 0} ce_{2n}(x) = \cos 2nx; \quad \lim_{h\to 0} ce_{2n+1}(x) = \cos(2n+1)x,$$

$$\lim_{h\to 0} se_{2n}(x) = \sin 2nx; \quad \lim_{h\to 0} se_{2n+1}(x) = \sin(2n+1)x.$$

Die Koeffizienten $A_{2n,2r}$; $B_{2n,2r}$; $A_{2n+1,2r+1}$; $B_{2n+1,2r+1}$ bestimmen sich aus:

$$-\lambda A_{2n,0} + h^2 A_{2n,2} = 0 \qquad\qquad r = 0$$

$$2h^2 A_{2n,0} + (4-\lambda) A_{2n,2} + h^2 A_{2n,4} = 0 \qquad r = 1$$

$$h^2 A_{2n,2r-2} + (4r^2 - \lambda) A_{2n,2r} + h^2 A_{2n,2r+2} = 0, \qquad r > 1$$

$$h^2 A_{2n+1,1} + (1-\lambda) A_{2n+1,1} + h^2 A_{2n+1,3} = 0 \qquad r = 0$$

$$h^2 A_{2n+1,2r-1} + [(2r+1)^2 - \lambda] A_{2n+1,2r+1} + h^2 A_{2n+1,2r+3} = 0, \quad r > 0$$

$$(4-\lambda) B_{2n,2} + h^2 B_{2n,4} = 0 \qquad r = 1$$

$$h^2 B_{2n,2r-2} + (4r^2 - \lambda) B_{2n,2r} + h^2 B_{2n,2r+2} = 0, \qquad r > 1$$

$$-h^2 B_{2n+1,1} + (1-\lambda) B_{2n+1,1} + h^2 B_{2n+1,3} = 0, \qquad r = 0$$

$$h^2 B_{2n+1,2r-1} + [(2r+1)^2 - \lambda] B_{2n+1,2r+1} + h^2 B_{2n+1,2r+3} = 0. \quad r > 0$$

Der Zusammenhang, der zwischen h^2 und λ bestehen muß, damit z. B. $ce_{2n}(x)$ eine Lösung der Mathieuschen Differentialgleichung ist, ergibt sich aus den Bestimmungsgleichungen für die $A_{2n,2r}$. Damit dieses homogene lineare Gleichungssystem lösbar ist muß gelten:

$$\begin{vmatrix} \lambda & -h^2 & 0 & 0 & 0 & \cdot & \cdot & \cdot \\ -2h^2 & \lambda-4 & -h^2 & 0 & 0 & \cdot & \cdot & \cdot \\ 0 & -h^2 & \lambda-16 & -h^2 & 0 & \cdot & \cdot & \cdot \\ 0 & 0 & -h^2 & \lambda-36 & -h^2 & \cdot & \cdot & \cdot \\ 0 & 0 & 0 & -h^2 & \lambda-64 & \cdot & \cdot & \cdot \\ \cdot & \cdot & \cdot & \cdot & \cdot & \cdot & \cdot & \cdot \end{vmatrix} = 0.$$

Dieses ist die Gleichung zur Bestimmung von λ bei vorgegebenem h^2. Ihre Lösungen seien, nach wachsendem Betrage geordnet, die Zahlen λ_n ($n = 0, 1, 2, \ldots$). Mit $\lambda = \lambda_n$ kann man rekursiv die Koeffizienten $A_{2n,2r}$ und damit die Lösung $ce_{2n}(x)$ berechnen.

Entsprechendes gilt für die anderen Entwicklungen.

Mathieusche *Funktionen zweiter Art.*

Außer für den trivialen Fall $h = 0$ besitzt die Mathieusche Differentialgleichung nur eine periodische Lösung. Die Mathieusche Funktion 2. Art ist eine zweite, von der periodischen linear unabhängige Lösung der Mathieuschen Gleichung. Hiervon existieren ebenfalls vier verschiedene Typen, die sich folgendermaßen durch die Funktionen 1. Art ausdrücken.

$$ce_{2n}^{(2)}(x) = ce_{2n}(x) \int_0^x \frac{dx}{[ce_{2n}(x)]^2}; \quad ce_{2n+1}^{(2)}(x) = ce_{2n+1}(x) \int_0^x \frac{dx}{[ce_{2n+1}(x)]^2},$$

$$se_{2n}^{(2)}(x) = se_{2n}(x) \int_0^x \frac{dx}{[(se_{2n}(x)]^2}; \quad se_{2n+1}^{(2)}(x) = se_{2n+1}(x) \int_0^x \frac{dx}{[se_{2n+1}(x)]^2}.$$

Zugeordnete MATHIEU*sche Funktionen.*

Die zugeordneten MATHIEUschen Funktionen 1. und 2. Art entstehen aus den entsprechenden MATHIEUschen Funktionen 1. und 2. Art, indem an Stelle von x der Wert ix gesetzt wird. Die zugeordneten Funktionen genügen der Differentialgleichung:

$$\frac{d^2 y}{d x^2} + (-\lambda + 2 h^2 \mathfrak{Coj}\, 2 x)\, y = 0.$$

Die zugeordneten Funktionen 3. Art sind eine Linearkombination der entsprechenden 1. und 2. Art.

Darstellung der zugeordneten MATHIEU*schen Funktionen erster Art.*

$$C e_{2n}^{(1)}(x) = \sum_{r=0}^{\infty} A_{2n,\,2r} J_r(h\, e^x)\, J_r(h\, e^{-x}),$$

$$C e_{2n+1}^{(1)}(x) = \mathfrak{Coj}\, x \sum_{r=1}^{\infty} a_{2n+1,\,r} J_r(h\, e^x)\, J_r(h\, e^{-x}),$$

$$S e_{2n}^{(1)}(x) = \mathfrak{Sin}\, x\, \mathfrak{Coj}\, x \sum_{r=1}^{\infty} b_{2n,\,r} J_{r+1}(h\, e^x)\, J_{r+1}(h\, e^{-x}),$$

$$S e_{2n+1}^{(1)}(x) = \mathfrak{Sin}\, x \sum_{r=1}^{\infty} b_{2n+1,\,r} J_r(h\, e^x)\, J_r(h\, e^{-x}).$$

Zugeordnete MATHIEU*sche Funktionen dritter Art.*

$$C e_{2n}^{(3)}(x) = \sum_{r=0}^{\infty} A_{2n,\,2r} H_r^{(2)}(h\, e^x)\, J_r(h\, e^{-x}),$$

$$C e_{2n+1}^{(3)}(x) = \mathfrak{Coj}\, x \sum_{r=1}^{\infty} a_{2n+1,\,r} H_r^{(2)}(h\, e^x)\, J_r(h\, e^{-x}),$$

$$S e_{2n}^{(3)}(x) = \mathfrak{Sin}\, x\, \mathfrak{Coj}\, x \sum_{r=1}^{\infty} b_{2n,\,r} H_{r+1}^{(2)}(h\, e^x)\, J_{r+1}(h\, e^{-x}),$$

$$S e_{2n+1}^{(3)}(x) = \mathfrak{Sin}\, x \sum_{r=1}^{\infty} b_{2n+1,\,r} H_r^{(2)}(h\, e^x)\, J_r(h\, e^{-x})$$

mit

$$a_{2n+1,\,r} = (-1)^r\, r\, [A_{2n+1,\,1} + A_{2n+1,\,3} + \cdots + A_{2n+1,\,2r-1}],$$
$$b_{2n+1,\,r} = r\, [B_{2n+1,\,1} - B_{2n+1,\,3} + \cdots (-1)^{r+1} B_{2n+1,\,2r-1}].$$

Darstellung der zugeordneten Funktionen nach HEINE.

$$C e_{2n}^{(1)}(x) = \sum_{r=0}^{\infty} A_{2n,\,2r} (-1)^r J_{2r}(2\, h\, \mathfrak{Coj}\, x),$$

$$C e_{2n}^{(3)}(x) = \sum_{r=0}^{\infty} A_{2n,\,2r} (-1)^r H_{2r}^{(2)}(2\, h\, \mathfrak{Coj}\, x).$$

Für große Werte von x streben die $C e_m^{(1)}(x)$ sowie die $S e_m^{(1)}(x)$ gegen $\dfrac{\cos(h\, e^x)}{\sqrt{h\, e^x}}$; die $C e_m^{(3)}(x)$ sowie die $S e_m^{(3)}(x)$ gegen $\dfrac{e^{-i\,h\,w}}{\sqrt{h\, e^x}}$ mit $w = e^x$.

Viertes Kapitel.

Kugelfunktionen.

§ 1. Differentialgleichung. Definitionen und Bezeichnungen.

Die Kugelfunktionen sind Lösungen der Differentialgleichung:

$$(1) \qquad (1 - z^2)\frac{d^2 u}{dz^2} - 2z\frac{du}{dz} + \left[\nu(\nu + 1) - \frac{\mu^2}{1 - z^2}\right]u = 0,$$

wobei ν, μ zwei beliebige komplexe Konstanten sind. Es ist (1) ein Spezialfall der hypergeometrischen (RIEMANNschen) Differentialgleichung; vgl. Kap. II S. 12. Im allgemeinen sind die Punkte

$$z = +1, -1, \infty.$$

Singularitäten der Lösungen von (1), und zwar sind die Punkte $z = \pm 1$ und $z = \infty$ gewöhnlich Verzweigungsstellen. Es interessieren nun einerseits die Lösungen von (1) für reelle Werte von z im Intervall $-1 \leqq z \leqq 1$ und anderrseits die Lösungen für beliebige komplexe Werte von z mit $\mathrm{Re}\, z > 1$, die in der z-Ebene mehrdeutig sind und für die man zweckmäßigerweise ein Stück der reellen Achse zwischen $-\infty$ und $+1$ als Verzweigungsschnitt einführt. Ferner interessieren besonders die Lösungen von (1) für den Fall, daß ν oder μ oder beide ganze Zahlen sind; insbesondere ist der Fall $\mu = 0$ von Bedeutung. Aus diesen Gründen sollen die folgenden, in diesem Kapitel durchweg benutzten Bezeichnungen eingeführt werden.

z bedeutet stets eine beliebig veränderliche komplexe Größe. x bedeutet stets eine reelle Größe aus dem Intervall $-1 \leqq x \leqq +1$; es ist ohne besonderen Hinweis stets:

$\cos \vartheta = x$, wobei ϑ eine reelle Größe bedeutet.

$P_\nu^\mu(z)$, $Q_\nu^\mu(z)$ sind Lösungen von (1), die für $|z| < 1$ eindeutig und regulär, also insbesondere für $z = x$ eindeutig definiert sind.

$\mathfrak{P}_\nu^\mu(z)$, $\mathfrak{Q}_\nu^\mu(z)$ sind Lösungen von (1), die für $\mathrm{Re}\, z > 1$ eindeutig und regulär sind; wenn sie nicht uubeschränkt eindeutig fortsetzbar sind, sollen die Punkte der reellen Achse links vom Punkte $z = 1$, soweit sie zur Verbindung der Verzweigungspunkte untereinander notwendig sind, als Verzweigungsschnitt aus dem Definitionsbereich für $\mathfrak{P}_\nu^\mu$, $\mathfrak{Q}_\nu^\mu$ herausgenommen werden, so daß diese Funktionen dann in der restlichen z-Ebene eindeutig definiert sind. Die Werte am oberen bzw. unteren Ufer des Verzweigungsschnittes zwischen -1 und $+1$ (falls dieser Teil der reellen Achse zum Verzweigungsschnitt gehört) werden mit $\mathfrak{P}_\nu^\mu(x \pm i \cdot 0)$, $\mathfrak{Q}_\nu^\mu(x \pm i \cdot 0)$ bezeichnet.

Wenn der obere Index μ gleich Null ist, wird er fortgelassen.

n, m, n', m' bedeuten stets Zahlen der Reihe $0, 1, 2, \ldots$;

ν, μ, ν', μ' bedeuten, wenn nichts anderes gesagt, beliebige komplexe Zahlen.

§ 2. Die LEGENDREschen Polynome.

Die Differentialgleichung (1) der Kugelfunktionen geht für $\mu = 0$ über in die „LEGENDREsche *Differentialgleichung*"

$$(3) \qquad \frac{d}{dz}\left[(1 - z^2)\frac{du}{dz}\right] + \nu(\nu + 1)u = 0.$$

Diese besitzt für ganzzahlige Werte von ν (und nur für diese) ein Polynom in z als Lösung. Es gilt: $u = P_n(z)$ ist eine Lösung von (3) für $\nu = n = 0, 1, 2, \ldots$, wobei $P_n(z)$ ein Polynom vom n-ten Grade in z ist und durch jede der Formeln

$$P_n(z) = \frac{1}{2^n n!}\frac{d^n}{dz^n}(z^2 - 1)^n,$$

$$P_n(z) = \frac{(2n!)}{2^n n!\,n!}z^n\,{}_2F_1\left(-\frac{n}{2}, \frac{1-n}{2}; \frac{1}{2} - n; \frac{1}{z^2}\right),$$

$$P_{2n}(z) = (-1)^n\frac{(2n)!}{2^{2n}n!\,n!}{}_2F_1(-n, n+\tfrac{1}{2}; \tfrac{1}{2}; z^2),$$

$$P_{2n+1}(z) = (-1)^n\frac{(2n+1)!}{2^{2n}n!\,n!}z\,{}_2F_1(-n, n+\tfrac{3}{2}; \tfrac{3}{2}; z^2),$$

$$P_n(\cos\vartheta) = \frac{(2n)!}{2^{2n}n!\,n!}e^{\mp in\vartheta}{}_2F_1(\tfrac{1}{2}, -n; \tfrac{1}{2} - n; e^{\pm 2i\vartheta}),$$

$$P_n(\cos\vartheta) = {}_2F_1\left(n+1, -n; 1; \sin^2\frac{\vartheta}{2}\right) = (-1)^n\,{}_2F_1\left(n+1, -n; 1; \cos^2\frac{\vartheta}{2}\right),$$

$$P_n(x) = \frac{(-1)^n}{n!}r^{n+1}\frac{\partial^n}{\partial z^n}\left(\frac{1}{r}\right) \text{ mit } x = \frac{z}{r},\ r = \sqrt{z^2 + \varrho^2}$$

definiert werden kann.

Es ist, ausführlich geschrieben:

$$P_n(z) = \frac{(2n)!}{2^n n!\,n!}\left[z^n - \frac{n(n-1)}{2(2n-1)}z^{n-2} + \frac{n(n-1)(n-2)(n-3)}{2\cdot 4\cdot(2n-1)(2n-3)}z^{n-4}\mp\cdots\right],$$

$$P_{2n}(z) = (-1)^n\frac{1\cdot 3\cdot 5\ldots(2n-1)}{2\cdot 4\ldots(2n)}\left[1 - \frac{2n(2n+1)}{1\cdot 2}z^2 + \right.$$

$$\left. + \frac{2n(2n-2)(2n+1)(2n+3)}{1\cdot 2\cdot 3\cdot 4}z^4 \mp \cdots\right],$$

$$P_{2n+1}(z) = (-1)^n\frac{3\cdot 5\ldots(2n+1)}{2\cdot 4\ldots(2n)}z\left[1 - \frac{2n(2n+3)}{1\cdot 2\cdot 3}z^2 + \right.$$

$$\left. + \frac{2n(2n-2)(2n+3)(2n+5)}{1\cdot 2\cdot 3\cdot 4\cdot 5}z^4 \mp \cdots\right],$$

$$P_n(\cos\vartheta) = \frac{(2n)!}{2^{2n}n!\,n!}\left[\cos n\vartheta + \frac{1}{1}\frac{n}{(2n-1)}\cos(n-2)\vartheta + \right.$$

$$+ \frac{1\cdot 3}{1\cdot 2}\frac{n(n-1)}{(2n-1)(2n-3)}\cos(n-4)\vartheta +$$

$$\left. + \frac{1\cdot 3\cdot 5}{1\cdot 2\cdot 3}\frac{n(n-1)(n-2)}{(2n-1)(2n-3)(2n-5)}\cos(n-6)\vartheta + \cdots\right],$$

wobei die letzte Reihe mit $\cos(-n\vartheta)$ abbricht; d. h. sie besitzt $n+1$ Glieder, von denen für ungerades n je zwei einander gleich sind. Für die niedrigsten Werte von n ist (mit $x = \cos\vartheta$)

$$P_0(x) = 1,$$
$$P_1(x) = x = \cos\vartheta,$$
$$P_2(x) = \tfrac{1}{2}(3x^2 - 1) = \tfrac{1}{4}(3\cos 2\vartheta + 1),$$
$$P_3(x) = \tfrac{1}{2}(5x^3 - 3x) = \tfrac{1}{8}(5\cos 3\vartheta + 3\cos\vartheta),$$
$$P_4(x) = \tfrac{1}{8}(35x^4 - 30x^2 + 5) = \tfrac{1}{64}(35\cos 4\vartheta + 20\cos 2\vartheta + 9).$$

Es ist

$$P_n(1) = 1, \quad P_n(-1) = (-1)^n, \quad P_{2n+1}(0) = 0, \quad P_{2n}(0) = (-1)^n \frac{(2n)!}{2^{2n}\, n!\, n!},$$

$$\int_0^{2\pi} P_{2n}(\cos\vartheta)\, d\vartheta = 2\pi\left[\binom{2n}{n} 2^{-2n}\right]^2,$$

$$\int_0^{2\pi} P_{2n+1}(\cos\vartheta)\cos\vartheta\, d\vartheta = 2\pi \binom{2n}{n}\binom{2n+2}{n+1} 2^{-4n-2}.$$

Die LEGENDRESCHEN Polynome sind Spezialfälle der GEGENBAUERschen Polynome (s. § 8); es ist

$$\frac{1}{\sqrt{1 - 2hz + h^2}} = \begin{cases} \displaystyle\sum_{n=0}^{\infty} h^n P_n(z) & \text{für } |h| < \mathrm{Min}\,|z \pm \sqrt{z^2 - 1}\,|, \\[2ex] \displaystyle\sum_{n=0}^{\infty} \frac{1}{h^{n+1}} P_n(z) & \text{für } |h| > \mathrm{Max}\,|z \pm \sqrt{z^2 - 1}\,|. \end{cases}$$

Rekursionsformeln:

$$n P_n(z) - (2n-1) z P_{n-1}(z) + (n-1) P_{n-2}(z) = 0,$$

$$(z^2 - 1)\frac{dP_n}{dz} = n(z P_n - P_{n-1}) = \frac{n(n+1)}{2n+1}(P_{n+1} - P_{n-1}).$$

Eine Summenformel:

$$\sum_{r=0}^{n}(2r+1) P_r(x) P_r(y) = (n+1)\frac{P_n(x) P_{n+1}(y) - P_n(y) P_{n+1}(x)}{y - x}.$$

Orthogonalitätsrelationen:

$$\int_{-1}^{+1} P_n(z) P_{n'}(z)\, dz = 0, \qquad\qquad \text{für } n \neq n',$$

$$\int_{-1}^{+1} [P_n(z)]^2\, dz = \frac{2}{2n+1}.$$

Einige Integrale mit LEGENDRE*schen Polynomen:*

$$\int\limits_{-1}^{+1} z^k P_n(z)\, dz = 0, \qquad\qquad \text{für } k = 0, 1, \ldots, n-1,$$

$$\int\limits_{0}^{1} z^\lambda P_n(z)\, dz = \begin{cases} \dfrac{\lambda(\lambda-2)\ldots(\lambda-n+2)}{(\lambda+n+1)(\lambda+n-1)\ldots(\lambda+1)}, & \text{wenn } n \text{ gerade ist,} \\[2ex] \dfrac{(\lambda-1)(\lambda-3)\ldots(\lambda-n+2)}{(\lambda+n+1)(\lambda+n-1)\ldots(\lambda+2)}, & \text{wenn } n \text{ ungerade ist,} \end{cases}$$

$$(\operatorname{Re}\lambda > -1),$$

$$\int\limits_{0}^{\pi} P_n(\cos\vartheta)\sin m\,\vartheta\, d\vartheta = \begin{cases} \dfrac{2(m-n+1)(m-n+3)\ldots(m+n-1)}{(m-n)(m-n+2)\ldots(m+n)}, & \begin{array}{l}\text{wenn } m > n \\ \text{und } m+n \\ \text{ungerade ist,}\end{array} \\[3ex] \qquad\qquad 0 & \text{sonst} \end{cases}$$

$$\int\limits_{0}^{1} P_n(x)\, P_{n'}(x)\, dx = \begin{cases} 0, \quad \text{wenn } n \neq n' \text{ und } n-n' \text{ gerade ist,} \\[2ex] (-1)^{(n+n'+1)/2}\dfrac{n!\,n'!}{2^{n+n'-1}(n-n')(n+n'+1)\left[\left(\frac{n}{2}\right)!\left(\frac{n'-1}{2}\right)!\right]^2} \\[2ex] \qquad\qquad \text{wenn } n \text{ gerade und } n' \text{ ungerade ist,} \end{cases}$$

$$\int\limits_{0}^{\pi} P_n(1-2\sin^2\alpha\sin^2\vartheta)\sin\alpha\, d\alpha = 2\,\frac{\sin(2n+1)\vartheta}{(2n+1)\sin\vartheta},$$

$$\int\limits_{-1}^{+1} \frac{P_{2n}(x)\, dx}{(1+k\,x^2)^{n+3/2}} = \frac{2}{2n+1}\frac{(-k)^n}{(1+k)^{n+1/2}} \qquad\qquad \text{für } |k| < 1.$$

Ungleichungen:

Für reelle Werte von $t > 1$ ist

$$P_0(t) < P_1(t) < P_2(t) \cdots < P_n(t) < \cdots$$

Für reelle Werte von $t > -1$ ist

$$P_0(t) + P_1(t) + \cdots + P_n(t) > 0,$$

$$[P_n(\cos\vartheta)]^2 > \frac{\sin(2n+1)\vartheta}{(2n+1)\sin\vartheta} \qquad\qquad \text{für } 0 < \vartheta < \pi,$$

$$|P_n(\cos\vartheta)| \leqq 1; \quad \sum\limits_{n=0}^{\infty} e^{in\psi} P_n(\cos\vartheta) \text{ konvergiert für } 0 < \vartheta < \pi.$$

$P_n(z)$ hat genau n reelle Nullstellen, die sämtlich im Intervall $(-1, +1)$ liegen.

Integraldarstellungen von LAPLACE *und von* MEHLER:

$$P_n(\cos\vartheta) = \frac{1}{\pi}\int\limits_{0}^{\pi}(\cos\vartheta + i\sin\vartheta\cos\varphi)^n\, d\varphi$$

$$= \frac{\sqrt{2}}{\pi}\int\limits_{0}^{\vartheta}\frac{\cos(n+\frac{1}{2})\varphi}{\sqrt{\cos\varphi - \cos\vartheta}}\, d\varphi = \frac{\sqrt{2}}{\pi}\int\limits_{\vartheta}^{\pi}\frac{\sin(n+\frac{1}{2})\varphi}{\sqrt{\cos\vartheta - \cos\varphi}}\, d\varphi.$$

Weitere Integraldarstellungen s. § 4. Additionstheorem s. § 3. Asymptotisches Verhalten für große Werte von n s. § 5.

Einige Reihenentwicklungen nach Legendreschen Polynomen:

$$(2\,n+1)\,z^{2n} = 1\,P_0(z) + 5\frac{2\,n}{2\,n+3}P_2(z) + 9\frac{2\,n(2\,n-2)}{(2\,n+3)\,(2\,n+5)}P_4(z) + \cdots,$$

$$(2\,n+3)\,z^{2n+1} = 3\,P_1(z) + 7\frac{2\,n}{2\,n+5}P_3(z) + 11\frac{2\,n(2\,n-2)}{(2\,n+5)\,(2\,n+7)}P_5(z) + \cdots,$$

$$\frac{2}{\pi}(1-z^2)^{-1/2} = P_0(z) + 5\left(\frac{1}{2}\right)^2 P_2(z) + 9\left(\frac{1\cdot 3}{2\cdot 4}\right)^2 P_4(z) +$$

$$+ 13\left(\frac{1\cdot 3\cdot 5}{2\cdot 4\cdot 6}\right)^2 P_6(z) + \cdots \quad (z \text{ reell}, \ |z|<1),$$

$$\frac{d\,P_n(z)}{d\,z} = (2\,n-1)\,P_{n-1}(z) + (2\,n-5)\,P_{n-3}(z) + (2\,n-9)\,P_{n-5}(z) + \cdots.$$

$$\sum_{n=0}^{\infty}\cos\left(n+\tfrac{1}{2}\right)\beta\,P_n(\cos\vartheta) = \begin{cases} \dfrac{1}{\sqrt{2}}\dfrac{1}{\sqrt{\cos\beta-\cos\vartheta}} & \text{für } 0 \leqq \beta < \vartheta < \pi, \\[2mm] 0 & \text{für } 0 < \vartheta < \beta < \pi. \end{cases}$$

§ 3. Die zugeordneten Legendreschen Polynome oder Kugelfunktionen erster Art.

Für ganzzahlige Werte von ν und μ besitzt die Differentialgleichung (1) im Falle $|\nu| \geqq |\mu|$ eine besonders einfache Lösung. Es gilt: Die Differentialgleichung

$$(4) \qquad \frac{d}{d\,x}\left[(1-x^2)\frac{d\,u}{d\,x}\right] + \left[n(n+1) - \frac{m^2}{1-x^2}\right]u = 0$$

besitzt für $m = 0, 1, \ldots, n$ die Lösung

$$u \equiv P_n^m(x) = (-1)^m (1-x^2)^{\frac{m}{2}} \frac{d^m}{d\,x^m}P_n(x).$$

Die Funktionen[1] $P_n^m(x)$ heißen zugeordnete Legendresche Kugelfunktionen erster Art; man nennt n den *Grad* und m die *Ordnung* von P_n^m; die Funktionen $Y(\vartheta, \varphi)$ der Winkelvariablen ϑ und φ

$$\cos m\,\varphi\,P_n^m(\cos\vartheta),\ \ \sin m\,\varphi\,P_n^m(\cos\vartheta)$$

heißen auch Kugelflächenfunktionen erster Art, und zwar „tesserale" für $m < n$ und „sektorielle" für $m = n$. Sie sind periodisch in ϑ und φ mit den Perioden π bzw. 2π und daher überall eindeutige und stetige Funktionen auf der Oberfläche der Einheitskugel $x^2 + y^2 + z^2 = 1$ mit $x = \sin\vartheta\cos\varphi$, $y = \sin\vartheta\sin\varphi$, $z = \cos\vartheta$; sie sind Lösungen der Differentialgleichung

$$(5) \qquad \frac{1}{\sin\vartheta}\frac{\partial}{\partial\vartheta}\left(\sin\vartheta\frac{\partial Y}{\partial\vartheta}\right) + \frac{1}{\sin^2\vartheta}\frac{\partial^2 Y}{\partial\varphi^2} + n(n+1)\,Y = 0.$$

---

[1] Vielfach werden statt $P_n^m(x)$ die Funktionen $(-1)^m P_n^m(x)$ eingeführt und wieder mit $P_n^m(x)$ bezeichnet. Die hier mit $P_n^m(x)$ bezeichneten Funktionen werden dann meist mit $T_n^m(x)$ bezeichnet.

Es ist

$$P_n^m(x) = (-1)^m (1-x^2)^{m/2} \frac{(n+m)!}{2^m\, m!\,(n-m)!}\; {}_2F_1\!\left(m-n,\; m+n+1;\; m+1;\; \frac{1-x}{2}\right)$$

$$= \frac{(-1)^m (n+m)!}{2^m\, m!\,(n-m)!}\,(1-x^2)^{m/2}\left\{1 - \frac{(n-m)(m+n+1)}{1!}\,\frac{1-x}{m+1}\,\frac{1-x}{2} + \right.$$

$$\left. + \frac{(n-m)(n-m+1)(m+n+1)(m+n+2)}{2!\,(m+1)(m+2)}\left(\frac{1-x}{2}\right)^2 \mp \cdots\right\},$$

$$= \frac{(-1)^m (2n)!}{2^n\, n!\,(n-m)!}\,(1-x^2)^{m/2}\left\{x^{n-m} - \frac{(n-m)(n-m-1)}{2(2n-1)}\,x^{n-m-2} + \right.$$

$$\left. + \frac{(n-m)(n-m-1)(n-m-2)(n-m-3)}{2\cdot 4\,(2n-1)(2n-3)}\,x^{n-m-4} \mp \cdots\right\},$$

$$= \frac{(-1)^m (2n)!}{2^n\, n!\,(n-m)!}\,(1-x^2)^{m/2}\,x^{n-m}\; {}_2F_1\!\left(\frac{m-n}{2},\; \frac{m-n+1}{2};\; \frac{1}{2}-n;\; \frac{1}{x^2}\right),$$

$$P_1^1(x) = -(1-x^2)^{1/2} = -\sin\vartheta,$$

$$P_2^1(x) = -3(1-x^2)^{1/2}\,x = -\tfrac{3}{2}\sin 2\vartheta,$$

$$P_2^2(x) = 3(1-x^2) = \tfrac{3}{2}(1-\cos 2\vartheta),$$

$$P_3^1(x) = -\tfrac{3}{2}(1-x^2)^{1/2}(5x^2-1) = -\tfrac{3}{8}(\sin\vartheta + 5\sin 3\vartheta),$$

$$P_3^2(x) = 15x(1-x^2) = \tfrac{15}{4}(\cos\vartheta - \cos 3\vartheta),$$

$$P_3^3(x) = -15(1-x^2)^{3/2} = -\tfrac{15}{4}(3\sin\vartheta - \sin 3\vartheta).$$

Rekursionsformeln:

$$P_n^{m+2}(x) + 2(m+1)\,\frac{x}{\sqrt{1-x^2}}\,P_n^{m+1}(x) + (n-m)(n+m+1)\,P_n^m(x) = 0$$

$$(0 \leq m \leq n-2),$$

$$(2n+1)\,x\,P_n^m(x) - (n-m+1)\,P_{n+1}^m(x) - (n+m)\,P_{n-1}^m(x) = 0$$

$$(0 \leq m \leq n-1),$$

$$(x^2-1)\,\frac{dP_n^m}{dx} - (n-m+1)\,P_{n+1}^m(x) + (n+1)\,x\,P_n^m(x) = 0,$$

$$P_{n-1}^m(x) - P_{n+1}^m(x) = (2n+1)\,\sqrt{1-x^2}\,P_n^{m-1}(x).$$

Orthogonalitätsrelationen:

$$\int_{-1}^{+1} P_n^m(x)\,P_n^{m'}(x)\,dx = 0 \quad \text{für} \quad m \neq m',$$

$$\int_{-1}^{+1} [P_n^m(x)]^2\,dx = \frac{2}{2n+1}\,\frac{(n+m)!}{(n-m)!},$$

$$\int_0^{2\pi} d\varphi \int_0^{\pi} d\vartheta \sin\vartheta\, e^{\pm im\varphi}\, e^{\mp im'\varphi}\, P_n^m(\cos\vartheta)\, P_{n'}^{m'}(\cos\vartheta) = 0,$$

wenn $n \neq n'$ oder $m \neq m'$ ist.

$$\int_0^{2\pi} d\varphi \int_0^{\pi} d\vartheta \sin\vartheta\,[P_n^m(\cos\vartheta)]^2 = \frac{4\pi}{2n+1}\,\frac{(n+m)!}{(n-m)!}.$$

Integralbeziehungen:

$$\int_0^1 [P_n^m(x)]^2\, dx = \frac{(n+m)!}{(2n+1)(n-m)!},$$

$$\int_0^1 \frac{[P_n^m(x)]^2}{1-x^2}\, dx = \frac{1}{2m}\frac{(n+m)!}{(n-m)!}. \qquad\qquad (0 < m \leqq n)$$

Additionstheorem:

$$P_n[\cos\vartheta\cos\vartheta' + \sin\vartheta\sin\vartheta'\cos(\varphi-\varphi')]$$

$$= P_n(\cos\vartheta)\,P_n(\cos\vartheta') + 2\sum_{m=1}^n \frac{(n-m)!}{(n+m)!}\,P_n^m(\cos\vartheta)\,P_n^m(\cos\vartheta')\cos m(\varphi-\varphi').$$

Ergänzungen: Ist

$$Y_n(\vartheta,\varphi) = a_0\,P_n(\cos\vartheta) + \sum_{m=1}^n (a_m\cos m\varphi + b_m\sin m\varphi)\,P_n^m(\cos\vartheta),$$

$$Z_{n'}(\vartheta,\varphi) = a_0'\,P_{n'}(\cos\vartheta) + \sum_{m=1}^{n'} (a_m'\cos m\varphi + b_m'\sin m\varphi)\,P_{n'}^m(\cos\vartheta),$$

so ist

$$\int_0^{2\pi} d\varphi \int_0^\pi \sin\vartheta\, d\vartheta\; Y_n(\vartheta,\varphi)\,Z_{n'}(\vartheta,\varphi) = 0 \quad \text{für} \quad n \neq n',$$

$$\int_0^{2\pi} d\varphi \int_0^\pi \sin\vartheta\, d\vartheta\; Y_n(\vartheta,\varphi)\,P_n[\cos\vartheta\cos\vartheta' + \sin\vartheta\sin\vartheta'\cos(\varphi-\varphi')]$$

$$= \frac{4\pi}{2n+1}\,Y_n(\vartheta',\varphi').$$

Es ist:

$$(\cos\vartheta + i\sin\vartheta\cos\varphi)^n = P_n(\cos\vartheta) + 2\sum_{m=1}^n (-i)^m \frac{n!}{(n+m)!}\cos m\varphi\, P_n^m(\cos\vartheta),$$

$$P_n^m(\cos\vartheta) =$$

$$= \frac{(-1)^m}{\Gamma(m+\frac{1}{2})}\frac{(n+m)!}{(n-m)!}\sqrt{\frac{2}{\pi}}\,\sin^{-m}\vartheta \int_0^\vartheta (\cos\varphi - \cos\vartheta)^{m-1/2}\cos\left(n+\frac{1}{2}\right)\varphi\, d\varphi,$$

$$P_n^m(x) = (-1)^m \frac{(n+m)!}{(n-m)!}(1-x^2)^{-m/2}\int_x^1 \ldots \int_x^1 P_n(x)\,(dx)^m.$$

Weitere Formeln und Sätze sind als Spezialfälle in den Resultaten von § 5 und § 6 enthalten.

§ 4. Die Lösungen der LEGENDREschen Differentialgleichung.

Die LEGENDREsche Differentialgleichung (3) besitzt die Lösungen $u = \mathfrak{P}_\nu(z)$ und $u = \mathfrak{Q}_\nu(z)$ mit

$$(6\,\mathrm{a}) \qquad \mathfrak{P}_\nu(z) = {}_2F_1\!\left(-\nu,\,\nu+1;\,1;\,\frac{1-z}{2}\right),$$

$$(7\,\mathrm{a}) \qquad \mathfrak{Q}_\nu(z) = \frac{\Gamma(\nu+1)\,\Gamma(\frac{1}{2})}{2^{\nu+1}\Gamma(\nu+\frac{3}{2})}\,z^{-\nu-1}\,{}_2F_1\!\left(\frac{\nu+2}{2},\,\frac{\nu+1}{2};\,\nu+\frac{3}{2};\,\frac{1}{z^2}\right).$$

$\mathfrak{P}_\nu$ bzw. $\mathfrak{Q}_\nu$ heißen LEGENDRESche Funktionen erster bzw. zweiter Art; $\mathfrak{P}_\nu(z)$ besitzt die Punkte $z = -1$ und $z = \infty$ als Singularität, außer wenn ν eine ganze Zahl ist, da dann $\mathfrak{P}_\nu(z)$ ein Polynom wird, und zwar gleich $P_n(z)$ für $\nu = n = 0, 1, 2, \ldots$ und für $\nu = -n - 1$; man schreibt daher auch

$$P_{-n-1}(z) = P_n(z).$$

$\mathfrak{Q}_\nu(z)$ ist an den Stellen $z = \pm 1$ und $z = \infty$ singulär und verzweigt außer für $\nu = 0, 1, 2, \ldots$; in diesem Falle ist $\mathfrak{Q}_\nu(z)$ für $|z| > 1$ eindeutig und bei $z = \infty$ regulär.

In der rechten z-Halbebene wird:

$$(6\,\mathrm{b}) \qquad \mathfrak{P}_\nu(z) = \left(\frac{1+z}{2}\right)^\nu {}_2F_1\left(-\nu, -\nu;\ 1;\ \frac{z-1}{z+1}\right), \qquad (\mathrm{Re}\ z > 0)$$

durch (6a) und (6b) ist mithin $\mathfrak{P}_\nu(z)$ innerhalb eines Kreises vom Radius 2 um $z = 1$ und in der rechten z-Halbebene eindeutig definiert; als Lösung für $z = x = \cos \vartheta$ ergibt sich

$$(6\,\mathrm{c}) \qquad P_\nu(x) = \mathfrak{P}_\nu(x) = {}_2F_1\left(-\nu, \nu + 1;\ 1;\ \sin^2 \frac{\vartheta}{2}\right),$$

und es gilt allgemein

$$\mathfrak{P}_\nu(z) = \mathfrak{P}_{-\nu-1}(z) = P_\nu(z) = P_{-\nu-1}(z).$$

$\mathfrak{Q}_\nu(z)$ ist durch (7a) außerhalb eines Verzweigungsschnittes von $z = -\infty$ bis $z = 1$ eindeutig für $|z| > 1$ definiert; man kann $\mathfrak{Q}_\nu(z)$ in das Innere des Einheitskreises von oben und von unten mit Hilfe der Formeln für die hypergeometrische Funktion analytisch fortsetzen; als Lösung $Q_\nu(x)$ auf der reellen Achse zwischen -1 und $+1$ benutzt man

$$Q_\nu(x) = \tfrac{1}{2}\left[\mathfrak{Q}_\nu(x + i\,0) + \mathfrak{Q}_\nu(x - i\,0)\right];$$

es wird

$$(7\,\mathrm{b}) \qquad Q_\nu(x) = \pi\,\frac{\cos \nu\pi\, P_\nu(x) - P_\nu(-x)}{2 \sin \nu\pi} \qquad \text{für } \nu \neq 0, \pm 1, \pm 2, \ldots,$$

$$(7\,\mathrm{c}) \qquad Q_n(x) = \frac{1}{2}\,P_n(x) \ln \frac{1+x}{1-x} - W_{n-1}(x) \qquad \text{für } \nu = n = 0, 1, 2, \ldots$$

mit

$$W_{n-1}(x) = \frac{2n-1}{1 \cdot n}\,P_{n-1}(x) + \frac{2n-5}{3\,(n-1)}\,P_{n-3}(x) + \frac{2n-9}{5\,(n-2)}\,P_{n-5}(x) + \cdots$$

$$\text{(die Reihe bricht mit } P_1(x) \text{ oder } P_0(x) \text{ ab)}$$

$$= \sum_{m=1}^{n}{}' \frac{1}{m}\,P_{m-1}(x)\,P_{n-m}(x),$$

$$W_{-1}(x) \equiv 0.$$

$W_{n-1}(x)$ genügt der Differentialgleichung

$$(1 - x^2)\,\frac{d^2 W_{n-1}}{dx^2} - 2x\,\frac{dW_{n-1}}{dx} + n\,(n+1)\,W_{n-1} = 2\,\frac{dP_n(x)}{dx}.$$

Die Funktionen $\mathfrak{P}_\nu(z)$, $\mathfrak{Q}_\nu(z)$ und $P_\nu(x)$, $Q_\nu(x)$ sind linear unabhängig; durch (6b), (7a) bzw. (6a), (6b), (7a), (7b) wird daher für alle Werte von $\nu(\nu+1)$ und für die Gebiete $\mathrm{Re}\, z > 1$ bzw. $z = x = \cos\vartheta$ ein Fundamentalsystem für die Legendresche Differentialgleichung definiert; daß Q_{-n-1} und $\mathfrak{Q}_{-n-1}$ nicht existieren, spielt hierbei wegen $(-n-1)(-n) = n(n+1)$ keine Rolle; $\mathfrak{Q}_n$ genügt der Differentialgleichung (3) auch für $\nu = -n-1$.

Es ist:

$$\mathfrak{P}_\nu(-z) = e^{\pm \nu \pi i}\, \mathfrak{P}_\nu(z) - \frac{2}{\pi}\sin\nu\pi\, \mathfrak{Q}_\nu(z)$$

$$(+\nu\pi i \text{ bei } \mathrm{Im}\, z < 0,\ -\nu\pi i \text{ bei } \mathrm{Im}\, z > 0),$$

$$\mathfrak{Q}_\nu(-z) = -e^{\pm\nu\pi i}\,\mathfrak{Q}_\nu(z)$$

$$(+\nu\pi i \text{ bei } \mathrm{Im}\, z > 0,\ -\nu\pi i \text{ bei } \mathrm{Im}\, z < 0),$$

$$\mathfrak{Q}_\nu(z) - \mathfrak{Q}_{-\nu-1}(z) = \pi\,\frac{\cos\nu\pi}{\sin\nu\pi}\, P_\nu(z) \qquad\qquad \text{für } \sin\nu\pi \neq 0$$

$$(z^2 - 1)\frac{d\,\mathfrak{P}_\nu(z)}{dz} = (\nu+1)\,[\mathfrak{P}_{\nu+1}(z) - z\,\mathfrak{P}_\nu(z)],$$

$$(2\nu+1)\,z\,\mathfrak{P}_\nu(z) = (\nu+1)\,\mathfrak{P}_{\nu+1}(z) + \nu\,\mathfrak{P}_{\nu-1}(z),$$

$$(z^2 - 1)\frac{d\,\mathfrak{Q}_\nu(z)}{dz} = (\nu+1)\,[\mathfrak{Q}_{\nu+1}(z) - z\,\mathfrak{Q}_\nu(z)],$$

$$(2\nu+1)\,z\,\mathfrak{Q}_\nu(z) = (\nu+1)\,\mathfrak{Q}_{\nu+1}(z) + \nu\,\mathfrak{Q}_{\nu-1}(z),$$

$$\mathfrak{Q}_\nu(x \pm i0) = Q_\nu(x) \mp \frac{\pi i}{2}\, P_\nu(x),$$

$$\mathfrak{Q}_n(z) = \frac{1}{2}\, P_n(z)\ln\frac{z+1}{z-1} - W_{n-1}(z),$$

$$Q_\nu(-\cos\vartheta) = -\cos\nu\pi\, Q_\nu(\cos\vartheta) + \frac{\pi}{2}\sin\nu\pi\, P_\nu(\cos\vartheta),$$

$$Q_{-\nu-1}(\cos\vartheta) = Q_\nu(\cos\vartheta) - \pi\,\frac{\cos\nu\pi}{\sin\nu\pi}\, P_\nu(\cos\vartheta) \quad \text{für } \sin\nu\pi \neq 0.$$

Reihenentwicklung für $P_\nu(\cos\vartheta)$ nach Legendreschen Polynomen:

$$P_\nu(\cos\vartheta) = \frac{\sin\nu\pi}{\pi}\sum_{n=0}^{\infty} (-1)^n\left[\frac{1}{\nu-n} - \frac{1}{\nu+n+1}\right] P_n(\cos\vartheta)$$

$$(\nu \neq 0, \pm 1, \pm 2, \ldots;\ 0 \leq \vartheta < \pi),$$

$$P_\nu(\cos\vartheta)\, P_\nu(\cos\vartheta')$$

$$= \frac{\sin\nu\pi}{\pi}\sum_{n=0}^{\infty} (-1)^n\left[\frac{1}{\nu-n} - \frac{1}{\nu+n+1}\right] P_n(\cos\vartheta)\, P_n(\cos\vartheta')$$

$$(\nu \neq 0, \pm 1, \pm 2, \ldots;\ -\pi < \vartheta + \vartheta' < \pi,\ -\pi < \vartheta - \vartheta' < \pi).$$

Für $|z| > 1$, $|\arg z| < \pi$ wird

$$\mathfrak{P}_\nu(z) = \pi^{-\frac{1}{2}} 2^{-\nu-1} \operatorname{tg} \nu\pi \frac{\Gamma(\nu+1)}{\Gamma(\nu+\frac{3}{2})} z^{-\nu-1} {}_2F_1\left(\frac{\nu}{2}+1, \frac{\nu+1}{2}; \nu+\frac{3}{2}; \frac{1}{z^2}\right) +$$
$$+ \pi^{-\frac{1}{2}} 2^\nu \frac{\Gamma(\nu+\frac{1}{2})}{\Gamma(\nu+1)} z^\nu {}_2F_1\left(\frac{1-\nu}{2}, \frac{-\nu}{2}; \frac{1}{2}-\nu; \frac{1}{z^2}\right).$$

Abschätzungen:

$$|P_\nu(\cos\vartheta)| \leq \frac{2}{\sqrt{\nu\pi\sin\vartheta}}; \quad |Q_\nu(\cos\vartheta)| \leq \frac{\sqrt{\pi}}{\sqrt{\nu\sin\vartheta}}$$

$$(0 < \vartheta < \pi;\ \nu \text{ reell und} > 1),$$

$$|P_\nu(\cos\vartheta) - P_{\nu+2}(\cos\vartheta)| \leq 2 C_0 \sqrt{\frac{1}{\nu\pi}},$$

$$|Q_\nu(\cos\vartheta) - Q_{\nu+2}(\cos\vartheta)| \leq C_0 \sqrt{\frac{\pi}{\nu}}$$

$$(0 \leq \vartheta \leq \pi;\ \nu \text{ reell und} > 1, C_0 \text{ unabhängig von } \vartheta \text{ und } \nu).$$

Formeln für ganzzahlige Werte von $\nu = n = 0, 1, 2, \ldots$

$$\mathfrak{Q}_n(z) = 2^n n! \int\limits_z^\infty \cdots \int\limits_z^\infty \frac{(dz)^{n+1}}{(z^2-1)^{n+1}} = 2^n \int\limits_z^\infty \frac{(t-z)^n}{(t^2-1)^{n+1}} \, dt$$

$$= (-1)^n \frac{2^n n!}{(2n)!} \frac{d^n}{dz^n}\left[(z^2-1)^n \int\limits_z^\infty \frac{dt}{(t^2-1)^{n+1}}\right]$$

$$(\operatorname{Re} z > 1),$$

$$\frac{1}{z-t} = \sum_{n=0}^\infty (2n+1) \mathfrak{P}_n(t) \mathfrak{Q}_n(z)$$

$$(|t + \sqrt{t^2-1}| < |z + \sqrt{z^2-1}|).$$

(t muß im Innern der durch z gehenden Ellipse liegen, welche die Punkte ± 1 als Brennpunkte besitzt)

$$\mathfrak{Q}_n(z) = \frac{1}{2} \int\limits_{-1}^{+1} \frac{P_n(t)}{z-t} \, dt$$

$$(|\arg(z-1)| < \pi),$$

$$\sum_{n=0}^\infty t^n \mathfrak{Q}_n(z) = \frac{1}{\sqrt{1-2tz+t^2}} \ln \frac{z-t+\sqrt{1-2tz+t^2}}{\sqrt{z^2-1}}$$

$$(\operatorname{Re} z > 1, |t| < 1),$$

$$\mathfrak{Q}_n(z) = \frac{1}{2^n n!} \frac{d^n}{dz^n}\left[(z^2-1)^n \ln\frac{z+1}{z-1}\right] - \frac{1}{2} P_n(z) \ln\frac{z+1}{z-1},$$

$$Q_n(x) = \frac{1}{2^n n!} \frac{d^n}{dx^n}\left[(x^2-1)^n \ln\frac{1+x}{1-x}\right] - \frac{1}{2} P_n(x) \ln\frac{1+x}{1-x},$$

$$Q_n(\cos\vartheta) = 2\,\frac{2\cdot 4\ldots(2\,n)}{1\cdot 3\ldots(2\,n+1)}\Big[\cos(n+1)\,\vartheta + \frac{1\cdot(n+1)}{1\cdot(2\,n+3)}\cos(n+3)\,\vartheta +$$

$$+ \frac{1\cdot 3\,(n+1)\,(n+2)}{1\cdot 2\,(2\,n+3)\,(2\,n+5)}\cos(n+5)\,\vartheta + \cdots\Big],$$

$$(0 < \vartheta < \pi),$$

$$P_n(\cos\vartheta) = \frac{4}{\pi}\,\frac{2\cdot 4\ldots(2\,n)}{3\cdot 5\ldots(2\,n+1)}\Big[\sin(n+1)\,\vartheta + \frac{1\cdot(n+1)}{1\cdot(2\,n+3)}\sin(n+3)\,\vartheta +$$

$$+ \frac{1\cdot 3\,(n+1)\,(n+2)}{1\cdot 2\,(2\,n+3)\,(2\,n+5)}\sin(n+5)\,\vartheta + \cdots\Big]$$

$$(0 < \vartheta < \pi).$$

Spezielle Werte:

$$Q_0(x) = \frac{1}{2}\ln\frac{1+x}{1-x},$$

$$Q_1(x) = \frac{x}{2}\ln\frac{1+x}{1-x} - 1,$$

$$Q_2(x) = \frac{1}{4}\,(3\,x^2 - 1)\ln\frac{1+x}{1-x} - \frac{3}{2}\,x,$$

$$Q_3(x) = \frac{1}{4}\,(5\,x^3 - 3\,x)\ln\frac{1+x}{1-x} - \frac{5}{2}\,x^2 + \frac{2}{3}.$$

$$P_\nu(1) = 1, \quad P_\nu(0) = -\frac{\sin\nu\pi}{2\,\pi^{3/2}}\,\Gamma\Big(\frac{\nu+1}{2}\Big)\,\Gamma\Big(\frac{-\nu}{2}\Big),$$

$$Q_\nu(0) = \frac{1}{4\sqrt{\pi}}\,(1 - \cos\nu\pi)\,\Gamma\Big(\frac{\nu+1}{2}\Big)\,\Gamma\Big(\frac{-\nu}{2}\Big),$$

$$P'_\nu(\cos\vartheta)\,Q_\nu(\cos\vartheta) - Q'_\nu(\cos\vartheta)\,P_\nu(\cos\vartheta) = \frac{-1}{\sin^2\vartheta}.$$

Weitere Resultate ergeben sich aus den Formeln von § 5, § 6, § 7 für $\mu = 0$.

§ 5. Allgemeine Kugelfunktionen.

a) Darstellung durch hypergeometrische Funktionen. Die Lösungen der Differentialgleichung (1) sind für beliebige Werte von μ, ν im allgemeinen an den Stellen $z = \pm 1$, ∞, verzweigt; die in § 1 getroffenen Festsetzungen sind für das Folgende in vollem Umfang zu beachten.

Die Funktionen[1]

$$\mathfrak{P}_\nu^\mu(z) = \frac{1}{\Gamma(1-\mu)}\Big(\frac{z+1}{z-1}\Big)^{\mu/2}\,{}_2F_1\Big(-\nu,\,\nu+1;\,1-\mu;\,\frac{1-z}{2}\Big)$$

$$\Big(\arg\frac{z+1}{z-1} = 0,\ \text{wenn } z\ \text{reell und} > 1\Big),$$

---

[1] Der Faktor $e^{\mu\pi i}$ wird bei der Definition von $\mathfrak{Q}_\nu^\mu(z)$ vielfach weggelassen, um zu erreichen, daß $\mathfrak{Q}_\nu^\mu(z)$ für reelle Werte von ν, μ und für reelle Werte von $z > 1$ selber reell wird.

Die hier benutzten Definitionen stammen von HOBSON. BARNES ersetzt den

$$\mathfrak{Q}_\nu^\mu(z) = \frac{e^{\mu\pi i}}{2^{\nu+1}} \frac{\Gamma(\nu+\mu+1)\,\Gamma(\tfrac{1}{2})}{\Gamma(\nu+\tfrac{3}{2})} (z^2-1)^{\mu/2}\, z^{-\nu-\mu-1} \times$$

$$\times\ _2F_1\left(\frac{\nu+\mu+2}{2},\ \frac{\nu+\mu+1}{2};\ \nu+\frac{3}{2};\ \frac{1}{z^2}\right)$$

$$(\arg(z^2-1) = 0,\ \text{wenn } z \text{ reell und } > 1,$$
$$\arg z = 0,\ \text{wenn } z \text{ reell und } > 0)$$

sind i. a. linear unabhängige Lösungen der Differentialgleichung (1), welche zunächst in den Gebieten $|1-z| < 2$ bzw. $|z| > 1$ mit Ausschluß der Teile der reellen Achse zwischen $-\infty$ und $+1$ eindeutig erklärt sind und nach den Sätzen über die hypergeometrische Funktion unbeschränkt und außerhalb des Verzweigungsschnittes auch eindeutig fortgesetzt werden können. Die Formeln für $\mathfrak{P}_\nu^\mu$ bzw. $\mathfrak{Q}_\nu^\mu$ bleiben sinnvoll, auch wenn $1-\mu$ bzw. $\nu+\frac{3}{2}$ eine negative ganze Zahl oder gleich Null wird (vgl. Kap. II S. 7).

Für reelle Werte von z zwischen -1 und $+1$ ($z = x = \cos\vartheta$) benutzt man als linear unabhängige Lösungen von (1):

$$P_\nu^\mu(x) = e^{\mu\pi i/2}\,\mathfrak{P}_\nu^\mu(\cos\vartheta + i\cdot 0) = e^{-\mu\pi i/2}\,\mathfrak{P}_\nu^\mu(\cos\vartheta - i\cdot 0)$$

$$= \frac{1}{\Gamma(1-\mu)}\left(\frac{1+x}{1-x}\right)^{\mu/2}{}_2F_1\left(-\nu,\,\nu+1;\,1-\mu;\,\frac{1-x}{2}\right),$$

$$Q_\nu^\mu(x) = \tfrac{1}{2}\,e^{-\mu\pi i}\left[e^{-\mu\pi i/2}\,\mathfrak{Q}_\nu^\mu(x+i\cdot 0) + e^{\mu\pi i/2}\,\mathfrak{Q}_\nu^\mu(x-i\cdot 0)\right]$$

$$= \frac{\pi}{2\sin\mu\pi}\left[P_\nu^\mu(x)\cos\mu\pi - \frac{\Gamma(\nu+\mu+1)}{\Gamma(\nu-\mu+1)}P_\nu^{-\mu}(x)\right].$$

Die letzte Definition versagt, wenn $\mu = \pm m = 0, \pm 1, \pm 2, \ldots$ ist; in diesem Falle findet man durch einen Grenzübergang

$$Q_\nu^m(x) = (-1)^m (1-x^2)^{m/2}\frac{d^m}{dx^m}Q_\nu(x),$$

$$Q_\nu^{-m}(x) = (-1)^m\frac{\Gamma(\nu-m+1)}{\Gamma(\nu+m+1)}Q_\nu^m(x).$$

Wenn $\nu+\mu$ eine negative ganze Zahl ist, sind die Funktionen $\mathfrak{Q}_\nu^\mu$ und Q_ν^μ nicht definiert. *In den folgenden Formeln ist daher der Fall* $\nu+\mu = -1, -2, -3, \ldots$ *durchweg auszuschließen, sofern die Funktionen* $\mathfrak{Q}_\nu^\mu$ *oder* Q_ν^μ *in ihnen auftreten.* Die Definition zweier linear unabhängiger Lösungen von (1) wird jedoch in jedem Falle durch den folgen-

---

Faktor $e^{\mu\pi i}$ in der Definition von $\mathfrak{Q}_\nu^\mu$ durch $\dfrac{\sin(\nu+\mu)\pi}{\sin\nu\pi}$. Auch Q_ν^μ und P_ν^μ werden vielfach anders definiert als bei HOBSON; so läßt BARNES den Faktor $e^{-\mu\pi i}$ bei der Definition von Q_ν^μ fort; andere Autoren definieren $P_\nu^\mu(x)$ durch $e^{-\mu\pi i/2}\,\mathfrak{P}_\nu^\mu(x+i\,0)$; auch Mischungen beider Definitionsarten treten auf, z. B. bei JAHNKE und EMDE, auf deren Vorschlag die Einführung der Zeichen $\mathfrak{P}_\nu^\mu$ und $\mathfrak{Q}_\nu^\mu$ zurückgeht. Aber nur ihre Definition der $\mathfrak{Q}_\nu^\mu$ stimmt mit der hier benutzten Definition von HOBSON überein.

den Satz ermöglicht, welcher mit der in § 1 getroffenen Festsetzung n, $m = 0, 1, 2, \ldots$ lautet:

Die Differentialgleichung (1) *besitzt für* $v \pm \mu \neq 0, \pm 1, \pm 2, \ldots$ *die Lösungen*

$$\mathfrak{P}_v^{\pm\mu}(\pm z), \quad \mathfrak{Q}_v^{\pm\mu}(\pm z), \quad \mathfrak{P}_{-v-1}^{\pm\mu}(\pm z), \quad \mathfrak{Q}_{-v-1}^{\pm\mu}(\pm z)$$

bzw. für $z = x = \cos\vartheta$

$$P_v^{\pm\mu}(\pm x), \quad Q_v^{\pm\mu}(\pm x), \quad P_{-v-1}^{\pm\mu}(\pm x), \quad Q_{-v-1}^{\pm\mu}(\pm x).$$

Falls $v \pm \mu \neq 0, \pm 1, \pm 2, \pm 3, \ldots$ *ist, sind die Lösungen*

$$\mathfrak{P}_v^{\mu}(z), \quad \mathfrak{Q}_v^{\mu}(z) \quad \text{bzw.} \quad P_v^{\mu}(x), \quad Q_v^{\mu}(x)$$

linear unabhängig. Falls $v \pm \mu$ *eine ganze Zahl, aber* $\mu \neq 0, \pm 1, \pm 2, \ldots$ *ist, sind die Funktionen*

$$\mathfrak{P}_v^{\mu}(z), \quad \mathfrak{P}_v^{-\mu}(z) \quad \text{bzw.} \quad P_v^{\mu}(x), \quad P_v^{-\mu}(x)$$

linear unabhängige Lösungen von (1)*. Falls* $\mu = \pm m$, $v = n$ *oder* $v = -n-1$ *ist, sind für* $n \geq m$ *die Funktionen*

$$\mathfrak{P}_n^{m}(z), \quad \mathfrak{Q}_n^{m}(z) \quad \text{bzw.} \quad P_n^{m}(x), \quad Q_n^{m}(x)$$

und für $n < m$ *die Funktionen*

$$\mathfrak{P}_n^{-m}(z), \quad \mathfrak{Q}_n^{m}(z) \quad \text{bzw.} \quad P_n^{-m}(x), \quad Q_n^{m}(x)$$

linear unabhängige Lösungen der Differentialgleichung (1) *aus* § 1.

b) Rekursionsformeln und Beziehungen zwischen verschiedenen Kugelfunktionen:

$$(z^2 - 1) \frac{d\,\mathfrak{P}_v^{\mu}(z)}{dz} = (v - \mu + 1)\,\mathfrak{P}_{v+1}^{\mu}(z) - (v + 1)\,z\,\mathfrak{P}_v^{\mu}(z),$$

$$(2v + 1)\,z\,\mathfrak{P}_v^{\mu}(z) = (v - \mu + 1)\,\mathfrak{P}_{v+1}^{\mu}(z) + (v + \mu)\,\mathfrak{P}_{v-1}^{\mu}(z),$$

$$\mathfrak{P}_v^{\mu+2}(z) + 2(\mu + 1)\frac{z}{\sqrt{z^2 - 1}}\,\mathfrak{P}_v^{\mu+1}(z) = (v - \mu)(v + \mu + 1)\,\mathfrak{P}_v^{\mu}(z),$$

$$\mathfrak{P}_{v-1}^{\mu}(z) - \mathfrak{P}_{v+1}^{\mu}(z) = (2v + 1)\sqrt{z^2 - 1}\,\mathfrak{P}_v^{\mu-1}(z),$$

$$\mathfrak{P}_{-v-1}^{\mu}(z) = \mathfrak{P}_v^{\mu}(z).$$

$$(z^2 - 1) \frac{d\,\mathfrak{Q}_v^{\mu}(z)}{dz} = (v - \mu + 1)\,\mathfrak{Q}_{v+1}^{\mu}(z) - (v + 1)\,z\,\mathfrak{Q}_v^{\mu}(z),$$

$$(2v + 1)\,z\,\mathfrak{Q}_v^{\mu}(z) = (v - \mu + 1)\,\mathfrak{Q}_{v+1}^{\mu}(z) + (v + \mu)\,\mathfrak{Q}_{v-1}^{\mu}(z),$$

$$\mathfrak{Q}_v^{\mu+2}(z) + 2(\mu + 1)\frac{z}{\sqrt{z^2 - 1}}\,\mathfrak{Q}_v^{\mu+1}(z) = (v - \mu)(v + \mu + 1)\,\mathfrak{Q}_v^{\mu}(z),$$

$$(v + \mu + 1)\,z\,\mathfrak{Q}_v^{\mu}(z) + \sqrt{z^2 - 1}\,\mathfrak{Q}_v^{\mu+1}(z) = (v - \mu + 1)\,\mathfrak{Q}_{v+1}^{\mu}(z),$$

$$(v + \mu)\,\mathfrak{Q}_{v-1}^{\mu}(z) + \sqrt{z^2 - 1}\,\mathfrak{Q}_v^{\mu+1}(z) = (v - \mu)\,z\,\mathfrak{Q}_v^{\mu}(z),$$

$$\mathfrak{Q}^{\mu}_{\nu-1}(z) - z\,\mathfrak{Q}^{\mu}_{\nu}(z) = -\,(\nu-\mu+1)\,\sqrt{z^2-1}\,\mathfrak{Q}^{\mu-1}_{\nu}(z),$$

$$z\,\mathfrak{Q}^{\mu}_{\nu}(z) - \mathfrak{Q}^{\mu}_{\nu+1}(z) = -\,(\nu+\mu)\,\sqrt{z^2-1}\,\mathfrak{Q}^{\mu-1}_{\nu}(z),$$

$$\mathfrak{Q}^{\mu}_{\nu-1}(z) - \mathfrak{Q}^{\mu}_{\nu+1}(z) = -\,(2\nu+1)\,\sqrt{z^2-1}\,\mathfrak{Q}^{\mu-1}_{\nu}(z),$$

$$(\nu+\mu)\,(\nu+\mu+1)\,\mathfrak{Q}^{\mu}_{\nu-1}(z) + (2\nu+1)\,\sqrt{z^2-1}\,\mathfrak{Q}^{\mu+1}_{\nu}(z)$$
$$= (\nu-\mu)\,(\nu-\mu+1)\,\mathfrak{Q}^{\mu}_{\nu+1}(z),$$

$$\mathfrak{Q}^{-\mu}_{\nu}(z) = e^{-2\mu\pi i}\,\frac{\Gamma(\nu-\mu+1)}{\Gamma(\nu+\mu+1)}\,\mathfrak{Q}^{\mu}_{\nu}(z),$$

$$\mathfrak{Q}^{\mu}_{\nu}(-z) = -\,e^{\pm\nu\pi i}\,\mathfrak{Q}^{\mu}_{\nu}(z)$$

$$(e^{\pm\nu\pi i} \text{ je nachdem ob } \operatorname{Im} z \gtrless 0).$$

$$P^{\mu}_{-\nu-1}(x) = P^{\mu}_{\nu}(x),$$

$$(1-x^2)\,\frac{d\,P^{\mu}_{\nu}(x)}{dx} = (\nu+1)\,x\,P^{\mu}_{\nu}(x) - (\nu-\mu+1)\,P^{\mu}_{\nu+1}(x),$$

$$= -\,\nu\,x\,P^{\mu}_{\nu}(x) + (\nu+\mu)\,P^{\mu}_{\nu-1}(x),$$

$$= -\,\sqrt{1-x^2}\,P^{\mu+1}_{\nu}(x) - \mu\,x\,P^{\mu}_{\nu}(x),$$

$$= (\nu-\mu+1)\,(\nu+\mu)\,\sqrt{1-x^2}\,P^{\mu-1}_{\nu}(x) + \mu\,x\,P^{\mu}_{\nu}(x),$$

$$(2\nu+1)\,x\,P^{\mu}_{\nu}(x) = (\nu-\mu+1)\,P^{\mu}_{\nu+1}(x) + (\nu+\mu)\,P^{\mu}_{\nu-1}(x),$$

$$P^{\mu+2}_{\nu}(x) + 2\,(\mu+1)\,\frac{x}{\sqrt{1-x^2}}\,P^{\mu+1}_{\nu}(x) + (\nu-\mu)\,(\nu+\mu+1)\,P^{\mu}_{\nu}(x) = 0,$$

$$(\nu-\mu)\,(\nu-\mu+1)\,P^{\mu}_{\nu+1}(x) = (\nu+\mu)\,(\nu+\mu+1)\,P^{\mu}_{\nu-1}(x)$$
$$+ (2\nu+1)\,\sqrt{1-x^2}\,P^{\mu+1}_{\nu}(x),$$

$$P^{\mu}_{\nu-1}(x) - x\,P^{\mu}_{\nu}(x) = (\nu-\mu+1)\,\sqrt{1-x^2}\,P^{\mu-1}_{\nu}(x),$$

$$x\,P^{\mu}_{\nu}(x) - P^{\mu}_{\nu+1}(x) = (\nu+\mu)\,\sqrt{1-x^2}\,P^{\mu-1}_{\nu}(x),$$

$$(\nu-\mu)\,x\,P^{\mu}_{\nu}(x) - (\nu+\mu)\,P^{\mu}_{\nu-1}(x) = \sqrt{1-x^2}\,P^{\mu+1}_{\nu}(x)$$

$$(\nu-\mu+1)\,P^{\mu}_{\nu+1}(x) - (\nu+\mu+1)\,x\,P^{\mu}_{\nu}(x) = \sqrt{1-x^2}\,P^{\mu+1}_{\nu}(x).$$

$$\mathfrak{P}^{-\mu}_{\nu}(z) = \frac{\Gamma(\nu-\mu+1)}{\Gamma(\nu+\mu+1)}\left[\mathfrak{P}^{\mu}_{\nu}(z) - \frac{2}{\pi}\,e^{-\mu\pi i}\sin\mu\pi\,\mathfrak{Q}^{\mu}_{\nu}(z)\right],$$

$$\mathfrak{P}^{\mu}_{\nu}(-z) = e^{\mp\nu\pi i}\,\mathfrak{P}^{\mu}_{\nu}(z) - \frac{2}{\pi}\sin[(\nu+\mu)\pi]\,e^{-\mu\pi i}\,\mathfrak{Q}^{\mu}_{\nu}(z)$$

$$(e^{\mp\nu\pi i} \text{ je nachdem ob } \operatorname{Im} z \gtrless 0).$$

$$\mathfrak{Q}^{\mu}_{\nu}(z)\sin[(\nu+\mu)\pi] - \mathfrak{Q}^{\mu}_{-\nu-1}(z)\sin[(\nu-\mu)\pi] = \pi\,e^{\mu\pi i}\cos\nu\pi\,\mathfrak{P}^{\mu}_{\nu}(z),$$

$$e^{-\mu\pi i}\,\mathfrak{Q}^{\mu}_{\nu}(x\pm i0) = e^{\pm\mu\pi i/2}\left[Q^{\mu}_{\nu}(x) \mp \frac{i\pi}{2}\,P^{\mu}_{\nu}(x)\right],$$

$$\mathfrak{Q}_\nu^\mu (i \cot \vartheta) = e^{i\pi[\mu-(\nu+1)/2]} \sqrt{\pi}\, \Gamma(\mu+\nu+1) \sqrt{\tfrac{1}{2} \sin \vartheta}\; P_{-\mu-\frac{1}{2}}^{-\nu-\frac{1}{2}} (\cos \vartheta)$$

$$\left(0 < \vartheta < \frac{\pi}{2}\right),$$

$$\mathfrak{P}_\nu^\mu (i \cot \vartheta) = \sqrt{\frac{2}{\pi}}\, e^{i\pi(\nu+\frac{1}{2})} \frac{\sqrt{\sin \vartheta}}{\Gamma(-\nu-\mu)}\, \mathfrak{Q}_{-\mu-\frac{1}{2}}^{-\nu-\frac{1}{2}} (\cos \vartheta - i \cdot 0)$$

$$\left(0 < \vartheta < \frac{\pi}{2}\right),$$

$$e^{-i\mu\pi}\, \mathfrak{Q}_\nu^\mu (\mathfrak{Cof}\, \alpha) = \frac{\pi\, \Gamma(1+\mu+\nu)}{\sqrt{2\pi\, \mathfrak{Sin}\, \alpha}}\, \mathfrak{P}_{-\mu-\frac{1}{2}}^{-\nu-\frac{1}{2}} \left(\frac{\mathfrak{Cof}\, \alpha}{\mathfrak{Sin}\, \alpha}\right)$$

$$(\mathrm{Re}\, \mathfrak{Cof}\, \alpha > 0).$$

$$P_\nu^{-\mu}(x) \frac{d P_\nu^\mu(x)}{dx} - P_\nu^\mu(x) \frac{d P_\nu^{-\mu}(x)}{dx} = \frac{2 \sin \pi \mu}{\pi (1-x^2)},$$

$$P_\nu^\mu(x) \frac{d Q_\nu^\mu(x)}{dx} - \frac{d P_\nu^\mu(x)}{dx} Q_\nu^\mu(x) = \frac{2^{2\mu}}{1-x^2} \frac{\Gamma\left(\dfrac{\nu+\mu+1}{2}\right) \Gamma\left(\dfrac{\nu+\mu+2}{2}\right)}{\Gamma\left(\dfrac{\nu-\mu+1}{2}\right) \Gamma\left(\dfrac{\nu-\mu+2}{2}\right)},$$

$$Q_\nu^\mu(-x) = -\cos(\nu+\mu)\pi\, Q_\nu^\mu(x) + \frac{\pi}{2} \sin(\nu+\mu)\pi\, P_\nu^\mu(x),$$

$$Q_{-\nu-1}^\mu(x) = \frac{\sin(\nu+\mu)\pi}{\sin(\nu-\mu)\pi}\, Q_\nu^\mu(x) - \frac{\pi \cos \nu\pi \cos \mu\pi}{\sin(\nu-\mu)\pi}\, P_\nu^\mu(x),$$

$$P_\nu^{-\mu}(x) = \frac{\Gamma(\nu-\mu+1)}{\Gamma(\nu+\mu+1)} \left[\cos \mu\pi\, P_\nu^\mu(x) - \frac{2}{\pi} \sin \mu\pi\, Q_\nu^\mu(x)\right],$$

$$P_\nu^\mu(-x) = \cos(\nu+\mu)\pi\, P_\nu^\mu(x) - \frac{2}{\pi} \sin(\nu+\mu)\pi\, Q_\nu^\mu(x).$$

c) Formeln für spezielle Werte von x, μ, ν (vgl. § 1).

$$P_\nu^m(x) = (-1)^m \frac{\Gamma(1+\nu+m)(1-x^2)^{m/2}}{2^m \Gamma(1+\nu-m) \Gamma(1+m)} \times$$

$$\times\, {}_2F_1\left(m-\nu,\, m+\nu+1;\, m+1;\, \frac{1-x}{2}\right),$$

$$\mathfrak{P}_\nu^m(z) = \frac{\Gamma(1+\nu+m)(z^2-1)^{m/2}}{2^m \Gamma(1+\nu-m) \Gamma(1+m)}\, {}_2F_1\left(m-\nu,\, m+\nu+1;\, m+1;\, \frac{1-z}{2}\right),$$

$$\mathfrak{Q}_{-n-\frac{1}{2}}^\mu(z) = \frac{e^{\mu\pi i}}{2^{n+\frac{1}{2}}} \frac{\Gamma(\mu+n+\frac{3}{2})}{(n+1)!} (z^2-1)^{\mu/2}\, z^{2n-\mu+\frac{3}{2}} \times$$

$$\times\, {}_2F_1\left(\frac{\mu+n+\frac{5}{2}}{2},\, \frac{\mu+n+\frac{3}{2}}{2};\, n+2;\, \frac{1}{z^2}\right),$$

$$P_0^\mu(\cos \vartheta) = \frac{1}{\Gamma(1-\mu)} \cot^\mu\left(\frac{\vartheta}{2}\right); \quad P_\nu^{-1}(\cos \vartheta) = \frac{-1}{\nu(\nu+1)} \frac{d P_\nu(\cos \vartheta)}{d\vartheta},$$

$$P_\nu^\mu(0) = \frac{\sqrt{\pi}\, 2^\mu}{\Gamma\left(\dfrac{\nu-\mu}{2}+1\right) \Gamma\left(\dfrac{-\nu-\mu+1}{2}\right)};$$

$$\frac{d\,P_\nu^\mu(0)}{d\,x} = \frac{2^{\mu+1}\sin\left(\pi\frac{\nu+\mu}{2}\right)\Gamma\left(\frac{\nu+\mu+2}{2}\right)}{\Gamma\left(\frac{\nu-\mu+1}{2}\right)\sqrt{\pi}},$$

$$Q_\nu^\mu(0) = -\,2^{\mu-1}\sqrt{\pi}\,\sin\left(\frac{\nu+\mu}{2}\pi\right)\frac{\Gamma\left(\frac{\nu+\mu+1}{2}\right)}{\Gamma\left(\frac{\nu-\mu+2}{2}\right)};$$

$$\frac{d\,Q_\nu^\mu(0)}{d\,x} = 2^{\mu}\sqrt{\pi}\,\cos\left(\frac{\nu+\mu}{2}\pi\right)\frac{\Gamma\left(\frac{\nu+\mu+2}{2}\right)}{\Gamma\left(\frac{\nu-\mu+1}{2}\right)},$$

$$P_\nu^m(x) = (-1)^m\,(1-x^2)^{m/2}\frac{d^m}{d\,x^m}P_\nu(x),$$

$$P_\nu^{-m}(x) = (1-x^2)^{-m/2}\int_x^1\ldots\int_x^1 P_\nu(x)\,(dx)^m = (-1)^m\frac{\Gamma(\nu-m+1)}{\Gamma(\nu+m+1)}P_\nu^m(x),$$

$$\mathfrak{P}_\nu^{-m}(z) = (z^2-1)^{-m/2}\int_1^z\ldots\int_1^z P_\nu(z)\,(dz)^m,$$

$$\mathfrak{Q}_\nu^m(z) = (z^2-1)^{m/2}\frac{d^m}{d\,z^m}\mathfrak{Q}_\nu(z),$$

$$\mathfrak{Q}_\nu^{-m}(z) = (-1)^m\,(z^2-1)^{-m/2}\int_z^\infty\ldots\int_z^\infty \mathfrak{Q}_\nu(z)\,(dz)^m,$$

$$\mathfrak{P}_n^m(z) \equiv 0,\quad P_n^m(x)\equiv 0\quad\text{für } m>n.$$

$$\mathfrak{P}_{\nu-1/2}^{1/2}(\mathfrak{Cof}\,\sigma) = \sqrt{\frac{2}{\pi\,\mathfrak{Sin}\,\sigma}}\,\mathfrak{Cof}\,\nu\,\sigma,$$

$$P_{\nu-1/2}^{1/2}(\cos\vartheta) = \sqrt{\frac{2}{\pi\sin\vartheta}}\cos\nu\vartheta;\quad P_{\nu-1/2}^{-1/2}(\cos\vartheta) = \sqrt{\frac{2}{\pi\sin\vartheta}}\,\frac{\sin\nu\vartheta}{\nu},$$

$$\mathfrak{Q}_{\nu-1/2}^{1/2}(\mathfrak{Cof}\,\sigma) = i\sqrt{\frac{\pi}{2\,\mathfrak{Sin}\,\sigma}}\,e^{-\nu\sigma},$$

$$P_\nu^{-\nu}(\cos\vartheta) = \frac{1}{\Gamma(1+\nu)}\left(\frac{1}{2}\sin\vartheta\right)^\nu;\quad \mathfrak{P}_\nu^{-\nu}(\mathfrak{Cof}\,\sigma) = \frac{1}{\Gamma(1+\nu)}\left(\frac{1}{2}\mathfrak{Sin}\,\sigma\right)^\nu.$$

d) Analytische Fortsetzung und Verhalten für $|z|\geqslant 1$.

Aus den Sätzen über die analytische Fortsetzung der hypergeometrischen Funktion (s. Kap. II) folgen die Formeln:

$$\mathfrak{P}_\nu^\mu(z) = \frac{\sin(\nu+\mu)\pi}{2^{\nu+1}\cos\nu\pi}\frac{\Gamma(\nu+\mu+1)}{\Gamma(\nu+\tfrac{3}{2})\Gamma(\tfrac{1}{2})}(z^2-1)^{\mu/2}z^{-\nu-\mu-1}\times$$

$$\times\;{}_2F_1\left(\frac{\nu+\mu+2}{2},\frac{\nu+\mu+1}{2};\nu+\frac{3}{2};\frac{1}{z^2}\right)+$$

$$+\;\frac{2^\nu\,\Gamma(\nu+\tfrac{1}{2})}{\Gamma(\nu-\mu+1)\Gamma(\tfrac{1}{2})}(z^2-1)^{\mu/2}z^{\nu-\mu}\,{}_2F_1\left(\frac{\mu-\nu+1}{2},\frac{\mu-\nu}{2};\frac{1}{2}-\nu;\frac{1}{z^2}\right)$$

$$(2\nu + \pm 1,\ \pm 3,\ \pm 5,\ldots;\ |z|>1;\ |\arg(z\pm1)|<\pi),$$

$$\mathfrak{P}_\nu^\mu(z) = \frac{2^{-\nu-1}\,\Gamma(-\nu-\tfrac{1}{2})}{\Gamma(\tfrac{1}{2})\,\Gamma(-\mu-\nu)}(z^2-1)^{-(\nu+1)/2}\times$$

$$\times\; {}_2F_1\Big(\frac{\nu-\mu+1}{2},\,\frac{\nu+\mu+1}{2};\,\nu+\frac{3}{2};\,\frac{1}{1-z^2}\Big)+$$

$$+\;\frac{2^\nu\,\Gamma(\nu+\tfrac{1}{2})}{\Gamma(\tfrac{1}{2})\,\Gamma(\nu-\mu+1)}(z^2-1)^{\nu/2}\,{}_2F_1\Big(\frac{\mu-\nu}{2},\,\frac{-\mu-\nu}{2};\,\frac{1}{2}-\nu;\,\frac{1}{1-z^2}\Big)$$

$$(2\nu \neq \pm 1,\,\pm 3,\,\pm 5;\dots\,|1-z^2|>1;\,|\arg(z\pm 1)|<\pi),$$

$$\mathfrak{P}_\nu^\mu\Big(i\,\frac{\cos\vartheta}{\sin\vartheta}\Big) = \sqrt{\frac{\sin\vartheta}{2\pi}}\,\frac{\Gamma(-\nu-\tfrac{1}{2})}{\Gamma(-\mu-\nu)}\,e^{-(\nu+1)\pi i/2}\Big(\operatorname{tg}\frac{\vartheta}{2}\Big)^{\nu+1/2}\times$$

$$\times\;{}_2F_1\Big(\frac{1}{2}+\mu,\,\frac{1}{2}-\mu;\,\nu+\frac{3}{2},\,\sin^2\frac{\vartheta}{2}\Big)+$$

$$+\;\sqrt{\frac{\sin\vartheta}{2\pi}}\,\frac{\Gamma(\nu+\tfrac{1}{2})}{\Gamma(\nu-\mu+1)}\,e^{\nu\pi i/2}\Big(\operatorname{cotg}\frac{\vartheta}{2}\Big)^{\nu+1/2}\times$$

$$\times\;{}_2F_1\Big(\frac{1}{2}+\mu,\,\frac{1}{2}-\mu;\,\frac{1}{2}-\nu;\,\sin^2\frac{\vartheta}{2}\Big)$$

$$\Big(2\nu\neq\pm 1,\,\pm 3,\,\pm 5,\dots;\,0<\vartheta<\frac{\pi}{2}\Big),$$

$$\mathfrak{P}_\nu^\mu(z) = \frac{1}{\Gamma(1-\mu)}\Big(\frac{z-1}{z+1}\Big)^{-\mu/2}\Big(\frac{2}{z+1}\Big)^{-\nu}\,{}_2F_1\Big(-\nu,\,-\nu-\mu;\,1-\mu;\,\frac{z-1}{z+1}\Big)$$

$$\Big(\Big|\frac{z-1}{z+1}\Big|<1\Big).$$

Es sei $\zeta = z + \sqrt{z^2-1}$, wobei ζ außerhalb des Stückes der reellen Achse zwischen $-\infty$ und $+1$ eindeutig durch die Festsetzung definiert ist, daß ζ für reelle Werte von $z>1$ reell und >1 sein soll. Dann wird:

$$\mathfrak{Q}_\nu^\mu(z) = 2^\mu\,e^{\mu\pi i}\,\sqrt{\pi}\,\frac{\Gamma(\nu+\mu+1)}{\Gamma(\nu+\tfrac{3}{2})}\,\frac{(z^2-1)^{\mu/2}}{\zeta^{\nu+\mu+1}}\,{}_2F_1\Big(\frac{1}{2}+\mu,\,\nu+\mu+1;\,\nu+\frac{3}{2};\,\frac{1}{\zeta^2}\Big)$$

$$(|\arg(z-1)|<\pi),$$

$$\mathfrak{P}_\nu^\mu(z) = \frac{2^\mu}{\sqrt{\pi}}\,\frac{\Gamma(-\nu-\tfrac{1}{2})}{\Gamma(-\nu-\mu)}\,\frac{(z^2-1)^{\mu/2}}{\zeta^{\nu+\mu+1}}\,{}_2F_1\Big(\frac{1}{2}+\mu,\,\nu+\mu+1;\,\nu+\frac{3}{2};\,\frac{1}{\zeta^2}\Big)+$$

$$+\;\frac{2^\mu}{\sqrt{\pi}}\,\frac{\Gamma(\nu+\tfrac{1}{2})}{\Gamma(\nu-\mu+1)}\,\frac{(z^2-1)^{\mu/2}}{\zeta^{\mu-\nu}}\,{}_2F_1\Big(\frac{1}{2}+\mu,\,\mu-\nu;\,\frac{1}{2}-\nu;\,\frac{1}{\zeta^2}\Big)$$

$$(|\arg(z-1)|<\pi,\,2\nu\neq\pm 1,\,\pm 3,\,\pm 5,\dots).$$

$$2\,e^{-i\pi\mu}\,\mathfrak{Q}_\nu^\mu(z) = \Gamma(\mu)\Big(\frac{z+1}{z-1}\Big)^{\mu/2}\,{}_2F_1\Big(-\nu,\,\nu+1;\,1-\mu;\,\frac{1-z}{2}\Big)+$$

$$+\;\frac{\Gamma(-\mu)\,\Gamma(1+\nu+\mu)}{\Gamma(1+\nu-\mu)}\Big(\frac{z+1}{z-1}\Big)^{-\mu/2}\,{}_2F_1\Big(-\nu,\,\nu+1;\,1+\mu;\,\frac{1-z}{2}\Big)$$

$$(|\arg z\pm 1)|<\pi,\,|1-z|<2),$$

$$\mathfrak{Q}_\nu^\mu(z) = e^{\mu\pi i}\frac{\Gamma(\nu+\mu+1)\sqrt{\pi}}{2^{\nu+1}\,\Gamma(\nu+\tfrac{3}{2})}(z^2-1)^{-(\nu+1)/2}\times$$

$$\times\,{}_2F_1\left(\frac{\nu+\mu+1}{2},\,\frac{\nu-\mu+1}{2};\,\nu+\frac{3}{2};\,\frac{1}{1-z^2}\right)$$

$$(\nu+\mu \neq -1,\,-2,\,-3\ldots;\ |\arg(z\pm 1)|<\pi;\ |1-z^2|>1),$$

$$P_\nu^\mu(x) = \frac{2^\mu\cos\left(\frac{\nu+\mu}{2}\pi\right)\Gamma\left(\frac{\nu+\mu+1}{2}\right)}{\Gamma\left(\frac{\nu-\mu+2}{2}\right)\sqrt{\pi}}(1-x^2)^{\mu/2}\,{}_2F_1\left(\frac{\mu+\nu+1}{2},\,\frac{\mu-\nu}{2};\,\frac{1}{2};\,x^2\right)+$$

$$+\,2^{\mu+1}\frac{\sin\left(\frac{\nu+\mu}{2}\pi\right)\Gamma\left(\frac{\nu+\mu+2}{2}\right)}{\Gamma\left(\frac{\nu-\mu+1}{2}\right)\sqrt{\pi}}x(1-x^2)^{\mu/2}\,{}_2F_1\left(\frac{\mu+\nu+2}{2},\,\frac{\mu-\nu+1}{2};\,\frac{3}{2};\,x^2\right),$$

$$Q_\nu^\mu(x) = \frac{-\sin\left(\frac{\mu+\nu}{2}\pi\right)\Gamma\left(\frac{\nu+\mu+1}{2}\right)\sqrt{\pi}}{2^{1-\mu}\,\Gamma\left(\frac{\nu-\mu+2}{2}\right)}(1-x^2)^{\mu/2}\,{}_2F_1\left(\frac{\mu+\nu+1}{2},\,\frac{\mu-\nu}{2};\,\frac{1}{2};\,x^2\right)+$$

$$+\,\frac{2^\mu\cos\left(\frac{\mu+\nu}{2}\pi\right)\Gamma\left(\frac{\nu+\mu+2}{2}\right)\sqrt{\pi}}{\Gamma\left(\frac{\nu-\mu+1}{2}\right)}x(1-x^2)^{\mu/2}\,{}_2F_1\left(\frac{\mu+\nu+2}{2},\,\frac{\mu-\nu+1}{2};\,\frac{3}{2};\,x^2\right).$$

Für $|z|\gg 1$ wird

$$\mathfrak{Q}_\nu^\mu(z) = \frac{e^{\mu\pi i}}{2^{\nu+1}}\frac{\Gamma(\nu+\mu+1)}{\Gamma(\nu+\tfrac{3}{2})}z^{-\nu-1}[1+O(z^{-2})]$$

$$(\nu\neq-\tfrac{3}{2},\,-\tfrac{5}{2},\,-\tfrac{7}{2},\ldots;\ |\arg z|<\pi),$$

$$\mathfrak{P}_\nu^\mu(z) = \left[\frac{2^\nu\,\Gamma(\nu+\tfrac{1}{2})}{\sqrt{\pi}\,\Gamma(\nu-\mu+1)}z^\nu+\frac{2^{-\nu-1}\,\Gamma(-\nu-\tfrac{1}{2})}{\sqrt{\pi}\,\Gamma(-\mu-\nu)}z^{-\nu-1}\right][1+O(z^{-2})]$$

$$(\nu\neq\pm\tfrac{1}{2},\,\pm\tfrac{3}{2},\,\pm\tfrac{5}{2},\ldots;\ |\arg z|<\pi;\ \text{vgl. § 7}).$$

e) Integraldarstellungen.

$$P_\nu^\mu(\cos\vartheta) = \sqrt{\frac{2}{\pi}}\,\frac{(\sin\vartheta)^\mu}{\Gamma(-\mu+\tfrac{1}{2})}\int_0^\vartheta\frac{\cos(\nu+\tfrac{1}{2})\varphi\,d\varphi}{(\cos\varphi-\cos\vartheta)^{\mu+\frac{1}{2}}}$$

$$(0<\vartheta<\pi,\ \operatorname{Re}\mu<\tfrac{1}{2};\ \text{wenn }\mu\text{ reell und}<0\text{ auch für }\vartheta=0\text{ gültig}).$$

$$\mathfrak{P}_\nu^\mu(\mathfrak{Cof}\,\alpha) = \frac{\sqrt{2}\,(\mathfrak{Sin}\,\alpha)^\mu}{\sqrt{\pi}\,\Gamma(-\mu+\tfrac{1}{2})}\int_0^\alpha\frac{\mathfrak{Cof}\,[(\nu+\tfrac{1}{2})\,t]\,dt}{(\mathfrak{Cof}\,\alpha-\mathfrak{Cof}\,t)^{\mu+\frac{1}{2}}}$$

$$(\alpha\text{ reell und positiv},\ \operatorname{Re}\mu<\tfrac{1}{2}).$$

$$\mathfrak{Q}_\nu^\mu(\mathfrak{Cof}\,\alpha) = \sqrt{\frac{\pi}{2}}\,\frac{e^{\mu\pi i}(\mathfrak{Sin}\,\alpha)^\mu}{\Gamma(-\mu+\tfrac12)}\int_\alpha^\infty \frac{e^{-(\nu+\frac12)t}\,dt}{(\mathfrak{Cof}\,t - \mathfrak{Cof}\,\alpha)^{\mu+\frac12}}$$

$(\alpha$ reell und >0; Re $\mu < +\tfrac12$, Re $(\nu+\mu+1)>0)$.

$$\frac{\Gamma(\nu-\mu+1)}{\Gamma(\nu+\mu+1)}\left[\cos\mu\pi\,P_\nu^\mu(\cos\vartheta) - \frac{2}{\pi}\sin\mu\pi\,Q_\nu^\mu(\cos\vartheta)\right]$$

$$= \sqrt{\frac{2}{\pi}}\,\frac{(\sin\vartheta)^{-\mu}}{\Gamma(\mu+\tfrac12)}\int_0^\vartheta \frac{\cos(\nu+\tfrac12)\varphi\,d\varphi}{(\cos\varphi - \cos\vartheta)^{\frac12-\mu}}$$

$(\mathrm{Re}\,\mu > -\tfrac12)$.

$$\frac{\Gamma(\nu-\mu+1)}{\Gamma(\nu+\mu+1)}\left[P_\nu^\mu(\cos\vartheta)\cos\nu\pi - \frac{2}{\pi}Q_\nu^\mu(\cos\vartheta)\sin\nu\pi\right]$$

$$= \sqrt{\frac{2}{\pi}}\,\frac{(\sin\vartheta)^{-\mu}}{\Gamma(\mu+\tfrac12)}\int_\vartheta^\pi \frac{\cos[(\nu+\tfrac12)(\varphi-\pi)]\,d\varphi}{(\cos\vartheta-\cos\varphi)^{\frac12-\mu}}$$

$(\mathrm{Re}\,\mu > -\tfrac12)$.

$$P_\nu^\mu(\cos\vartheta)\cos(\nu+\mu)\pi - \frac{2}{\pi}Q_\nu^\mu(\cos\vartheta)\sin(\nu+\mu)\pi$$

$$= \sqrt{\frac{2}{\pi}}\,\frac{(\sin\vartheta)^\mu}{\Gamma(-\mu+\tfrac12)}\int_\vartheta^\pi \frac{\cos[(\nu+\tfrac12)(\varphi-\pi)]\,d\varphi}{(\cos\vartheta-\cos\varphi)^{\mu+\frac12}}$$

$(\mathrm{Re}\,\mu < \tfrac12)$.

$$\cos\mu\pi\,P_\nu^\mu(\cos\vartheta) - \frac{2}{\pi}\sin\mu\pi\,Q_\nu^\mu(\cos\vartheta)$$

$$= \frac{\Gamma(\nu+\mu+1)}{\Gamma(\nu-\mu+1)}\,\frac{(\sin\vartheta)^\mu\,2^{-\mu}}{\sqrt{\pi}\,\Gamma(\mu+\tfrac12)}\int_0^\pi \frac{\sin^{2\mu}\psi\,d\psi}{(\cos\vartheta\pm i\sin\vartheta\cos\psi)^{\mu-\nu}}$$

$(\mathrm{Re}\,(\mu+\tfrac12)>0,\ 0<\vartheta<\pi)$.

$$\mathfrak{P}_\nu^{-\mu}(z) = \frac{(z^2-1)^{\mu/2}}{2^\mu\sqrt{\pi}\,\Gamma(\mu+\tfrac12)}\int_{-1}^{+1}\frac{(1-t^2)^{\mu-\frac12}\,dt}{(z+\sqrt{z^2-1}\,t)^{\mu-\nu}}$$

$(\mathrm{Re}\,\mu > -\tfrac12;\ |\arg(z\pm1)| < \pi)$.

$$\mathfrak{Q}_\nu^\mu(z) = \sqrt{\pi}\,\frac{e^{\mu\pi i}\,2^{-\mu}}{\Gamma(\mu+\tfrac12)}\,\frac{\Gamma(\nu+\mu+1)}{\Gamma(\nu-\mu+1)}(z^2-1)^{\mu/2}\int_0^\infty \frac{(\mathfrak{Sin}\,t)^{2\mu}\,dt}{(z+\sqrt{z^2-1}\,\mathfrak{Cof}\,t)^{\nu+\mu+1}}$$

$(\mathrm{Re}\,(\nu\pm\mu)>-1;\ |\arg(z\pm1)|<\pi)$,

$$\mathfrak{Q}_\nu^\mu(z) = \frac{\Gamma(\nu+1)}{\Gamma(\nu-\mu+1)}\,e^{\mu\pi i}\int_0^\infty \frac{\mathfrak{Cof}\,\mu t\,dt}{(z+\sqrt{z^2-1}\,\mathfrak{Cof}\,t)^{\nu+1}}$$

$(\mathrm{Re}\,(\nu+\mu)>-1,\ \nu\neq-1,-2,-3,\ldots;\ |\arg(z\pm1)|<\pi)$,

$$\mathfrak{Q}_\nu^\mu(z) = \frac{e^{\mu\pi i}}{2^{\nu+1}} \frac{\Gamma(\nu+\mu+1)}{\Gamma(\nu+1)} (z^2-1)^{\mu/2} \int_{-1}^{+1} (1-t^2)^\nu (z-t)^{-\nu-\mu-1}\, dt$$

$$(\operatorname{Re}(\nu+\mu+1) > 0,\ \operatorname{Re}\nu > -1,\ |\arg(z\pm1)| < \pi),$$

$$e^{-\mu\pi i}\,\mathfrak{Q}_\nu^\mu(z) = \frac{\Gamma(\mu+\tfrac{1}{2})(z^2-1)^{\mu/2}}{\sqrt{2\pi}} \times$$

$$\times\left[\int_0^\pi \frac{\cos(\nu+\tfrac{1}{2})\varphi\, d\varphi}{(z-\cos\varphi)^{\mu+\frac{1}{2}}} - \cos\nu\pi \int_0^\infty \frac{e^{-(\nu+\frac{1}{2})t}\,dt}{(z+\mathfrak{Cof}\, t)^{\mu+\frac{1}{2}}}\right]$$

$$(\operatorname{Re}\mu > -\tfrac{1}{2},\ \operatorname{Re}(\nu+\mu+1) > 0;\ |\arg(z\pm1)| < \pi),$$

$$Q_\nu^\mu(\cos\vartheta) = \frac{\sqrt{\pi}}{2^{\mu+1}} \frac{\Gamma(\nu+\mu+1)}{\Gamma(\nu-\mu+1)} \frac{\sin^\mu\vartheta}{\Gamma(\mu+\tfrac{1}{2})} \times$$

$$\times\int_0^\infty\left[\frac{\mathfrak{Sin}^{2\mu} t}{(\cos\vartheta + i\sin\vartheta\,\mathfrak{Cof}\, t)^{\nu+\mu+1}} + \frac{\mathfrak{Sin}^{2\mu} t}{(\cos\vartheta - i\sin\vartheta\,\mathfrak{Cof}\, t)^{\nu+\mu+1}}\right] dt$$

$$(\operatorname{Re}(\nu+\mu+1) > 0,\ \operatorname{Re}(\nu-\mu+1) > 0,\ \operatorname{Re}\mu > -\tfrac{1}{2}),$$

$$P_\nu^\mu(\cos\vartheta) = \frac{+i}{2^\mu} \frac{\Gamma(\nu+\mu+1)}{\Gamma(\nu-\mu+1)} \frac{\sin^\mu\vartheta}{\Gamma(\mu+\tfrac{1}{2})} \times$$

$$\times\int_0^\infty\left[\frac{\mathfrak{Sin}^{2\mu} t}{(\cos\vartheta + i\sin\vartheta\,\mathfrak{Cof}\, t)^{\nu+\mu+1}} - \frac{\mathfrak{Sin}^{2\mu} t}{(\cos\vartheta - i\sin\vartheta\,\mathfrak{Cof}\, t)^{\nu+\mu+1}}\right] dt$$

$$(\operatorname{Re}(\nu\pm\mu+1) > 0,\ \operatorname{Re}\mu > -\tfrac{1}{2}),$$

$$\mathfrak{P}_\nu^{-\mu}(z) = \frac{(z^2-1)^{\mu/2}\, 2^{-\nu}}{\Gamma(\mu-\nu)\,\Gamma(\nu+1)} \int_0^\infty \frac{(\mathfrak{Sin}\, t)^{2\nu+1}\, dt}{(z+\mathfrak{Cof}\, t)^{\mu+\nu+1}}$$

$$(\operatorname{Re} z > -1,\ |\arg(z\pm1)| < \pi,\ \operatorname{Re}(\nu+1) > 0,\ \operatorname{Re}(\mu-\nu) > 0),$$

$$\mathfrak{P}_\nu^{-\mu}(z) = \sqrt{\frac{2}{\pi}}\, \frac{\Gamma(\mu+\tfrac{1}{2})(z^2-1)^{\mu/2}}{\Gamma(\mu+\nu+1)\,\Gamma(\mu-\nu)} \int_0^\infty \frac{\mathfrak{Cof}(\nu+\tfrac{1}{2})t\, dt}{(z+\mathfrak{Cof}\, t)^{\mu+\frac{1}{2}}}$$

$$(\operatorname{Re} z > -1,\ |\arg(z\pm1)| < \pi,\ \operatorname{Re}(\mu+\nu+1) > 0,\ \operatorname{Re}(\mu-\nu) > 0),$$

$$P_\nu^{-\mu}(\cos\vartheta) = \frac{\Gamma(2\mu+1)\, 2^{-\mu}(\sin\vartheta)^\mu}{\Gamma(\mu+1)\,\Gamma(\mu+\nu+1)\,\Gamma(\mu-\nu)} \int_0^\infty \frac{t^{\mu+\nu}\, dt}{(1+2t\cos\vartheta+t^2)^{\mu+\frac{1}{2}}}$$

$$(\operatorname{Re}(\mu+\nu+1) > 0,\ \operatorname{Re}(\mu-\nu) > 0),$$

$$P_\nu^{-\mu}(\cos\vartheta) = \frac{1}{\Gamma(\nu+\mu+1)} \int_0^\infty e^{-t\cos\vartheta}\, J_\mu(t\sin\vartheta)\, t^\nu\, dt$$

$$\left(0 < \vartheta < \frac{\pi}{2};\ \operatorname{Re}(\mu+\nu+1) > 0\right),$$

$$P_\nu^{-\mu}(\cos\vartheta)$$

$$= -\frac{2}{\pi}\frac{1}{\Gamma(\nu+\mu+1)}\int_0^\infty \sin\left[t\cos\vartheta + \frac{\pi}{2}(\mu-\nu-1)\right] K_\mu(t\sin\vartheta)\, t^\nu\, dt$$

$$(0 < \vartheta < \pi,\ \operatorname{Re}(\nu+\mu+1) > 0),$$

$$\mathfrak{P}_\nu^{-\mu}(z) = \sqrt{\frac{2}{\pi}}\,\frac{(z^2-1)^{\mu/2}}{\Gamma(\mu+\nu+1)\,\Gamma(\mu-\nu)}\int_0^\infty e^{-tz}\, K_{\nu+\frac{1}{2}}(t)\, t^{\mu-\frac{1}{2}}\, dt$$

$$(\operatorname{Re} z > 0,\ \operatorname{Re}(\mu+\nu+1) > 0,\ \operatorname{Re}(\mu-\nu) > 0),$$

f) Einige Integrale mit Kugelfunktionen.

$$K_{\nu+1/2}(z) = \sqrt{\frac{\pi}{2}}\, z^{\mu+1/2}\int_1^\infty e^{-tz}\,(t^2-1)^{\mu/2}\,\mathfrak{P}_\nu^{-\mu}(t)\, dt$$

$$(\operatorname{Re} z > 0,\ \operatorname{Re}\mu > -1),$$

$$K_\nu(t)\, K_\nu(s) = \pi\,(s\,t)^{1/2\,\nu-1/4}\, e^{-s-t}\int_0^\infty \frac{e^{-2v}\,\mathfrak{P}_{-\nu-1/2}\left[\dfrac{2(t+v)(s+v)}{s\,t}-1\right]\, dv}{[(t+v)(s+v)]^{1/2\,\nu+1/4}}$$

$$(t,\, s\ \text{reell und positiv}),$$

$$\int_t^\infty \mathfrak{Q}_\nu(\tau)\,(\tau-t)^{\mu-1}\, d\tau = \Gamma(\mu)\, e^{+\mu\pi i}\,(t^2-1)^{\mu/2}\,\mathfrak{Q}_\nu^{-\mu}(t)$$

$$(t\ \text{reell und} > 1,\ \operatorname{Re}\mu > 0,\ \operatorname{Re}(\nu-\mu+1) > 0),$$

$$\int_0^\pi P_\nu^{-\mu}(\cos\vartheta)\,(\sin\vartheta)^{\lambda-1}\, d\vartheta = \frac{\pi\,\Gamma\!\left(\dfrac{\lambda+\mu}{2}\right)\Gamma\!\left(\dfrac{\lambda-\mu}{2}\right)}{2^\mu\,\Gamma\!\left(\dfrac{\lambda+\nu+1}{2}\right)\Gamma\!\left(\dfrac{\lambda-\nu}{2}\right)\Gamma\!\left(\dfrac{\mu+\nu}{2}+1\right)\Gamma\!\left(\dfrac{\mu-\nu+1}{2}\right)}$$

$$(\operatorname{Re}(\lambda \pm \mu) > 0),$$

$$\int_{\cos\vartheta}^1 P_\nu(x)\, dx = \sin\vartheta\, P_\nu^{-1}(\cos\vartheta)$$

$$\int_{\cos\vartheta}^1 x\, P_\nu(x)\, dx = \frac{\sin\vartheta}{(\nu-1)(\nu+2)}\left[\sin\vartheta\, P_\nu(\cos\vartheta) + \cos\vartheta\, P_\nu^1(\cos\vartheta)\right].$$

g) Das Additionstheorem.

$$P_\nu(\cos\vartheta\cos\vartheta' + \sin\vartheta\sin\vartheta'\cos\varphi)$$

$$= P_\nu(\cos\vartheta)\, P_\nu(\cos\vartheta') + 2\sum_{m=1}^\infty (-1)^m\, P_\nu^{-m}(\cos\vartheta)\, P_\nu^m(\cos\vartheta')\cos m\varphi$$

$$= P_\nu(\cos\vartheta)\, P_\nu(\cos\vartheta') + 2\sum_{m=1}^\infty \frac{\Gamma(\nu-m+1)}{\Gamma(\nu+m+1)}\, P_\nu^m(\cos\vartheta)\, P_\nu^m(\cos\vartheta')\cos m\varphi$$

$$(0 \le \vartheta < \pi,\ 0 \le \vartheta' < \pi,\ \vartheta + \vartheta' < \pi;\ \varphi\ \text{reell}),$$

$$Q_\nu (\cos \vartheta \cos \vartheta' + \sin \vartheta \sin \vartheta' \cos \varphi)$$

$$= P_\nu (\cos \vartheta') \, Q_\nu (\cos \vartheta) + 2 \sum_{m=1}^{\infty} (-1)^m \, P_\nu^{-m} (\cos \vartheta') \, Q_\nu^m (\cos \vartheta) \cos m\varphi$$

$$\left(0 < \vartheta' < \frac{\pi}{2},\ 0 < \vartheta < \pi,\ 0 < \vartheta + \vartheta' < \pi;\ \varphi \ \text{reell} \right),$$

$$\mathfrak{P}_\nu (z\zeta - \sqrt{z^2 - 1}\,\sqrt{\zeta^2 - 1}\cos \varphi)$$

$$= \mathfrak{P}_\nu (z) \, \mathfrak{P}_\nu (\zeta) + 2 \sum_{m=1}^{\infty} (-1)^m \, \mathfrak{P}_\nu^m (z) \, \mathfrak{P}_\nu^{-m} (\zeta) \cos m\varphi$$

$$\operatorname{Re} z > 0,\ \operatorname{Re} \zeta > 0,\ |\arg (z-1)| < \pi,\ |\arg (\zeta - 1)| < \pi,$$

$$\mathfrak{Q}_\nu (t\,t' - \sqrt{t^2 - 1}\,\sqrt{t'^{\,2} - 1}\cos \varphi)$$

$$= \mathfrak{P}_\nu (t') \, \mathfrak{Q}_\nu (t) + 2 \sum_{m=1}^{\infty} (-1)^m \, \mathfrak{Q}_\nu^m (t) \, \mathfrak{P}_\nu^{-m} (t') \cos m\varphi$$

$$(t,\ t' \ \text{reell},\ 1 < t' < t,\ \nu \neq -1, -2, -3, \ldots;\ \varphi \ \text{reell}),$$

$$\mathfrak{Q}_n (\tau \tau' + \sqrt{\tau^2 + 1}\,\sqrt{\tau'^{\,2} + 1}\,\mathfrak{Cof}\,\alpha)$$

$$= \sum_{m=n+1}^{\infty} \frac{1}{(m-n-1)!\,(m+n)!}\, \mathfrak{Q}_n^m (i\,\tau)\, \mathfrak{Q}_n^m (i\,\tau')\, e^{-m\alpha}$$

$$(\tau,\ \tau',\ \alpha \ \text{reell und positiv}),$$

$$P_\nu (-\cos \vartheta \cos \vartheta' - \sin \vartheta \sin \vartheta' \cos \varphi)$$

$$= P_\nu (-\cos \vartheta)\, P_\nu (\cos \vartheta') +$$

$$+ 2 \sum_{m=1}^{\infty} (-1)^m \frac{\Gamma (1 + \nu + m)}{\Gamma (1 + \nu - m)}\, P_\nu^{-m} (-\cos \vartheta)\, P_\nu^{-m} (\cos \vartheta') \cos m\varphi$$

$$(0 < \vartheta' < \vartheta < \pi;\ \varphi \ \text{reell}).$$

h) Sätze über Nullstellen. $P_\nu^{-\mu} (\cos \vartheta)$ hat als Funktion von ν für reelle Werte von $\mu \geqq 0$ unendlich viele Nullstellen, die sämtlich reell und einfach sind; mit ν_0 ist auch $-\nu_0 - 1$ eine Nullstelle.

$\mathfrak{P}_\nu^\mu (t)$ hat für reelle Werte von $t > 1$ keine Nullstelle, wenn ν und μ reell und $\mu \leqq 0$ ist oder wenn ν und μ ganze Zahlen sind. Wenn ν und μ reell aber $\mu > 0$ ist, hat $\mathfrak{P}_\nu^\mu (t)$ für $t > 1$ im Falle $\mu > \nu$ keine oder eine Nullstelle, je nachdem ob $\sin (\mu - \nu)\,\pi$ und $\sin \mu\pi$ dasselbe oder entgegengesetztes Vorzeichen haben; im Falle $\mu \leqq \nu$ gibt es alsdann keine oder eine Nullstelle, je nachdem ob die nächste ganze Zahl unterhalb μ gerade oder ungerade ist.

$\mathfrak{Q}_\nu^\mu (t)$ hat für reelle Werte von $t > 1$ keine Nullstelle, wenn ν und μ reell, $\nu > -\frac{3}{2}$ und $\nu + \mu + 1 > 0$ ist.

Wenn n eine der Zahlen $1, 2, 3, \ldots$ bedeutet, hat $\mathfrak{Q}_n (z)$ keine Nullstellen für $|\arg (z-1)| < \pi$; $Q_n (\cos \vartheta)$ hat für $n = 0, 1, 2, \ldots$ genau $n + 1$ Nullstellen im Intervall $0 \leqq \vartheta \leqq \pi$.

$\mathfrak{P}_{-1/2+i\lambda}(z)$ hat bei reellen Werten von λ unendlich viele Nullstellen für reelle Werte von $z > 1$ und sonst keine weiteren Nullstellen.

Ungleichungen: Wenn ν und μ reell sind und $\nu \gtreqless 1$, $\nu - \mu + 1 > 0$, $\mu \gtreqless 0$, ist gilt:

$$\left| P_\nu^{\pm \mu}(\cos \vartheta) \right| < \frac{\Gamma(\nu \pm \mu + 1)}{\Gamma(\nu + 1)} \left(\frac{8}{\nu \pi \sin \vartheta} \right)^{1/2} \frac{1}{(\sin \vartheta)^\mu},$$

$$\left| Q_\nu^{\pm \mu}(\cos \vartheta) \right| < \frac{\Gamma(\nu \pm \mu + 1)}{\Gamma(\nu + 1)} \left(\frac{2\pi}{\nu \sin \vartheta} \right)^{1/2} \frac{1}{(\sin \vartheta)^\mu},$$

$$\left| P_\nu^{\pm m}(\cos \vartheta) \right| < \frac{\Gamma(\nu \pm m + 1)}{\Gamma(\nu + 1)} \left(\frac{4}{\nu \pi \sin \vartheta} \right)^{1/2} \frac{1}{(\sin \vartheta)^m},$$

$$\left| Q_\nu^{\pm m}(\cos \vartheta) \right| < \frac{\Gamma(\nu \pm m + 1)}{\Gamma(\nu + 1)} \left(\frac{\pi}{\nu \sin \vartheta} \right)^{1/2} \frac{1}{(\sin \vartheta)^m}.$$

i) Asymptotisches Verhalten für große Werte von $|\nu|$. $P_\nu^\mu(\cos \vartheta)$ ist, als Funktion von ν und μ betrachtet, eine ganze transzendente Funktion. Für reelle Werte von μ und für $|\nu| \gg 1$, $|\nu| \gg |\mu|$, $|\arg \nu| < \pi$ gilt

$$P_\nu^\mu(\cos \vartheta) = \frac{2}{\sqrt{\pi}} \frac{\Gamma(\nu + \mu + 1)}{\Gamma(\nu + \frac{3}{2})} \frac{\cos\left[\left(\nu + \frac{1}{2}\right) \vartheta - \frac{\pi}{4} + \frac{\mu\pi}{2} \right]}{\sqrt{2 \sin \vartheta}} [1 + O(\nu^{-1})]$$

$$\left(\varepsilon \leqq \vartheta \leqq \pi - \varepsilon,\ \varepsilon > 0,\ |\nu| \gg \frac{1}{\varepsilon} \right).$$

Für reelle positive Werte von ν und μ und $\nu \gg \mu$ gilt insbesondere:

$$\nu^{-\mu} P_\nu^\mu(\cos \vartheta) = \sqrt{\frac{2}{\pi \nu \sin \vartheta}} \cos\left[\left(\nu + \frac{1}{2}\right) \vartheta - \frac{\pi}{4} + \frac{\mu\pi}{2} \right] + O(\nu^{-3/2}),$$

$$\nu^{-\mu} Q_\nu^\mu(\cos \vartheta) = \sqrt{\frac{2}{\pi \nu \sin \vartheta}} \cos\left[\left(\nu + \frac{1}{2}\right) \vartheta + \frac{\pi}{4} + \frac{\mu\pi}{2} \right] + O(\nu^{-3/2})$$

$$\left(\varepsilon \leqq \vartheta \leqq \pi - \varepsilon,\ \varepsilon > 0,\ \nu \gg \frac{1}{\varepsilon} \right).$$

Diese Formeln sind die ersten Glieder von asymptotischen Entwicklungen, welche für $\frac{\pi}{6} < \vartheta < \frac{5\pi}{6}$ sogar konvergente Reihen sind und auch für komplexe Werte von ν und μ gelten. Die Formeln lauten:

$$P_\nu^\mu(\cos \vartheta) = \frac{2}{\sqrt{\pi}} \frac{\Gamma(\nu + \mu + 1)}{\Gamma(\nu + \frac{3}{2})} \sum_{l=0}^{\infty} \frac{\left(\frac{1}{2} + \mu\right)_l \left(\frac{1}{2} - \mu\right)_l}{(\nu + \frac{3}{2})_l \, l!} \times$$

$$\times \frac{\cos\left[\left(\nu + \frac{2l+1}{2}\right) \vartheta - \frac{(2l+1)\pi}{4} + \frac{\mu\pi}{2} \right]}{(2 \sin \vartheta)^{l + 1/2}}$$

$(\nu + \mu \neq -1, -2, -3, \ldots;\ \nu \neq -\frac{3}{2}, -\frac{5}{2}, -\frac{7}{2}, \ldots;$ Konvergenz für $\frac{\pi}{6} < \vartheta < \frac{5\pi}{6}$; asymptotische Entwicklung für $|\nu| \gg |\mu|$, $|\nu| \gg 1$, solange ν, μ reell und positiv, $\varepsilon \leqq \vartheta \leqq \pi - \varepsilon$, $\varepsilon > 0$ ist).

$$Q_\nu^\mu(\cos\vartheta) = \sqrt{\pi}\,\frac{\Gamma(\nu+\mu+1)}{\Gamma(\nu+\frac{3}{2})}\sum_{l=0}^{\infty}(-1)^l\,\frac{(\frac{1}{2}+\mu)_l\,(\frac{1}{2}-\mu)_l}{(\nu+\frac{3}{2})_l\,l!}\times$$

$$\times\,\frac{\cos\left[\left(\nu+\dfrac{2l+1}{2}\right)\vartheta+\dfrac{(2l+1)\pi}{4}+\dfrac{\mu\pi}{2}\right]}{(2\sin\vartheta)^{l+\frac{1}{2}}}$$

$(\nu+\mu \neq -1,\,-2,\,-3;\ \nu \neq -\frac{3}{2},\,-\frac{5}{2},\,-\frac{7}{2},\,\ldots;$ Konvergenz für $\frac{\pi}{6} < \vartheta < \frac{5\pi}{6}$; asymptotische Entwicklung für $|\nu| \gg |\mu|,\ |\nu| \gg 1$, solange $\nu,\,\mu$ reell und positiv, $\varepsilon \leqq \vartheta \leqq \pi - \varepsilon,\ \varepsilon > 0$ ist).

Wenn ϑ so nahe an 0 oder π liegt, daß $\nu\vartheta$ bzw. $\nu(\pi-\vartheta)$ nicht mehr groß gegen 1 ist, versagen diese asymptotischen Formeln; für reelle positive Werte von ν und für reelle Werte von $\mu \geqq 0$ gilt indessen die für $\nu \gg 1$ und für kleine Werte von ϑ brauchbare asymptotische Entwicklung

$$\left[\left(\nu+\frac{1}{2}\right)\cos\frac{\vartheta}{2}\right]^\mu P_\nu^{-\mu}(\cos\vartheta)$$

$$= J_\mu(\eta) + \sin^2\frac{\vartheta}{2}\left[\frac{J_{\mu+1}(\eta)}{2\eta} - J_{\mu+2}(\eta) + \frac{\eta}{6}J_{\mu+3}(\eta)\right] + O\left(\sin^4\frac{\vartheta}{2}\right)$$

mit $\eta = (2\nu+1)\sin\dfrac{\vartheta}{2}$. Insbesondere gilt also

$$\lim_{\nu\to\infty}\nu^\mu P_\nu^{-\mu}\left(\cos\frac{t}{\nu}\right) = J_\mu(t)$$

$$(t \text{ reell und} \geqq 0,\ \mu \text{ reell und} \geqq 0).$$

Diejenigen Werte von ν, für welche bei gegebenem Wert von ϑ die Gleichung $P_\nu^{-\mu}(\cos\vartheta) = 0$ besteht, ergeben sich für kleine Werte von ϑ näherungsweise aus der Formel

$$\nu+\frac{1}{2} = \frac{j_\mu}{2\sin\dfrac{\vartheta}{2}}\left[1 - \frac{\sin^2\dfrac{\vartheta}{2}}{6}\left(1 - \frac{4\mu^2-1}{j_\mu^2}\right) + O\left(\sin^4\frac{\vartheta}{2}\right)\right],$$

wobei j_μ eine beliebige von Null verschiedene Nullstelle von J_μ (μ reell und $\geqq 0$) bedeutet. Wenn ϑ nahe an π liegt, gilt entsprechend

$$\nu = \mu + k + \frac{\Gamma(2\mu+k+1)}{\Gamma(\mu)\,\Gamma(\mu+1)\,\Gamma(k+1)}\left(\frac{\pi-\vartheta}{3}\right)^{2\mu}$$

$$(\mu > 0,\ k = 0,\,1,\,2,\,\ldots),$$

$$\nu = k + \frac{1}{2\ln\left(\dfrac{2}{\pi-\vartheta}\right)}$$

$$(\mu = 0,\ k = 0,\,1,\,2,\,\ldots).$$

Das Verhalten von $\mathfrak{P}_\nu^\mu(z)$, $\mathfrak{Q}_\nu^\mu(z)$ für große Werte von $|\nu|$ und reelle positive Werte von $z > \dfrac{3}{2\sqrt{2}}$ ergibt sich aus den Formeln:

$$\mathfrak{P}_\nu^\mu(\mathfrak{Cos}\,\alpha) = \frac{2^\mu}{\sqrt{\pi}}\left[\frac{\Gamma(-\nu-\tfrac{1}{2})}{\Gamma(-\nu-\mu)}\frac{e^{(\mu-\nu)\alpha}\,(\mathfrak{Sin}\,\alpha)^{\mu/2}}{(e^{2\alpha}-1)^{\mu+\frac{1}{2}}}\times\right.$$

$$\times\,{}_2F_1\left(\mu+\frac{1}{2},\,-\mu+\frac{1}{2};\,\nu+\frac{3}{2};\,\frac{1}{1-e^{2\alpha}}\right)+$$

$$+\,\frac{\Gamma(\nu+\tfrac{1}{2})}{\Gamma(\nu-\mu+1)}\frac{e^{(\mu+\nu+1)\alpha}\,(\mathfrak{Sin}\,\alpha)^{\mu/2}}{(e^{2\alpha}-1)^{\mu+\frac{1}{2}}}\times$$

$$\left.\times\,{}_2F_1\left(\mu+\frac{1}{2},\,-\mu+\frac{1}{2};\,-\nu+\frac{1}{2};\,\frac{1}{1-e^{2\alpha}}\right)\right]$$

$$(\nu \neq \pm\tfrac{1}{2},\,\pm\tfrac{3}{2},\,\pm\tfrac{5}{2},\,\ldots;\ \alpha \text{ reell und } > \tfrac{1}{2}\ln 2).$$

$$\mathfrak{Q}_\nu^\mu(\mathfrak{Cos}\,\alpha) = e^{\mu\pi i}\,2^\mu\,\sqrt{\pi}\,\frac{\Gamma(\nu+\mu+1)}{\Gamma(\nu+\tfrac{1}{2})}\frac{e^{-(\mu+\nu+1)\alpha}}{(1-e^{-2\alpha})^{\mu+\frac{1}{2}}}\,(\mathfrak{Sin}\,\alpha)^\mu\times$$

$$\times\,{}_2F_1\left(\mu+\frac{1}{2},\,-\mu+\frac{1}{2};\,-\nu+\frac{3}{2};\,\frac{1}{1-e^{2\alpha}}\right)$$

$$(\nu+\mu+1 \neq 0,\,-1,\,-2,\,\ldots;\ \alpha \text{ reell und } > \tfrac{1}{2}\ln 2).$$

k) Ergänzungen:

$$P_\nu^{-\lambda}(\cos\vartheta)\,P_\nu^{-\mu}(\cos\vartheta')$$

$$= \frac{\sin\nu\pi}{\pi}\sum_{n=1}^{\infty}(-1)^n\left[\frac{1}{\nu-n}-\frac{1}{\nu+n+1}\right]P_n^{-\lambda}(\cos\vartheta)\,P_n^{-\mu}(\cos\vartheta')$$

$$(\nu,\,\lambda,\,\mu \text{ reell},\ \lambda\geqq 0,\ \mu\geqq 0,\ -\pi<\vartheta\pm\vartheta'<\pi),$$

$$P_\nu^{-\mu}(\cos\vartheta) = \frac{\sin\nu\pi}{\pi}\sum_{n=0}^{\infty}(-1)^n\left(\frac{1}{\nu-n}-\frac{1}{\nu+n+1}\right)P_n^{-\mu}(\cos\vartheta)$$

$$(0<\vartheta<\pi;\ \mu \text{ reell},\ \mu\geqq 0)$$

$$\frac{\partial P_\nu^{-\mu}(x)}{\partial\nu} = \frac{1}{\Gamma(\mu+1)}\left(\frac{1-x}{1+x}\right)^{\mu/2}\times$$

$$\times\sum_{n=1}^{\infty}\frac{(-\nu)_n\,(\nu+1)_n}{(\mu+1)_n\,n!}\left[\psi(\nu+1+n)-\psi(\nu+1-n)\right]\left(\frac{1-x}{2}\right)^n$$

$$(\nu \neq 0,\,\pm 1,\,\pm 2,\,\ldots;\ \operatorname{Re}\mu>-1),$$

$$\left[\frac{\partial P_\nu(\cos\vartheta)}{\partial\nu}\right]_{\nu=0} = 2\ln\left(\cos\frac{\vartheta}{2}\right),$$

$$\left[\frac{\partial P_\nu^{-1}(\cos\vartheta)}{\partial\nu}\right]_{\nu=0} = -\operatorname{tg}\frac{\vartheta}{2}-2\operatorname{cotg}\frac{\vartheta}{2}\ln\left(\cos\frac{\vartheta}{2}\right),$$

$$\left[\frac{\partial P_\nu^{-1}(\cos\vartheta)}{\partial\nu}\right]_{\nu=1} = -\frac{1}{2}\operatorname{tg}\frac{\vartheta}{2}\sin^2\frac{\vartheta}{2}+\sin\vartheta\ln\left(\cos\frac{\vartheta}{2}\right).$$

§ 6. Kegelfunktionen.

Setzt man in der Differentialgleichung (1) § 1 der Kugelfunktionen

$$\nu = -\tfrac{1}{2} + i\lambda,$$

wobei λ ein reeller Parameter ist, so erhält man die Differentialgleichung der sogenannten „Kegelfunktionen". Sie sind spezielle Kugelfunktionen, und ihre Eigenschaften ergeben sich aus den Sätzen und Formeln von § 5. Indessen spielen die speziellen Kegelfunktionen

$$P_{-\frac{1}{2}+i\lambda}(x), \quad Q_{-\frac{1}{2}+i\lambda}(x)$$

eine selbständige Rolle; ihre wichtigsten Eigenschaften sind:

$$P_{-\frac{1}{2}+i\lambda}(\cos\vartheta) = 1 + \frac{4\lambda^2 + 1^2}{2^2}\sin^2\frac{\vartheta}{2} + \frac{(4\lambda^2+1^2)(4\lambda^2+3^2)}{\cdot\;2^2\cdot4^2}\sin^4\frac{\vartheta}{2} + \cdots$$

ist reell; es ist:

$$P_{-\frac{1}{2}+i\lambda}(x) \equiv P_{-\frac{1}{2}-i\lambda}(x),$$

$$P_{-\frac{1}{2}+i\lambda}(\cos\vartheta) = \frac{2}{\pi}\int_0^\vartheta \frac{\mathfrak{Cof}\,\lambda u\,du}{\sqrt{2\,(\cos u - \cos\vartheta)}} = \frac{2}{\pi}\,\mathfrak{Cof}\,\lambda\pi\int_0^\infty \frac{\cos\lambda u\,du}{\sqrt{2\,(\cos\vartheta + \mathfrak{Cof}\,u)}},$$

$$Q_{-\frac{1}{2}\mp i\lambda}(\cos\vartheta) = \pm i\,\mathfrak{Sin}\,\lambda\pi\int_0^\infty \frac{\cos\lambda u\,du}{\sqrt{2\,(\mathfrak{Cof}\,u + \cos\vartheta)}} + \int_0^\infty \frac{\mathfrak{Cof}\,\lambda u\,du}{\sqrt{2\,(\mathfrak{Cof}\,u - \cos\vartheta)}},$$

$$P_{-\frac{1}{2}+i\lambda}(-\cos\vartheta) = \frac{\mathfrak{Cof}\,\lambda\pi}{\pi}\left[Q_{-\frac{1}{2}+i\lambda}(\cos\vartheta) + Q_{-\frac{1}{2}-i\lambda}(\cos\vartheta)\right],$$

$$P_{-\frac{1}{2}+i\lambda}(\cos\vartheta\cos\vartheta' + \sin\vartheta\sin\vartheta'\cos\varphi)$$

$$= P_{-\frac{1}{2}+i\lambda}(\cos\vartheta)\,P_{-\frac{1}{2}+i\lambda}(\cos\vartheta') +$$

$$+ 2\sum_{m=1}^\infty \frac{(-1)^m\,P_{-\frac{1}{2}+i\lambda}^m(\cos\vartheta)\,P_{-\frac{1}{2}+i\lambda}^m(\cos\vartheta')\cos m\varphi}{\left(\lambda^2+\frac{1}{4}\right)\left(\lambda^2+\frac{9}{4}\right)\cdots\left(\lambda^2+\left(\frac{2m-1}{2}\right)^2\right)}$$

$$\left(0 < \vartheta' < \frac{\pi}{2},\quad 0 < \vartheta < \pi,\quad 0 < \vartheta+\vartheta' < \pi\right),$$

$$P_{-\frac{1}{2}+i\lambda}(-\cos\vartheta\cos\vartheta' - \sin\vartheta\sin\vartheta'\cos\varphi)$$

$$= P_{-\frac{1}{2}+i\lambda}(\cos\vartheta')\,P_{-\frac{1}{2}+i\lambda}(-\cos\vartheta) +$$

$$+ 2\sum_{m=1}^\infty \frac{(-1)^m\,P_{-\frac{1}{2}+i\lambda}^m(\cos\vartheta')\,P_{-\frac{1}{2}+i\lambda}^m(-\cos\vartheta)\cos m\varphi}{\left(\lambda^2+\frac{1}{4}\right)\left(\lambda^2+\frac{9}{4}\right)\cdots\left(\lambda^2+\left(\frac{2m-1}{2}\right)^2\right)}$$

$$\left(0 < \vartheta' < \frac{\pi}{2} < \vartheta,\quad \vartheta+\vartheta' < \pi\right),$$

$$Q_{-\frac12+i\lambda}(\cos\vartheta\cos\vartheta' + \sin\vartheta\sin\vartheta'\cos\varphi)$$

$$= P_{-\frac12+i\lambda}(\cos\vartheta')\,Q_{-\frac12+i\lambda}(\cos\vartheta) +$$

$$+ 2\sum_{m=1}^{\infty}\frac{(-1)^m\,P_{-\frac12+i\lambda}^{m}(\cos\vartheta')\,Q_{-\frac12+i\lambda}^{m}(\cos\vartheta)\,\cos m\varphi}{\left(\lambda^2+\dfrac14\right)\left(\lambda^2+\dfrac94\right)\cdots\left(\lambda^2+\left(\dfrac{2m-1}{2}\right)^2\right)}$$

$$\left(0<\vartheta'<\frac{\pi}{2}<\vartheta,\ \ \vartheta+\vartheta'<\pi\right).$$

§ 7. Ring- oder Torusfunktionen.

Als Torusfunktionen bezeichnet man die Lösungen der Differential-gleichung

$$\frac{d^2u}{d\eta^2} + \frac{\operatorname{Cof}\eta}{\operatorname{Sin}\eta}\frac{du}{d\eta} - \left(n^2 - \frac14 + \frac{m^2}{\operatorname{Sin}^2\eta}\right)u = 0.$$

Diese sind spezielle Kugelfunktionen; insbesondere kann man für u die Funktionen

$$\mathfrak{P}_{n-\frac12}^{m}(\operatorname{Cof}\eta),\quad \mathfrak{Q}_{n-\frac12}^{m}(\operatorname{Cof}\eta)$$

einsetzen. Die allgemeinen Formeln von § 5 vereinfachen sich in einer Reihe von Fällen für diese Funktionen; die wichtigsten Ergebnisse werden im folgenden zusammengestellt.

$$\mathfrak{P}_{n-\frac12}^{m}(\operatorname{Cof}\eta) = \frac{\Gamma(n+m+\frac12)}{\Gamma(n-m+\frac12)}\,\frac{(\operatorname{Sin}\eta)^m}{2^m\sqrt{\pi}\,\Gamma(m+\frac12)}\int_0^{\pi}\frac{(\sin\varphi)^{2m}\,d\varphi}{(\operatorname{Cof}\eta + \cos\varphi\,\operatorname{Sin}\eta)^{n+m+\frac12}}$$

$$= \frac{1}{2\pi}\,\frac{\Gamma(n+\frac12)}{\Gamma(n-m+\frac12)}\,(-1)^m\int_0^{2\pi}\frac{\cos m\varphi\,d\varphi}{(\operatorname{Cof}\eta + \cos\varphi\,\operatorname{Sin}\eta)^{n+\frac12}},$$

$$\mathfrak{Q}_{n-\frac12}^{m}(\operatorname{Cof}\eta) = (-1)^m\,\frac{\Gamma(n+\frac12)}{\Gamma(n-m+\frac12)}\int_0^{\infty}\frac{\operatorname{Cof}mt\,dt}{(\operatorname{Cof}\eta + \operatorname{Cof}t\,\operatorname{Sin}\eta)^{n+\frac12}}$$

$$(n \geqq m)$$

$$= (-1)^m\,\frac{\Gamma(n+m+\frac12)}{\Gamma(n+\frac12)}\int_0^{\ln\operatorname{Cot}\eta/2}(\operatorname{Cof}\eta - \operatorname{Cof}t\,\operatorname{Sin}\eta)^{n-\frac12}\,\operatorname{Cof}mt\,dt,$$

$$\mathfrak{Q}_{n-\frac12}^{m}(\operatorname{Cof}\eta) = (-1)^m\,\frac{2^m\,\Gamma(n+m+\frac12)\,\sqrt{\pi}}{\Gamma(n+1)}(\operatorname{Sin}\eta)^m\,e^{-(n+m+\frac12)\eta}\times$$

$$\times\ {}_2F_1(\tfrac12+m,\,n+m+\tfrac12;\,n+1;\,e^{-2\eta}),$$

$$\mathfrak{P}_{n-\frac12}^{-m}(\operatorname{Cof}\eta) = \frac{2^{-m}}{\Gamma(m+1)}(1-e^{-2\eta})^m\,e^{-(n+\frac12)\eta}\times$$

$$\times\ {}_2F_1(\tfrac12+m+n,\,\tfrac12+m;\,2m+1;\,1-e^{-2\eta}).$$

Das asymptotische Verhalten von $\mathfrak{P}_{n-\frac{1}{2}}(\mathfrak{Cos}\,\eta)$ für große Werte von n ergibt sich aus der Formel:

$$\mathfrak{P}_{n-\frac{1}{2}}(\mathfrak{Cos}\,\eta) = \frac{\Gamma(n)\,e^{(n-\frac{1}{2})\eta}}{\Gamma(n+\frac{1}{2})\sqrt{\pi}} \times$$

$$\times \left[\frac{2\,\Gamma(n+\frac{1}{2})}{\pi^{3/2}\,\Gamma(n+1)} \ln(4\,e^\eta)\,e^{-(n-\frac{1}{2})\eta}\, {}_2F_1(\tfrac{1}{2},\,n+\tfrac{1}{2};\,n+1;\,e^{-2\eta}) + A(\eta) + B\right]$$

mit

$$A(\eta) = 1 + \frac{\frac{1}{2}(n-\frac{1}{2})}{1\,(n-1)}\,e^{-2\eta} + \frac{\frac{1}{2}\cdot\frac{3}{2}(n-\frac{1}{2})(n-\frac{3}{2})}{1\cdot 2\,(n-1)(n-2)}\,e^{-4\eta} + \cdots +$$

$$+ \frac{(\frac{1}{2})_{n-1}(\frac{1}{2})_{n-1}}{(n-1)!\,(n-1)!}\,e^{-2(n-1)\eta}\,,$$

$$B = \frac{1}{\pi^2}\sum_{l=1}^{\infty}\frac{\Gamma(l+\frac{1}{2})\,\Gamma(n+l+\frac{1}{2})}{\Gamma(n+l+1)\,\Gamma(l+1)}\,(u_{n+l} + u_l - v_{l-\frac{1}{2}} - v_{n+l-\frac{1}{2}})\,,$$

wobei für $r = 1, 2, 3, \ldots$

$$u_r = \frac{1}{1} + \frac{1}{2} + \cdots + \frac{1}{r}\,, \quad v_{r-\frac{1}{2}} = \frac{1}{\frac{1}{2}} + \frac{1}{\frac{3}{2}} + \cdots + \frac{1}{r-\frac{1}{2}}\,,$$

gesetzt ist.

Anhang zum vierten Kapitel.

§ 8. Die Funktionen von GEGENBAUER.

Entwickelt man die Funktion[1]

$$(1 - 2\alpha t + \alpha^2)^{-\nu} = \sum_{n=0}^{\infty} C_n^\nu(t)\,\alpha^n$$

in eine Reihe nach steigenden Potenzen von α, so sind die Koeffizienten $C_n^\nu(t)$ dieser Reihe (für beliebiges ν) Polynome in t, welche „Funktionen von GEGENBAUER" heißen; sie sind eng verwandt mit den LEGENDREschen Polynomen, in die sie für $\nu = \frac{1}{2}$ übergehen; als Funktionen von t sind sie Lösungen der speziellen hypergeometrischen Differentialgleichung

$$y'' + \frac{(2\nu+1)\,t}{t^2-1}\,y' - \frac{n\,(n+2\nu)}{t^2-1}\,y = 0.$$

und können daher durch hypergeometrische Reihen ausgedrückt werden:

$$C_n^\nu(t) = \frac{\Gamma(n+2\nu)}{\Gamma(n+1)\,\Gamma(2\nu)}\,{}_2F_1\left(n+2\nu,\,-n;\,\nu+\frac{1}{2};\,\frac{1-t}{2}\right).$$

---

[1] Man vergleiche hierzu die letzte Formel von Kap. II, § 1.

Ähnlich den Kugelfunktionen besitzen sie ein Additionstheorem:

$$C_n^\nu(\cos\psi\cos\vartheta + \sin\psi\sin\vartheta\cos\varphi) = \frac{\Gamma(2\nu-1)}{[\Gamma(\nu)]^2}\sum_{l=0}^{n}\frac{2^{2l}(n-l)!\,[\Gamma(\nu+l)]^2}{\Gamma(2\nu+n+l)}\times$$

$$\times(2\nu+2l-1)\sin^l\psi\sin^l\vartheta\,C_{n-l}^{\nu+l}(\cos\psi)\,C_{n-l}^{\nu+l}(\cos\vartheta)\,C_l^{\nu-1/2}(\cos\varphi)$$

$$(\psi,\ \vartheta,\ \varphi\ \text{reell};\quad \nu \neq \tfrac{1}{2}).$$

Für $\nu \to 0$ wird

$$\operatorname*{limes}_{\nu\to 0}\Gamma(\nu)\,C_n^\nu(\cos\varphi) = \frac{2\cos n\varphi}{n}\qquad (\text{für}\ n = 1,\,2,\,3,\,\ldots)$$

$$C_0^0(\cos\varphi) = 1.$$

$$\ln(1 - 2\alpha\cos\varphi + \alpha^2) = -2\sum_{n=1}^{\infty}\frac{\cos n\varphi}{n}\,\alpha^n.$$

Rekursionsformeln:

$$(n+2)\,C_{n+2}^\nu(t) = 2(\nu+n+1)\,t\,C_{n+1}^\nu(t) - (2\nu+n)\,C_n^\nu(t),$$

$$n\,C_n^\nu(t) = 2\nu\,[t\,C_{n-1}^{\nu+1}(t) - C_{n-2}^{\nu+1}(t)],$$

$$(n+2\nu)\,C_n^\nu(t) = 2\nu\,[C_n^{\nu+1}(t) - t\,C_{n-1}^{\nu+1}(t)],$$

$$n\,C_n^\nu(t) = (n-1+2\nu)\,t\,C_{n-1}^\nu(t) - 2\nu\,(1-t^2)\,C_{n-2}^{\nu-1}(t),$$

$$\frac{d\,C_n^\nu(t)}{dt} = 2\,\nu\,C_{n-1}^{\nu+1}(t).$$

Orthogonalitätsrelationen:

$$\int_0^\pi \sin^{2\nu}\vartheta\,C_m^\nu(\cos\vartheta)\,C_n^\nu(\cos\vartheta)\,d\vartheta = \begin{cases} 0 & \text{für}\ n \neq m, \\[2mm] \dfrac{\pi\,\Gamma(2\nu+n)}{2^{2\nu-1}(\nu+n)\,n!\,[\Gamma(\nu)]^2} & \text{für}\ n = m. \end{cases}$$

Spezialfälle: Für ganzzahlige Werte von $l = 0,\,1,\,2,\,\ldots$ ist

$$C_{n-l}^{l+1/2}(t) = \frac{1}{(2l-1)(2l-3)\ldots 3\cdot 1}\,\frac{d^l P_n(t)}{dt^l} = (-1)^l\frac{(1-t^2)^{-l/2}\,l!\,2^l}{(2l)!}\,P_n^l(t).$$

Beziehungen zu den Zylinderfunktionen:

$$\int_0^\pi e^{iz\cos\varphi}\,C_n^\nu(\cos\varphi)\,\sin^{2\nu}\varphi\,d\varphi = \frac{2^\nu\,\Gamma(\nu+\tfrac{1}{2})\,\Gamma(\tfrac{1}{2})\,\Gamma(2\nu+n)}{n!\,\Gamma(2\nu)}\,i^n\,\frac{J_{\nu+n}(z)}{z^\nu}$$

$$(\operatorname{Re}\nu > -\tfrac{1}{2};\quad n = 0,\,1,\,2,\,\ldots),$$

$$\int_0^\pi e^{iz\cos\vartheta\cos\varphi}\,J_{\nu-\frac{1}{2}}(z\sin\vartheta\sin\varphi)\,C_n^\nu(\cos\vartheta)\,\sin^{\nu+\frac{1}{2}}\vartheta\,d\vartheta$$

$$= \sqrt{\frac{2\pi}{z}}\,i^n\,\sin^{\nu-\frac{1}{2}}\varphi\,C_n^\nu(\cos\varphi)\,J_{\nu+n}(z)$$

$$(\operatorname{Re}\nu > -\tfrac{1}{2},\ |\arg z| < \pi,\ n = 0,\,1,\,2,\,\ldots).$$

Ergänzungen:

$$C_n^\nu (t) = \frac{1}{\sqrt{\pi}} \frac{\Gamma(2\nu+n)}{n!\,\Gamma(2\nu)} \frac{\Gamma\left(\frac{2\nu+1}{2}\right)}{\Gamma(\nu)} \int_0^\pi (t + \sqrt{t^2-1}\cos\omega)^n \sin^{2\nu-1}\omega\,d\omega$$

$$= \frac{(-1)^n}{2^n} \frac{\Gamma(2\nu+n)\,\Gamma\left(\frac{2\nu+1}{2}\right)}{\Gamma(2\nu)\,\Gamma\left(\frac{2\nu+1}{2}+n\right)} \frac{(1-t^2)^{\frac{1}{2}-\nu}}{n!} \frac{d^n}{dt^n}[(1-t^2)^{n+\nu-\frac{1}{2}}],$$

$$C_n^1(\cos\vartheta) = \frac{\sin(n+1)\vartheta}{\sin\vartheta}\,; \quad C_n^\nu(1) = \frac{(2\nu)_n}{n!},$$

$$C_{2n}^\nu(t) = (-1)^n \frac{\Gamma(\nu+n)}{\Gamma(\nu)\,n!}\,{}_2F_1(-n,\ n+\nu;\ \tfrac{1}{2};\ t^2),$$

$$C_{2n+1}^\nu(t) = (-1)^n\,2\,\frac{\Gamma(\nu+n+1)}{\Gamma(\nu)\,n!}\,t\,{}_2F_1(-n,\,n+\nu+1;\ \tfrac{3}{2};\ t^2),$$

$$C_n^\nu(t) = \frac{2^n\,\Gamma(\nu+n)}{n!\,\Gamma(\nu)}\,t^n\,{}_2F_1\left(-\frac{n}{2},\ \frac{1-n}{2};\ 1-\nu-n;\ t^{-2}\right),$$

$$C_n^\nu(\cos\vartheta) = \sum_{\substack{p,\,q=0 \\ p+q=n}}^{n} \frac{\Gamma(\nu+p)\,\Gamma(\nu+q)}{\Gamma(\nu)\,p!\,\Gamma(\nu)\,q!}\cos(p-q)\vartheta,$$

$$\frac{d^k}{dx^k}C_n^\nu(t) = 2^k\,\frac{\Gamma(k+\nu)}{\Gamma(\nu)}\,C_{n-k}^{(\nu+k)}(t), \qquad (k=1,2,3,\ldots,n)$$

$$\lim_{\nu\to\infty} \nu^{-n/2}\,C_n^{(\nu/2)}\left(\frac{t}{\sqrt{\nu}}\right) = \frac{1}{n!}\,He_n(t),$$

$$\int_{-1}^{+1}(1-t^2)^{\frac{\nu-1}{2}}\,F(t)\,C_n^{\frac{\nu}{2}}(t)\,dt = \frac{(\nu)_n}{\left(\frac{\nu+1}{2}\right)_n} \frac{1}{2^n\,n!}\int_{-1}^{+1}(1-t^2)^{n+\frac{\nu-1}{2}}\,\frac{d^n F}{dt^n}\,dt,$$

wobei $F(t)$ eine $(n+1)$mal stetig differenzierbare Funktion bedeutet.

Fünftes Kapitel.

Orthogonale Polynome[1].

§ 1. TSCHEBYSCHEFFsche Polynome.

Die TSCHEBYSCHEFFschen Polynome erster Art $T_n(x)$ und zweiter Art $U_n(x)$ sind definiert durch:

$$T_n(x) = \cos(n\arccos x) = \tfrac{1}{2}[(x + i\sqrt{1-x^2})^n + (x - i\sqrt{1-x^2})^n],$$

$$U_n(x) = \sin(n\arccos x) = \frac{1}{2i}[(x + i\sqrt{1-x^2})^n - (x - i\sqrt{1-x^2})^n],$$

---

[1] Für die LEGENDREschen Polynome s. Kapitel IV, § 2, für die orthogonalen GEGENBAUERschen Polynome vgl. den Anhang zu Kapitel IV.

oder:

$$T_n(x) = x^n - \binom{n}{2} x^{n-2}(1-x^2) + \binom{n}{4} x^{n-4}(1-x^2)^2 - \binom{n}{6} x^{n-6}(1-x^2)^3 + \cdots,$$

$$U_n(x) = \sqrt{1-x^2}\left[\binom{n}{1} x^{n-1} - \binom{n}{3} x^{n-3}(1-x^2) + \binom{n}{5} x^{n-5}(1-x^2)^2 - \cdots\right].$$

So ist:

$$
\begin{array}{ll}
T_0(x) = 1, & U_0(x) = 0, \\[4pt]
T_1(x) = x, & U_1(x) = \sqrt{1-x^2}, \\[4pt]
T_2(x) = 2x^2 - 1, & U_2(x) = \sqrt{1-x^2}\,2x, \\[4pt]
T_3(x) = 4x^3 - 3x, & U_3(x) = \sqrt{1-x^2}\,[4x^2 - 1], \\[4pt]
T_4(x) = 8x^4 - 8x^2 + 1, & U_4(x) = \sqrt{1-x^2}\,[8x^3 - 4x], \\[4pt]
T_5(x) = 16x^5 - 20x^3 + 5x, & U_5(x) = \sqrt{1-x^2}\,[16x^4 - 12x^2 + 1], \\[4pt]
T_n(1) = 1, & U_n(1) = 0, \\[4pt]
T_n(-1) = (-1)^n, & U_n(-1) = 0, \\[4pt]
T_{2n}(0) = (-1)^n, & U_{2n}(0) = 0, \\[4pt]
T_{2n+1}(0) = 0, & U_{2n+1}(0) = (-1)^n.
\end{array}
$$

Die $T_n(x)$ und $U_n(x)$ sind linear unabhängige Lösungen der Differentialgleichung:

$$(1 - x^2)\,y'' - x\,y' + n^2 y = 0.$$

Rekursionsformeln:

$$T_{n+1}(x) - 2x\,T_n(x) + T_{n-1}(x) = 0,$$

$$U_{n+1}(x) - 2x\,U_n(x) + U_{n-1}(x) = 0.$$

Häufig wird auch als Tschebyscheffsches Polynom zweiter Art der Ausdruck

$$U_n^*(x) = \frac{\sin[(n+1)\arccos x]}{\sqrt{1-x^2}} = \frac{U_{n+1}(x)}{\sqrt{1-x^2}}$$

definiert. Er genügt der Differentialgleichung

$$(1 - x^2)\,y'' - 3x\,y' + n(n+2)\,y = 0.$$

Die $U_n(x)$ und $T_n(x)$ lassen sich auch folgendermaßen darstellen:

$$\frac{T_n(x)}{\sqrt{1-x^2}} = \frac{(-1)^n}{1\cdot 3\cdot 5\ldots(2n-1)} \frac{d^n}{dx^n}(1-x^2)^{n-1/2},$$

$$U_{n+1}(x) = \frac{(n+1)(-1)^n}{1\cdot 3\cdot 5\ldots(2n+1)} \frac{d^n}{dx^n}(1-x^2)^{n+1/2}.$$

In Form einer hypergeometrischen Reihe dargestellt ist:

$$T_n(x) = F\left(n, \; -n; \; \frac{1}{2}; \; \frac{1-x}{2}\right).$$

Die Nullstellen der $T_n(x)$ und $U_n(x)$ sind sämtlich reell und voneinander verschieden und liegen im Inneren des Intervalles von -1 bis $+1$.

Die Endpunkte des Intervalles $x = \pm 1$ sind Nullstellen von $U_n(x)$.

Darstellung der $T_n(x)$ und $U_n(x)$ durch erzeugende Funktionen:

$$\frac{1 - t^2}{1 - 2tx + t^2} = \sum_0^\infty \varepsilon_n \, T_n(x)\, t^n; \quad \varepsilon_n = 2 \text{ für } n \geqq 1; \quad \varepsilon_0 = 1,$$

$$\frac{1}{1 - 2tx + t^2} = \frac{1}{\sqrt{1 - x^2}} \sum_0^\infty U_{n+1}(x)\, t^n.$$

Orthogonalitätsrelationen:

$$\int_{-1}^{+1} \frac{T_m(x)\, T_n(x)}{\sqrt{1 - x^2}}\, dx = 0 \qquad\qquad \text{für } m \neq n,$$

$$= \frac{\pi}{2} \qquad\qquad \text{für } m = n \neq 0,$$

$$= \pi \qquad\qquad \text{für } m = n = 0,$$

$$\int_{-1}^{+1} \frac{U_m(x)\, U_n(x)}{\sqrt{1 - x^2}}\, dx = 0 \qquad\qquad \text{für } m \neq n,$$

$$= \frac{\pi}{2} \qquad\qquad \text{für } m = n \neq 0,$$

$$= 0 \qquad\qquad \text{für } m = n = 0.$$

§ 2. HERMITEsche Polynome.

Die HERMITEschen Polynome $He_n(x)$ sind definiert durch:

$$He_n(x) = (-1)^n \, e^{x^2/2} \frac{d^n}{dx^n}\left(e^{-x^2/2}\right)$$

oder

$$He_n(x) = x^n - \binom{n}{2} x^{n-2} + 1 \cdot 3 \binom{n}{4} x^{n-4} - 1 \cdot 3 \cdot 5 \binom{n}{6} x^{n-6} + \cdots,$$

So ist:

$$He_0(x) = 1, \qquad\qquad He_3(x) = x^3 - 3x,$$

$$He_1(x) = x, \qquad\qquad He_4(x) = x^4 - 6x^2 + 3,$$

$$He_2(x) = x^2 - 1, \qquad He_5(x) = x^5 - 10x^3 + 15x,$$

$$He_{2n}(0) = \frac{(-1)^n\,(2n)!}{2^n\, n!}; \quad He_{2n+1}(0) = 0.$$

Die HERMITEschen Polynome $y = He_n(x)$ genügen der Differentialgleichung:

$$y'' - xy' + ny = 0.$$

Rekursionsformeln:

$$He_{n+1}(x) = x\,He_n(x) - He_n'(x)$$
$$He_{n+1}(x) = x\,He_n(x) - n\,He_{n-1}(x)\;;\quad He_n'(x) = n\,He_{n-1}(x).$$

Als Hermitesches Polynom wird auch häufig der Ausdruck

$$\overset{*}{He}_n(x) = 2^{n/2}\,He_n(x\,\sqrt{2})$$

definiert; oder:

$$\overset{*}{He}_n(x) = (-1)^n\,e^{x^2}\,\frac{d^n}{dx^n}\,(e^{-x^2}).$$

Die $\overset{*}{He}_n(x)$ genügen der Differentialgleichung:

$$y'' - 2\,x\,y' + 2\,n\,y = 0.$$

Für die $\overset{*}{He}_n(x)$ gelten folgende Rekursionsformeln:

$$\overset{*}{He}_n'(x) = 2\,n\,\overset{*}{He}_{n-1}(x),$$
$$\overset{*}{He}_{n+1}(x) - 2\,x\,\overset{*}{He}_n(x) + 2\,n\,\overset{*}{He}_{n-1}(x) = 0.$$

Die Nullstellen der Hermiteschen Polynome sind alle reell und einfach.

Darstellung durch eine erzeugende Funktion:

$$e^{t\,x - t^2/2} = \sum_0^\infty He_n(x)\,\frac{t^n}{n!}.$$

Daraus folgt z. B. für $t = \sqrt{2}$, bzw. $t = -\sqrt{2}$ und Addition bzw. Subtraktion:

$$\frac{1}{e}\,\mathfrak{Cof}\,x\,\sqrt{2} = \sum_0^\infty He_{2n}(x)\,\frac{2^n}{(2\,n)!},$$
$$\frac{1}{e}\,\mathfrak{Sin}\,x\,\sqrt{2} = \sqrt{2}\,\sum_0^\infty He_{2n+1}(x)\,\frac{2^n}{(2\,n+1)!},$$

entsprechend für $t = i\,\sqrt{2}$ bzw. $t = -i\,\sqrt{2}$

$$e\,\cos(x\,\sqrt{2}) = \sum_0^\infty (-1)^n\,He_{2n}(x)\,\frac{2^n}{(2\,n)!},$$
$$e\,\sin(x\,\sqrt{2}) = \sqrt{2}\,\sum_0^\infty (-1)^n\,He_{2n+1}(x)\,\frac{2^n}{(2\,n+1)!}.$$

Integraldarstellung von $He_n(x)$.

$$He_n(x) = \frac{1}{\sqrt{2\,\pi}}\int_{-\infty}^{+\infty}(x + i\,t)^n\,e^{-t^2/2}\,dt.$$

Darstellung durch hypergeometrische Reihen:

$$He_{2n}(x) = \frac{(-1)^n}{2^n}\frac{(2n)!}{n!}\,{}_1F_1\left(-n;\ \frac{1}{2};\ \frac{x^2}{2}\right),$$

$$He_{2n+1}(x) = \frac{(-1)^n}{2^n}\frac{(2n+1)!}{n!}\,x\,{}_1F_1\left(-n;\ \frac{3}{2};\ \frac{x^2}{2}\right).$$

Es ist: $\left|\dfrac{He_n(x)}{n!}\right| \leqq \dfrac{1}{2^r}\dfrac{1}{r!}\,e^{x\sqrt{2r}};\quad r=\left[\dfrac{n}{2}\right];\quad x \text{ reell} > 0.$

Additionstheorem der HERMITEschen Polynome:

$$\frac{(a_1^2+\cdots a_n^2)^{n/2}}{n!}\,He_n\left(\frac{a_1 x_1+\cdots a_n x_n}{\sqrt{a_1^2+\cdots a_n^2}}\right)$$

$$= \sum_{m_1+\cdots m_n=n}\frac{a_1^{m_1}}{m_1!}\cdots\frac{a_n^{m_n}}{m_n!}\,He_{m_1}(x_1)\ldots He_{m_n}(x_n).$$

So ist z. B.:

$$2^n\,He_n(x+y) = \sum_{m=0}^{n}\binom{n}{m}2^{n/2}\,He_{n-m}(x\sqrt{2})\,He_m(y\sqrt{2}).$$

Orthogonalitätsrelationen:

$$\int\limits_{-\infty}^{+\infty}He_m(x)\,He_n(x)\,e^{-x^2/2}\,dx = 0 \qquad\qquad \text{für } m \neq n,$$

$$= n!\,\sqrt{2\pi} \qquad\qquad \text{für } m = n.$$

HERMITEsche Funktionen zweiter Art.
Die Differentialgleichung

$$y'' - x\,y' + n\,y = 0$$

besitzt außer der Lösung $y = He_n(x)$ noch eine zweite Lösung, die mit $he_n(x)$ bezeichnet wird.

$$he_{2n}(x) = (-1)^n\,2^n\,n!\,x\,{}_1F_1\left(\frac{1}{2}-n;\ \frac{3}{2};\ \frac{x^2}{2}\right),$$

$$he_{2n+1}(x) = (-1)^{n+1}\,2^n\,n!\,{}_1F_1\left(-\frac{1}{2}-n;\ \frac{1}{2};\ \frac{x^2}{2}\right)$$

mit

$$he_{2n}(0) = 0;\quad he_{2n+1}(0) = (-1)^{n+1}\,n!\,2^n.$$

Die Funktionen zweiter Art reduzieren sich nicht auf Polynome, sondern sind unendliche Reihen.

Die Rekursionsformeln für die $he_n(x)$ sind die gleichen wie die für die $He_n(x)$.

Beziehungen zwischen den He_n und he_n:

$$He_n(x)\,he_n'(x) - He_n'(x)\,he_n(x) = n!\,e^{x^2/2},$$

$$He_n(x)\,he_{n-1}(x) - He_{n-1}(x)\,he_n(x) = (n-1)!\,e^{x^2/2}, \qquad (n \geqq 1)$$

für $n = 0$:

$$he_0'(x) = e^{x^2/2};\quad he_0(x) = \int\limits_0^x e^{x^2/2}\,dx = x\,{}_1F_1\left(\frac{1}{2};\ \frac{3}{2};\ \frac{x^2}{2}\right).$$

§ 3. JACOBIsche Polynome.

Die hypergeometrischen Polynome von Jacobi sind definiert durch:

$$\mathfrak{F}_n(\alpha, \gamma, x) = F(-n, \alpha + n; \gamma; x)$$

$$= 1 + \sum_{k=1}^{n}(-1)^k \binom{n}{k}\frac{(\alpha + n)(\alpha + n + 1)\ldots(\alpha + n + k - 1)}{\gamma(\gamma + 1)\ldots(\gamma + k - 1)}x^k,$$

$$\mathfrak{F}_n(\alpha, \gamma, x) = \frac{x^{1-\gamma}(1 - x)^{\gamma-\alpha}}{(\gamma)_n}\frac{d^n}{dx^n}[x^{\gamma+n-1}(1 - x)^{\alpha+n-\gamma}],$$

$$\mathfrak{F}_0(\alpha, \gamma, x) = 1; \qquad \mathfrak{F}_n(\alpha, \gamma, 0) = 1,$$

$$\mathfrak{F}_1(\alpha, \gamma, x) = 1 - \frac{\alpha + 1}{\gamma}x,$$

$$\mathfrak{F}_2(\alpha, \gamma, x) = 1 - 2\frac{\alpha + 2}{\gamma}x + \frac{(\alpha + 2)(\alpha + 3)}{\gamma(\gamma + 1)}x^2,$$

$$\mathfrak{F}_3(\alpha, \gamma, x) = 1 - 3\frac{\alpha + 3}{\gamma}x + 3\frac{(\alpha + 3)(\alpha + 4)}{\gamma(\gamma + 1)}x^2 - \frac{(\alpha + 3)(\alpha + 4)(\alpha + 5)}{\gamma(\gamma + 1)(\gamma + 2)}x^3.$$

Alle n Nullstellen der Jacobischen Polynome sind voneinander verschieden und liegen im Intervall $0 \leq x \leq 1$.

Die $\mathfrak{F}_n(\alpha, \gamma, x)$ erfüllen die Differentialgleichung:

$$x(1 - x)y'' + [\gamma - (\alpha + 1)x]y' + n(\alpha + n)y = 0.$$

Spezialfälle: Die LEGENDREschen Polynome $P_n(x)$; die TSCHEBYSCHEFFschen Polynome $T_n(x)$ und die GEGENBAUERschen Polynome $C_n^\nu(x)$ sind Spezialfälle der JACOBIschen Polynome, und zwar ist:

$$P_n(x) = \mathfrak{F}_n\left(1, 1, \frac{1 - x}{2}\right) = F\left(-n, n + 1; 1; \frac{1 - x}{2}\right),$$

$$T_n(x) = \mathfrak{F}_n\left(0, \frac{1}{2}, \frac{1 - x}{2}\right) = F\left(n, -n; \frac{1}{2}; \frac{1 - x}{2}\right),$$

$$C_n^\nu(x) = (-1)^n\frac{(2\nu)_n}{n!}\mathfrak{F}_n\left(2\nu, \nu + \frac{1}{2}, \frac{1 + x}{2}\right)$$

$$= (-1)^n\frac{(2\nu)_n}{n!}F\left(-n, 2\nu + n; \nu + \frac{1}{2}; \frac{1 + x}{2}\right).$$

Orthogonalitätsrelationen:

$$\int_0^1 x^{\gamma-1}(1 - x)^{\alpha-\gamma}\mathfrak{F}_m\mathfrak{F}_n\,dx = 0, \qquad\qquad \text{für } m \neq n$$

$$\int_0^1 x^{\gamma-1}(1 - x)^{\alpha-\gamma}\mathfrak{F}_m\mathfrak{F}_n\,dx = \frac{\Gamma(\gamma)\,\Gamma(\alpha + 1 - \gamma)}{\Gamma(\alpha)}\frac{(\alpha + 1 - \gamma)_n}{(\alpha)_n(\gamma)_n}\frac{n}{\alpha + 2n},$$

$$\text{für } m = n \text{ und } \operatorname{Re}(\gamma) > 0; \operatorname{Re}(\alpha - \gamma) > -1.$$

§ 4. Laguerresche Polynome.

Die Laguerreschen Polynome $L_n^{(\alpha)}(x)$ sind definiert durch:

$$L_n^{(\alpha)}(x) = \frac{e^x\,x^{-\alpha}}{n!}\,\frac{d^n}{dx^n}\,(e^{-x}\,x^{n+\alpha});$$

$$L_n^{(\alpha)}(x) = \sum_{k=0}^{n}\binom{n+\alpha}{n-k}\frac{(-x)^k}{k!}.$$

Für den Spezialfall $\alpha = 0$ ist

$$L_n(x) = 1 - \binom{n}{1}x + \binom{n}{2}\frac{x^2}{2!} - \binom{n}{3}\frac{x^3}{3!} + \cdots,$$

$$L_0(x) = 1, \qquad\qquad L_3(x) = 1 - 3x + \frac{3}{2}x^2 - \frac{x^3}{6},$$

$$L_1(x) = 1 - x, \qquad\qquad L_4(x) = 1 - 4x + 3x^2 - \frac{2}{3}x^3 + \frac{x^4}{24},$$

$$L_2(x) = 1 - 2x + \frac{x^2}{2}, \quad L_5(x) = 1 - 5x + 5x^2 - \frac{5}{2}x^3 + \frac{5}{24}x^4 - \frac{x^5}{120},$$

$$L_0^n(x) = 1; \quad L_n(0) = 1; \quad L_n^{-n}(x) = (-1)^n\frac{x^n}{n!}.$$

Die $L_n^{(\alpha)}(x)$ genügen der Differentialgleichung:

$$x\,y'' + (\alpha + 1 - x)\,y' + n\,y = 0.$$

Rekursionsformeln:

$$n\,L_n^{(\alpha)}(x) = (-x + 2n + \alpha - 1)\,L_{n-1}^{(\alpha)}(x) - (n + \alpha - 1)\,L_{n-2}^{(\alpha)}(x);$$
$$n = 2, 3, 4, \ldots.$$

Die Nullstellen der Laguerreschen Polynome $L_n^{(\alpha)}(x)$ sind reell, positiv und einfach.

Darstellung von $L_n^{(\alpha)}(x)$ durch hypergeometrische Reihen:

$$L_n^{(\alpha)}(x) = \frac{(\alpha + 1)_n}{n!}\,{}_1F_1(-n;\ \alpha + 1;\ x).$$

Darstellung von $L_n^{(\alpha)}(x)$ durch eine erzeugende Funktion:

$$\frac{e^{-xt/(1-t)}}{(1-t)^{\alpha+1}} = \sum_{0}^{\infty}L_n^{(\alpha)}(x)\,t^n. \qquad\qquad |t| < 1$$

Zusammenhang mit den Hermiteschen Polynomen:

$$He_{2n}(x) \quad = (-2)^n\,n!\,L_n^{(-\frac12)}\left(\frac{x^2}{2}\right),$$

$$He_{2n+1}(x) = (-2)^n\,n!\,x\,L_n^{(\frac12)}\left(\frac{x^2}{2}\right).$$

Zusammenhang mit den Besselschen Funktionen:

$$\sum_0^\infty \frac{L_n^{(\alpha)}(x)}{\Gamma(n+1+\alpha)}\, t^n = e^t\,(x\,t)^{-\alpha/2}\, J_\alpha(2\sqrt{xt}\,), \qquad \alpha > -1$$

für $\alpha = 0$:
$$\sum_0^\infty \frac{L_n(x)}{n!}\, t^n = e^t\, J_0(2\sqrt{xt}\,).$$

Summenformeln:

$$1 + \sum_{n=1}^\infty [L_n(x) - L_{n-1}(x)]^2 = e^x,$$

$$(1+t)^\alpha\, e^{-xt} = \sum_{n=0}^\infty L_n^{(\alpha-n)}(x)\, t^n, \qquad |t| < 1$$

$$\int_0^t L_n(x)\, dx = L_n(t) - L_{n+1}(t)$$

$$\sum_0^\infty \Big[\int_0^t L_n(x)\, dx\Big]^2 = e^t - 1, \qquad t \geqq 0$$

$$L_n^{(\alpha)}(x) = \sum_{k=0}^n \frac{\Gamma(\alpha-\beta+k)}{k!\,\Gamma(\alpha-\beta)}\, L_{n-k}^{(\beta)}(x)\,,$$

$$[L_n^{(\alpha)}(x)]^2 = \frac{\Gamma(1+\alpha+n)}{n!} \sum_{k=0}^\infty \frac{(2n-2k)!\,(2k)!}{\Gamma(1+\alpha+k)}\, \frac{L_{2k}^{(2\alpha)}(2x)}{(n-k)!}\,,$$

$$L_n^{(\alpha)}(x)\, L_n^{(\alpha)}(y) = \frac{\Gamma(1+\alpha+n)}{n!} \sum_{k=0}^\infty \frac{L_{n-k}^{(\alpha+2k)}(x+y)}{\Gamma(1+\alpha+k)}\, \frac{(xy)^k}{k!}$$

$$(1+t)^\alpha\, e^{-xt} = \sum_0^\infty L_n^{(\alpha-n)}(x)\, t^n. \qquad |t| < 1$$

Additionstheoreme der Laguerreschen Polynome:

$$L_n^{(\alpha_1+\alpha_2+\cdots\alpha_k+k-1)}(x_1+x_2+\cdots x_k) = \sum_{(i_1+i_2+\cdots i_k=n)} L_{i_1}^{(\alpha_1)}(x_1)\, L_{i_2}^{(\alpha_2)}(x_2) \ldots L_{i_k}^{(\alpha_k)}(x_k),$$

$$L_n^{(\alpha)}(x+y) = e^v \sum_{k=0}^\infty \frac{(-1)^k}{(k)!}\, y^k\, L_n^{(\alpha+k)}(x).$$

Orthogonalitätsrelationen:

$$\int_0^\infty e^{-x}\, x^\alpha\, L_m^{(\alpha)}(x)\, L_n^{(\alpha)}(x)\, dx = 0, \qquad \text{für } m \neq n$$

$$= \Gamma(1+\alpha) \binom{n+\alpha}{n} \quad \text{für } m = n$$

Soninesche *Polynome*. In engem Zusammenhang mit den Laguerreschen Polynomen stehen die Sonineschen Polynome $T_\alpha^{(n)}(x)$, gegeben durch:

$$T_\alpha^{(n)}(x) = \frac{(-1)^n}{\Gamma(\alpha+n+1)}\, L_n^{(\alpha)}(x).$$

Es gilt für diese:

$$|T_\alpha^{(n)}(x)| < n!\,\alpha!\,e^{\frac{1}{2}x};\quad \alpha \text{ und } n+1 \text{ positiv und ganz};\ x > 0.$$

Weitere Formeln für die LAGUERREschen Polynome in Kapitel VI, § 4 und Kapitel VIII, § 2.

Sechstes Kapitel.
Die konfluente hypergeometrische Funktion und ihre Spezialfälle.

§ 1. Die Funktionen von KUMMER.

Die konfluente hypergeometrische Funktion entsteht aus der Lösung einer RIEMANNschen Differentialgleichung

$$P\left\{\begin{matrix} 0, & \infty, & c \\ \tfrac{1}{2}+\mu, & -c, & c-\varkappa; \ z \\ \tfrac{1}{2}-\mu, & 0, & \varkappa \end{matrix}\right\}$$

durch den Grenzübergang $c \to \infty$; sie hängt noch von zwei Parametern $\varkappa$ und μ ab und ist allgemein definiert als eine Lösung u der Differentialgleichung

$$(1)\qquad \frac{d^2u}{dz^2} + \frac{du}{dz} + \left(\frac{\varkappa}{z} + \frac{\tfrac{1}{4}-\mu^2}{z^2}\right)u = 0;$$

sie kann als lineare Kombination der Funktionen

$$(2)\qquad \begin{aligned} &z^{\frac{1}{2}+\mu}\,e^{-z}\,{}_1F_1(\tfrac{1}{2}+\mu-\varkappa;\quad 2\mu+1;\ z) \\ &z^{\frac{1}{2}-\mu}\,e^{-z}\,{}_1F_1(\tfrac{1}{2}-\mu-\varkappa;\ -2\mu+1;\ z) \end{aligned}$$

dargestellt werden, sofern 2μ nicht gleich einer der Zahlen $\pm 1, \pm 2, \pm 3, \ldots$ ist, da in diesem Falle eine der Funktionen ${}_1F_1$ in (2) nicht mehr definiert ist[1]. Die Funktion

$$(3)\qquad v(z) = {}_1F_1(a;\ c;\ z) \equiv 1 + \frac{a}{c}\,\frac{z}{1!} + \frac{a(a+1)}{c(c+1)}\,\frac{z^2}{2!} + \cdots$$

heißt KUMMER*sche Funktion*; sie wird vielfach auch als konfluente hypergeometrische Funktion bezeichnet[2] und genügt der KUMMER*schen Differentialgleichung*

$$(4)\qquad z\frac{d^2v}{dz^2} + (c-z)\frac{dv}{dz} - a\,v = 0;$$

---

[1] Für $\mu = \varkappa = 0$ wird $z^{-1/2}\,e^{z/2}\,u$ eine Zylinderfunktion vom Index Null mit dem Argument $\dfrac{iz}{2}$.

[2] So bei JAHNKE-EMDE, wo ${}_1F_1$ mit M bezeichnet wird.

sie ist eine ganze Funktion von z. Die Differentialgleichung (4) besitzt zwei linear unabhängige Lösungen $\overset{0}{v_1}$ und $\overset{0}{v_2}$, welche ein einfaches Verhalten bei $z = 0$ zeigen, nämlich (für $c \neq 1, 2, 3, \ldots$)

$$\overset{0}{v_1}(z) = {}_1F_1(a;\ c;\ z) \equiv \sum_{n=0}^{\infty} \frac{(a)_n}{(c)_n} \frac{z^n}{n!}$$

$$\overset{0}{v_2}(z) = z^{1-c}\, {}_1F_1(a - c + 1;\ 2 - c;\ z),$$

und zwei linear unabhängige Lösungen $\overset{\infty}{v_1}$ und $\overset{\infty}{v_2}$, welche bei $z = \infty$ eine einfache asymptotische (semikonvergente) Entwicklung besitzen, nämlich

$$\overset{\infty}{v_1}(z) \approx z^{-a} \sum_{n=0}^{\infty} \frac{(a)_n\,(a - c + 1)_n}{n!} (-z)^{-n},$$

$$\overset{\infty}{v_2}(z) \approx e^z z^{a-c} \sum_{n=0}^{\infty} \frac{(c - a)_n\,(1 - a)_n}{n!} z^{-n}$$

$$\left(-\tfrac{3}{2}\pi < \arg z < \tfrac{1}{2}\pi\right);$$

diese hängen mit $\overset{0}{v_1}$ und $\overset{0}{v_2}$ zusammen durch die Beziehungen

$$\overset{0}{v_1} = e^{-i\pi a} \frac{\Gamma(c)}{\Gamma(c - a)} \overset{\infty}{v_1} + \frac{\Gamma(c)}{\Gamma(a)} \overset{\infty}{v_2},$$

$$\overset{0}{v_2} = e^{-i\pi(a-c+1)} \frac{\Gamma(2 - c)}{\Gamma(1 - a)} \overset{\infty}{v_1} + \frac{\Gamma(2 - c)}{\Gamma(a - c + 1)} \overset{\infty}{v_2}$$

$$\left(-\tfrac{3}{2}\pi < \arg z < \tfrac{1}{2}\pi\right).$$

Elementare Umformungen und Rekursionsformeln:

$$\frac{d}{dz}\, {}_1F_1(a;\ c;\ z) = \frac{a}{c}\, {}_1F_1(a + 1;\ c + 1;\ z),$$

$${}_1F_1(a;\ 2a;\ 2z) = e^z\, {}_0F_1(a + \tfrac{1}{2};\ \tfrac{1}{4}z^2)$$
$$= 2^{a-\frac{1}{2}} e^{-i\pi(a-\frac{1}{2})/2}\, \Gamma(a + \tfrac{1}{2})\, e^z z^{\frac{1}{2}-a}\, J_{a-\frac{1}{2}}(z\, e^{i\pi/2}),$$

$${}_1F_1(a;\ c;\ z) = e^z\, {}_1F_1(c - a;\ c;\ -z),$$

$$a\, {}_1F_1(a+1;\ c+1;\ z) = (a - c)\, {}_1F_1(a;\ c+1;\ z) + c\, {}_1F_1(a;\ c;\ z),$$

$$a\, {}_1F_1(a + 1;\ c;\ z) = (z + 2a - c)\, {}_1F_1(a;\ c;\ z) +$$
$$+ (c - a)\, {}_1F_1(a - 1;\ c;\ z)$$

$$\lim_{c \to -n} \frac{1}{\Gamma(c)} {}_1F_1(a;\ c;\ z) = \frac{z^{n+1}(a)_{n+1}}{(n + 1)!}\, {}_1F_1(a + n + 1;\ n + 2;\ z)$$

$$(n = 0, 1, 2, \ldots).$$

Integraldarstellungen:

$${}_1F_1(a;\ c;\ z) = \frac{\Gamma(c)}{\Gamma(a)\,\Gamma(c - a)}\, z^{1-c} \int_0^z e^t t^{a-1}\, (z - t)^{c-a-1}\, dt$$

$$(0 < \operatorname{Re} a < \operatorname{Re} c),$$

$$_1F_1(a;\ c;\ z) = \frac{\Gamma(c)\,2^{1-c}}{\Gamma(a)\,\Gamma(c-a)}\,e^{z/2}\int\limits_{-1}^{+1} e^{zt/2}\,(1-t)^{c-a-1}\,(1+t)^{a-1}\,dt$$

$$(0 < \operatorname{Re} a < \operatorname{Re} c),$$

$$\frac{\Gamma(\alpha+\nu+1)}{\Gamma(\alpha+1)}\,_1F_1(-\nu;\ \alpha+1;\ z) = e^z\,z^{-\alpha/2}\int\limits_0^\infty e^{-t}\,t^{\nu+\frac{\alpha}{2}}\,J_\alpha(2\,\sqrt{z\,t})\,dt$$

$$\left[\operatorname{Re}(\alpha+\nu+1) > 0;\quad |\arg z| < \frac{\pi}{2}\right].$$

Weitere Resultate sind in den Formeln von § 2 und von Kap. VIII, § 2, enthalten. Man vergleiche auch § 4a.

§ 2. Die Funktionen von WHITTAKER.

Führt man in der Differentialgleichung (1) von § 1 die Funktion $W = e^{z/2}\,u$ ein, so erhält man für W eine Differentialgleichung, welche $\frac{dW}{dz}$ nicht enthält, nämlich

$$(5)\qquad \frac{d^2W}{dz^2} + \left(-\frac{1}{4} + \frac{\varkappa}{z} + \frac{\frac{1}{4}-\mu^2}{z^2}\right)W = 0.$$

Für diese Differentialgleichung sind die Funktionen

$$M_{\varkappa,\mu}(z) = z^{\mu+\frac{1}{2}}\,e^{-z/2}\,_1F_1\left(\mu-\varkappa+\tfrac{1}{2};\ 2\mu+1;\ z\right),$$

$$M_{\varkappa,-\mu}(z) = z^{-\mu+\frac{1}{2}}\,e^{-z/2}\,_1F_1\left(-\mu-\varkappa+\tfrac{1}{2};\ -2\mu+1;\ z\right)$$

ein System von linear unabhängigen Lösungen, sofern $2\mu \neq 0,\ \pm 1,$ $\pm 2, \pm 3, \ldots$ ist. Um auch für $2\mu = \pm 1, \pm 2, \pm 3, \ldots$ Lösungen zu erhalten, kann man entweder die Funktionen

$$N_{\varkappa,\mu}(z) = \frac{z^{\mu-\frac{1}{2}}}{\Gamma(2\mu+1)}\,M_{\varkappa,\mu}(z) = \frac{z^{2\mu}\,e^{-z/2}}{\Gamma(2\mu+1)}\,_1F_1\left(\mu+\tfrac{1}{2}-\varkappa;\ 2\mu+1;\ z\right)$$

einführen, welche auch für $2\mu = -1, -2, -3, \ldots$ definiert bleiben, da für $\mu = -\frac{1}{2}n$ und $n = 1, 2, 3, \ldots$

$$N_{\varkappa,-\frac{1}{2}n}(z) = \frac{\Gamma\left(\dfrac{1}{2}+\dfrac{n}{2}-\varkappa\right)}{n!\,\Gamma\left(\dfrac{1}{2}-\dfrac{n}{2}-\varkappa\right)}\,z^{-\frac{n+1}{2}}\,M_{\varkappa,\frac{1}{2}n}(z)$$

ist; es wird dann $z^{\frac{1}{2}-\mu}\,N_{\varkappa,\mu}(z)$ eine Lösung von (5), welche für alle Werte von μ definiert ist. Oder aber man kann die Funktionen

$$W_{\varkappa,\mu}(z) = \frac{\Gamma(-2\mu)}{\Gamma(\frac{1}{2}-\mu-\varkappa)}\,M_{\varkappa,\mu}(z) + \frac{\Gamma(2\mu)}{\Gamma(\frac{1}{2}+\mu-\varkappa)}\,M_{\varkappa,-\mu}(z)$$

einführen; diese heißen „*Funktionen von* WHITTAKER", und streben Lösungen von (5) zu, wenn 2μ sich einer der Zahlen $\pm 1, \pm 2, \pm 3$

nähert. $W_{\varkappa,\mu}(z)$ *und* $W_{-\varkappa,\mu}(-z)$ *sind in jedem Falle linear unabhängige Lösungen von* (5); es ist stets

$$W_{\varkappa,\mu}(z) = W_{\varkappa,-\mu}(z).$$

Die Funktionen $N_{\varkappa,\mu}(z)$, $M_{\varkappa,\mu}(z)$, $W_{\varkappa,\mu}(z)$ sind im allgemeinen mehrdeutige Funktionen von z mit $z = 0$ als Verzweigungspunkt und $z = \infty$ als wesentlich singulärer Stelle; sie sollen im folgenden nur außerhalb der negativen reellen Achse, d. h. für $|\arg z| < \pi$ betrachtet werden.

Die Funktionen von WHITTAKER sind so normiert, daß sie eine einfache asymptotische (semikonvergente) Entwicklung bei $z = \infty$ besitzen. Es gilt nämlich in jedem Winkelraum $|\arg z| \leqq \pi - \delta$, $\delta > 0$:

$$W_{\varkappa,\mu}(z) \approx e^{-z/2}\, z^{\varkappa} \left(1 + \sum_{n=1}^{\infty} \frac{[\mu^2 - (\varkappa - \frac{1}{2})^2]\,[\mu^2 - (\varkappa - \frac{3}{2})^2] \ldots [\mu^2 - (\varkappa - n + \frac{1}{2})^2]}{n!\, z^n}\right).$$

Elementare Beziehungen und Umformungen:

$$M_{\varkappa,\mu}(z) = e^{-i\pi(\mu+\frac{1}{2})}\, M_{-\varkappa,\mu}(z\, e^{i\pi}),$$

$$N_{\varkappa,\mu}(z\, e^{\pm i\pi}) = e^{\pm 2\mu\pi i}\, N_{-\varkappa,\mu}(z),$$

$$M_{n+\mu+\frac{1}{2},\,\mu}(z) = \frac{z^{\frac{1}{2}-\mu}\, e^{z/2}}{(2\mu+1)_n}\, \frac{d^n}{dz^n}\,(z^{n+2\mu}\, e^{-z})$$

$$(n = 0,\, 1,\, 2,\, \ldots;\ 2\mu \neq -1,\, -2,\, -3,\, \ldots),$$

$$M_{0,\mu}(z) = z^{\frac{1}{2}+\mu}\, {}_0F_1\left(;\ \mu + \frac{1}{2};\ \frac{z^2}{4}\right),$$

$$W_{-\varkappa,\mu}(-z) = \frac{\Gamma(-2\mu)}{\Gamma(\frac{1}{2}-\mu+\varkappa)}\, M_{-\varkappa,\mu}(-z) + \frac{\Gamma(2\mu)}{\Gamma(\frac{1}{2}+\mu+\varkappa)}\, M_{-\varkappa,-\mu}(-z)$$

$$[\,|\arg(-z)| < \tfrac{3}{4}\pi;\ 2\mu \neq 0,\, \pm 1,\, \pm 2,\, \ldots\,].$$

Rekursionsformeln:

$$W_{\mu,\varkappa}(z) = z^{\frac{1}{2}}\, W_{\varkappa-\frac{1}{2},\,\mu-\frac{1}{2}}(z) + (\tfrac{1}{2} - \varkappa + \mu)\, W_{\varkappa-1,\mu}(z),$$

$$= z^{\frac{1}{2}}\, W_{\varkappa-\frac{1}{2},\,\mu+\frac{1}{2}}(z) + (\tfrac{1}{2} - \varkappa - \mu)\, W_{\varkappa-1,\mu}(z),$$

$$z\, \frac{d}{dz}\, W_{\mu,\varkappa}(z) = (\varkappa - \tfrac{1}{2}z)\, W_{\varkappa,\mu}(z) - [\mu^2 - (\varkappa - \tfrac{1}{2})^2]\, W_{\varkappa-1,\mu}(z),$$

$$\left[\left(\mu + \frac{1-z}{2}\right) W_{\varkappa,\mu}(z) - z\, \frac{d}{dz}\, W_{\varkappa,\mu}(z)\right](\mu + \tfrac{1}{2} + \varkappa)$$

$$= \left[\left(\mu + \frac{1+z}{2}\right) W_{\varkappa,\mu+1}(z) + z\, \frac{d}{dz}\, W_{\varkappa,\mu+1}(z)\right](\mu + \tfrac{1}{2} - \varkappa),$$

$$(\tfrac{3}{2} + \varkappa + \mu)(\tfrac{1}{2} + \varkappa + \mu)\, z\, W_{\varkappa,\mu}(z) = z(z + 2\mu + 1)\, \frac{d}{dz}\, W_{\varkappa+1,\,\mu+1}(z) +$$

$$+ \left[\tfrac{1}{2} z^2 + (\mu - \varkappa - \tfrac{1}{2})\, z + 2\mu^2 + 2\mu + \tfrac{1}{2}\right] W_{\varkappa+1,\,\mu+1}(z).$$

Verhalten für große Werte von $\operatorname{Re} \varkappa$: Es gilt für $\operatorname{Re} \varkappa \gg 1$, wenn $\operatorname{Re} \varkappa \gg |z|, |\mu|$ und wenn $\operatorname{Re} z > 0$ ist:

$$M_{\varkappa,\mu}(z) \sim \frac{1}{\sqrt{\pi}} \Gamma(2\mu + 1)\, \varkappa^{-\mu-\frac{1}{4}}\, z^{\frac{1}{4}} \cos\left(2\sqrt{z\varkappa} - \mu\pi - \tfrac{1}{4}\pi\right).$$

Integraldarstellungen:

$$W_{\varkappa,\mu}(z) = \frac{z^{\mu+\frac{1}{2}}\, e^{-z/2}}{\Gamma(\mu + \frac{1}{2} - \varkappa)} \int\limits_0^\infty e^{-z\tau}\, \tau^{\mu-\varkappa-\frac{1}{2}}\, (1+\tau)^{\mu+\varkappa-\frac{1}{2}}\, d\tau,$$

$$= \frac{z^{\varkappa}\, e^{-z/2}}{\Gamma(\mu + \frac{1}{2} - \varkappa)} \int\limits_0^\infty t^{\mu-\varkappa-\frac{1}{2}}\, e^{-t} \left(1 + \frac{t}{z}\right)^{\mu+\varkappa-\frac{1}{2}} dt$$

$$\left[\operatorname{Re}\left(\mu + \tfrac{1}{2} - \varkappa\right) > 0,\ |\arg z| < \pi\right],$$

$$W_{\varkappa,\mu}(z) = \frac{e^{-z/2}}{2\pi i} \int\limits_{-i\infty}^{+i\infty} \frac{\Gamma(s - \varkappa)\, \Gamma(-s - \mu + \frac{1}{2})\, \Gamma(-s + \mu + \frac{1}{2})}{\Gamma(-\varkappa + \mu + \frac{1}{2})\, \Gamma(-\varkappa - \mu + \frac{1}{2})}\, z^s\, ds;$$

in dieser Integraldarstellung von BARNES ist der Integrationsweg so zu wählen, daß er die Pole von $\Gamma(s - \varkappa)$ von den Polen von $\Gamma(-s - \mu + \frac{1}{2})$ und $\Gamma(-s + \mu + \frac{1}{2})$ trennt.

$$W_{\varkappa,\mu}(z) = \frac{z}{2} \int\limits_1^\infty e^{-zt/2} \left(\frac{t+1}{t-1}\right)^{\varkappa/2} \mathfrak{P}^{\varkappa}_{\mu-\frac{1}{2}}(t)\, dt$$

$$(\operatorname{Re}\varkappa < 1,\ \mu - \tfrac{1}{2} \neq 0, \pm 1, \pm 2, \ldots),$$

$$\frac{\Gamma(2\varkappa)\, \Gamma(2\mu - 2\varkappa + 1)}{\Gamma(2\mu + 1)}\, M_{\varkappa,\mu}(t)$$

$$= t^{\frac{1}{2}-\mu} \int\limits_0^t e^{-(t-\tau)/2}\, (t-\tau)^{2\varkappa-1}\, \tau^{\mu-\varkappa-\frac{1}{2}}\, M_{0,\mu-\varkappa}(\tau)\, d\tau$$

$$= \Gamma(\mu - \varkappa + 1)\, e^{-i(\mu-\varkappa)\pi/2}\, 2^{2(\mu-\varkappa)}\, t^{\varkappa+\frac{1}{2}}\, e^{-t/2} \int\limits_0^1 e^{st/2}\, (1-s)^{2\varkappa-1}\, s^{\mu-\varkappa} \times$$

$$\times J_{\mu-\varkappa}\left(\frac{ist}{2}\right) ds$$

$$[t\ \text{reell und positiv},\ \operatorname{Re}(\mu - \varkappa) > -\tfrac{1}{2},\ \operatorname{Re}\varkappa > 0].$$

Man vergleiche hierzu § 1 und § 4a; weitere Integraldarstellungen sind in den Resultaten von Kapitel VIII, § 2 enthalten.

Formeln für das Produkt von zwei WHITTAKER*schen Funktionen:*

$$W_{\varkappa,\mu}(x)\, W_{-\varkappa,\mu}(x) = -x \int\limits_0^\infty \left(\frac{\mathfrak{Sin}\,\frac{t}{2}}{\mathfrak{Cos}\,\frac{t}{2}}\right)^{2\varkappa} \left\{\begin{matrix} J_{2\mu}(x\,\mathfrak{Sin}\,t)\, \sin\left[(\mu - \varkappa)\pi\right] \\ + N_{2\mu}(x\,\mathfrak{Sin}\,t)\, \cos\left[(\mu - \varkappa)\pi\right]\end{matrix}\right\} dt$$

$$(|\operatorname{Re}\mu| - \operatorname{Re}\varkappa < \tfrac{1}{2};\ x\ \text{reell und positiv}),$$

$$W_{\varkappa,\mu}(iz)\,W_{\varkappa,\mu}(-iz) = \frac{2z}{\Gamma(\tfrac{1}{2}+\mu-\varkappa)\,\Gamma(\tfrac{1}{2}-\mu-\varkappa)}\int\limits_0^\infty\left(\frac{\mathfrak{Cof}\,\frac{t}{2}}{\mathfrak{Sin}\,\frac{t}{2}}\right)^{2\varkappa}K_{2\mu}(z\,\mathfrak{Sin}\,t)\,dt$$

$$\left(\,|\arg z|\leqq\frac{\pi}{2}\,;\ |\mathrm{Re}\,\mu|+\mathrm{Re}\,\varkappa<\frac{1}{2}\,\right),$$

$$W_{\varkappa,\mu}(z)\,W_{\lambda,\mu}(\zeta) = \frac{(z\zeta)^{\mu+\frac{1}{2}}\,e^{-\frac{1}{2}(z+\zeta)}}{\Gamma(1-\varkappa-\lambda)}\int\limits_0^\infty e^{-t}t^{-\varkappa-\lambda}(z+t)^{-\frac{1}{2}-\varkappa-\mu}(\zeta+t)^{-\frac{1}{2}+\lambda-\mu}\times$$

$$\times\,_2F_1(\tfrac{1}{2}-\varkappa+\mu,\ \tfrac{1}{2}-\lambda+\mu;\ 1-\varkappa-\lambda;\ \Theta)\,dt$$

mit

$$\Theta = \frac{t(z+\zeta+t)}{(z+t)(\zeta+t)}\,;\ z\neq0,\ \zeta\neq0,\ |\arg z|<\pi,\ |\arg\zeta|<\pi,$$

$$\mathrm{Re}\,(1-\varkappa-\lambda)>0,$$

$$W_{\varkappa,\mu}(z)\,W_{\lambda,\mu}(z) = \frac{\Gamma(1-\varkappa-\lambda)\,\Gamma(-2\mu)}{\Gamma(\tfrac{1}{2}-\varkappa-\mu)\,\Gamma(\tfrac{1}{2}-\lambda-\mu)}\,z^{\mu+\frac{1}{2}}\,e^{-\frac{1}{2}z}\times$$

$$\times\sum_{n=0}^\infty\frac{(\tfrac{1}{2}-\varkappa+\mu)_n\,(\tfrac{1}{2}-\lambda+\mu)_n}{(1+2\mu)_n\,n!}\,z^n\,W_{\varkappa+\lambda-\mu-n-\frac{1}{2},\,n+\mu}(z)\ +$$

$$+\,\frac{\Gamma(1-\varkappa-\lambda)\,\Gamma(2\mu)}{\Gamma(\tfrac{1}{2}-\varkappa+\mu)\,\Gamma(\tfrac{1}{2}-\lambda+\mu)}\,z^{-\mu+\frac{1}{2}}\,e^{-\frac{1}{2}z}\sum_{n=0}^\infty\frac{(\tfrac{1}{2}-\varkappa-\mu)_n\,(\tfrac{1}{2}-\lambda-\mu)_n}{(1-2\mu)_n\,n!}\,z^n\times$$

$$\times\,W_{\varkappa+\lambda+\mu-n-\frac{1}{2},\,n-\mu}(z)$$

$$[|\arg z|<\pi;\ \mathrm{Re}\,(\varkappa+\lambda)>0;\ \varkappa+\lambda\neq1,2,3,\ldots;\ 2\mu\neq0,\pm1,\pm2,\ldots].$$

Ein Multiplikationstheorem für $e^{-z/2}\,N_{\varkappa,\mu}(z)$:

$$e^{-\frac{1}{2}\alpha z}\,N_{\varkappa,\mu}(\alpha z) = \alpha^{2\mu}\sum_{n=0}^\infty\frac{(\varkappa+\mu+\tfrac{1}{2})_n}{n!}\,(1-\alpha)^n\,e^{-\frac{1}{2}z}\,N_{\varkappa+\frac{n}{2},\,\mu+\frac{n}{2}}(z).$$

§ 3. Die Funktionen des parabolischen Zylinders (Funktionen von WEBER und HERMITE).

Die Funktionen

$$D_\nu(z) = 2^{\frac{1}{4}+\nu/2}\,z^{-\frac{1}{2}}\,W_{\frac{1}{4}+\nu/2,\,-\frac{1}{4}}\left(\frac{z^2}{2}\right)$$

$$= 2^{\nu/2}\,e^{-z^2/4}\left[\frac{\Gamma(\tfrac{1}{2})}{\Gamma\!\left(\dfrac{1-\nu}{2}\right)}\,{}_1F_1\!\left(\frac{-\nu}{2};\ \frac{1}{2};\ \frac{z^2}{2}\right)+\frac{z}{\sqrt{2}}\frac{\Gamma(-\tfrac{1}{2})}{\Gamma\!\left(\dfrac{-\nu}{2}\right)}\,{}_1F_1\!\left(\frac{1-\nu}{2};\ \frac{3}{2};\ \frac{z^2}{2}\right)\right]$$

heißen „Funktionen des parabolischen Zylinders".

Sie sind ganze transzendente Funktionen von z; die Differentialgleichung

$$\frac{d^2u}{dz^2}+(\nu+\tfrac{1}{2}-\tfrac{1}{4}z^2)\,u=0$$

besitzt die Lösungen

$$u = D_\nu(z),\ D_\nu(-z),\ D_{-\nu-1}(iz),\ D_{-\nu-1}(-iz),$$

zwischen denen die linearen Beziehungen bestehen:

$$D_\nu(z) = \frac{\Gamma(\nu+1)}{\sqrt{2\pi}}\left[e^{i\nu\pi/2}D_{-\nu-1}(iz) + e^{-i\nu\pi/2}D_{-\nu-1}(-iz)\right]$$

$$= e^{-\nu\pi i}D_\nu(-z) + \frac{\sqrt{2\pi}}{\Gamma(-\nu)}e^{-i(\nu+1)\pi/2}D_{-\nu-1}(iz)$$

$$= e^{\nu\pi i}D_\nu(-z) + \frac{\sqrt{2\pi}}{\Gamma(-\nu)}e^{i(\nu+1)\pi/2}D_{-\nu-1}(-iz).$$

Die Anfangswerte von $D_\nu(z)$ sind:

$$D_\nu(0) = \frac{\Gamma(\tfrac{1}{2})\,2^{\nu/2}}{\Gamma\left(\dfrac{1-\nu}{2}\right)};\ \ D_\nu'(0) = \frac{\Gamma(-\tfrac{1}{2})\,2^{(\nu-1)/2}}{\Gamma\left(-\dfrac{\nu}{2}\right)}.$$

Rekursionsformeln:

$$D_{\nu+1}(z) - z\,D_\nu(z) + \nu\,D_{\nu-1}(z) = 0,$$

$$\frac{d}{dz}D_\nu(z) + \tfrac{1}{2}z\,D_\nu(z) - \nu\,D_{\nu-1}(z) = 0,$$

$$\frac{d}{dz}D_\nu(z) - \tfrac{1}{2}z\,D_\nu(z) + D_{\nu+1}(z) = 0.$$

Für große Werte von $|z|$, $(|z|\gg 1,\ |z|\gg|\nu|)$, gelten *asymptotische Entwicklungen* für $D_\nu(z)$:

$$D_\nu(z) \approx e^{-z^2/4}\,z^\nu\left(1 - \frac{\nu(\nu-1)}{2\,z^2} + \frac{\nu(\nu-1)(\nu-2)(\nu-3)}{2\cdot 4\,z^2} \mp \cdots\right)$$

$$\text{für } |\arg z| < \tfrac{3}{4}\pi,$$

$$D_\nu(z) \approx e^{-z^2/4}\,z^\nu\left(1 - \frac{\nu(\nu-1)}{2\,z^2} + \frac{\nu(\nu-1)(\nu-2)(\nu-3)}{2\cdot 4\,z^2} \mp \cdots\right)$$

$$-\frac{\sqrt{2\pi}}{\Gamma(-\nu)}e^{\nu\pi i}e^{z^2/4}z^{-\nu-1}\left(1 + \frac{(\nu+1)(\nu+2)}{2\,z^2} + \frac{(\nu+1)(\nu+2)(\nu+3)(\nu+4)}{2\cdot 4\,z^2} + \cdots\right)$$

$$\text{für } \frac{5}{4}\pi > \arg z > \frac{\pi}{4},$$

$$D_\nu(z) \approx e^{-z^2/4}\,z^\nu\left(1 - \frac{\nu(\nu-1)}{2\,z^2} + \frac{\nu(\nu-1)(\nu-2)(\nu-3)}{2\cdot 4\,z^2} \mp \cdots\right)$$

$$-\frac{\sqrt{2\pi}}{\Gamma(-\nu)}e^{-\nu\pi i}e^{z^2/4}z^{-\nu-1}\left(1 + \frac{(\nu+1)(\nu+2)}{2\,z^2} + \frac{(\nu+1)(\nu+2)(\nu+3)(\nu+4)}{2\cdot 4\,z^2} + \cdots\right)$$

$$\text{für } -\frac{\pi}{4} > \arg z > -\frac{5}{4}\pi.$$

Integraldarstellungen:

$$D_\nu(z) = \frac{1}{\sqrt{\pi}}\,2^{\nu+\frac{1}{2}}e^{-\nu\pi i/2}e^{z^2/4}\int_{-\infty}^{+\infty}t^\nu e^{-2t^2-2itz}\,dt$$

$$[\arg(-1)^\nu = \nu\pi i \text{ für } t < 0;\ \operatorname{Re}\nu > -1],$$

$$D_\nu(z) = \frac{e^{-z^2/4}}{\Gamma(-\nu)} \int_0^\infty e^{-zt-t^2/2} t^{-\nu-1}\, dt \qquad (\operatorname{Re}\nu < 0),$$

$$D_{-\nu-1}(z e^{i\pi/4}) D_{-\nu-1}(z e^{-i\pi/4}) = \frac{\sqrt{\pi}}{\Gamma(\nu+1)} \int_0^\infty e^{-tz} J_{\nu+\frac12}\left(\frac{t^2}{2}\right) dt \qquad (\operatorname{Re}\nu > -1),$$

$$D_\nu(x) D_{-\nu-1}(x) = -\frac{1}{\sqrt{\pi}} \int_0^\infty \left(\frac{\mathfrak{Cof}\,\frac{t}{2}}{\mathfrak{Sin}\,\frac{t}{2}}\right)^{\nu+\frac12} \frac{1}{\sqrt{\mathfrak{Sin}\,t}} \sin \tfrac12 (x^2\,\mathfrak{Sin}\,t + \nu\pi)\, dt$$

$$(x \text{ reell, } \operatorname{Re}\nu < 0),$$

$$D_\nu(z e^{i\pi/4}) D_\nu(z e^{-i\pi/4}) = \frac{1}{\Gamma(-\nu)} \int_0^\infty \left(\frac{\mathfrak{Cof}\,t}{\mathfrak{Sin}\,t}\right)^\nu e^{-\frac12 z^2\,\mathfrak{Sin}\,2t} \frac{dt}{\mathfrak{Sin}\,t}$$

$$\left(|\arg z| < \frac{\pi}{4}; \quad \operatorname{Re}\nu < 0\right),$$

$$e^{ix^2/2} D_{-\nu-1}[(1+i)x] = \frac{2^{-(\nu-1)/2}}{\Gamma\left(\frac{\nu+1}{2}\right)} \int_0^\infty \frac{e^{-ix^2t^2}\,t^\nu}{(1+t^2)^{1+\nu/2}}\, dt$$

$$(\operatorname{Re}\nu > -1; \quad \operatorname{Re} ix^2 \geqq 0),$$

$$D_\nu[(1+i)x] = \frac{2^{(\nu+1)/2}}{\Gamma\left(\frac{-\nu}{2}\right)} \int_1^\infty e^{-ix^2 t/2} \frac{(t+1)^{(\nu-1)/2}}{(t-1)^{1+\nu/2}}\, dt$$

$$(\operatorname{Re}\nu < 0; \quad \operatorname{Re} i x^2 \geqq 0),$$

$$\Gamma(-\nu)\, e^{\nu\pi i/4}\, 2^{-\nu/2-1}\, e^{ix^2/2} \{D_\nu[(1+i)x] + D_\nu[(-1-i)x]\}$$
$$= \int_0^\infty \cos x t\, e^{-it^2/4} t^{-\nu-1}\, dt$$

$$(x \text{ reell}; \quad -1 < \operatorname{Re}\nu < 0).$$

Ergänzungen:

Für ganzzahlige Werte von $n = 0, 1, 2, \dots$ sind die Funktionen $D_n(z)$ die HERMITEschen orthogonalen Funktionen (vgl. Kap. V, § 2):

$$D_n(z) = (-1)^n\, e^{z^2/4} \frac{d^n}{dz^n} e^{-z^2/2} = e^{-z^2/4}\, He_n(z).$$

Weiterhin ist

$$D_{-1}(z) = e^{z^2/4} \sqrt{\frac{\pi}{2}} \left[1 - \Phi\left(\frac{z}{\sqrt{2}}\right)\right],$$

$$D_{-2}(z) = e^{z^2/4} \sqrt{\frac{\pi}{2}} \left\{z\left[1 - \Phi\left(\frac{z}{\sqrt{2}}\right)\right] - \sqrt{\frac{2}{\pi}}\, e^{-z^2/2}\right\}.$$

Die Funktionen

$$A(x) = D_{-\frac{(1+i\lambda)}{2}}[\pm(1+i)x]$$

genügen der Differentialgleichung

$$\frac{d^2A}{dx^2} + (x^2 + \lambda)A = 0.$$

Die Funktion $u = e^{-z^2/4} D_\nu(z)$ genügt der Differentialgleichung

$$\frac{d^2u}{dz^2} + z\frac{du}{dz} + (\nu + 1)u = 0.$$

Es ist

$$\int_0^\infty e^{-\frac{3}{4}t^2} t^\nu D_{\nu+1}(t)\,dt = 2^{-(1+\nu)/2}\Gamma(\nu + 1)\sin\left(\pi\frac{1-\nu}{4}\right)$$

$$(\mathrm{Re}\,\nu > -1).$$

Additionstheorem:

$$D_\nu(ax + by)$$

$$= e^{(bx - ay)^2/4}\left(\frac{a}{\sqrt{a^2 + b^2}}\right)^\nu \sum_{n=0}^\infty \binom{\nu}{n} D_{\nu-n}(\sqrt{a^2 + b^2}\,x) D_n(\sqrt{a^2 + b^2}\,y)\left(\frac{b}{a}\right)^n$$

$$(a, b, x, y, \text{ reell und positiv}, a > b).$$

§ 4. Übersicht über die Spezialfälle der konfluenten hypergeometrischen Funktion.

a) Die Laguerre**schen Funktionen.** Die Funktion

$$L_\nu^{(\alpha)}(z) = \frac{\Gamma(\alpha + \nu + 1)}{\Gamma(\alpha + 1)\,\Gamma(\nu + 1)} z^{-\frac{\alpha+1}{2}} e^{z/2} M_{\frac{\alpha+1}{2}+\nu,\,\frac{\alpha}{2}}(z),$$

$$= \frac{\Gamma(\alpha + \nu + 1)}{\Gamma(\alpha + 1)\,\Gamma(\nu + 1)}\,{}_1F_1(-\nu;\;\alpha + 1;\;z)$$

genügt der ,,*Differentialgleichung von* Laguerre''

$$z\frac{d^2}{dz^2} L_\nu^{(\alpha)}(z) + (\alpha + 1 - z)\frac{d}{dz} L_\nu^{(\alpha)}(z) + \nu L_\nu^{(\alpha)}(z) = 0.$$

Die Funktionen $L_\nu^{(\alpha)}$ heißen ,,*verallgemeinerte* Laguerre*sche Funktionen*'';
in ihrer Gesamtheit sind sie kein Spezialfall, sondern die Gesamtheit
der konfluenten hypergeometrischen Funktionen. Als Laguerresche
Funktionen im engeren Sinne bezeichnet man die Funktionen $L_\nu^{(0)}(z)$
$\equiv L_\nu(z)$; für diese existiert die Integraldarstellung von Sommerfeld:

$$L_\nu(z) = \frac{e^z}{2\,\Gamma(\nu + 1)}\int_0^\infty \left(\frac{t^2}{4}\right)^\nu e^{-t^2/4} J_0(t\,\sqrt{z})\,t\,dt$$

$$(\mathrm{Re}\,\nu > -1).$$

Für $\nu = n = 0, 1, 2, \ldots$ sind die Funktionen $L_n(z)$ bzw. $L_n^{(\alpha)}(z)$ Polynome in z; vgl. Kap. V § 4.

Für große Werte von n lassen sich die folgenden Reihenentwicklungen zur Berechnung von $L_n^{(\alpha)}$ verwenden:

$$e^{-ht}\, L_n^{(\alpha)}(t) = \frac{\Gamma(\alpha + n + 1)}{n!\, n^\alpha} \sum_{m=0}^{\infty} A_m(h) \left(\frac{t}{n}\right)^{(m-\alpha)/2} J_{\alpha+m}\left(2\sqrt{nt}\right)$$

$$(t, h \text{ reell und positiv})$$

mit

$$\sum_{m=0}^{\infty} A_m(h)\, z^m = e^{nz}\, \frac{[1 + (h-1)\,z]^n}{(1 + hz)^{\alpha+n+1}}$$

oder, explizit geschrieben,

$$A_m(h) = h^{m-n} \sum_{k=0}^{n} \binom{n}{k} (h-1)^{n-k} L_m^{-(\alpha+m+k+1)}\left(\frac{-n}{h}\right),$$

$$A_m(1) = L_m^{-(\alpha+m+n+1)}(-n).$$

b) Die Funktionen des parabolischen Zylinders. Die in § 3 behandelten Funktionen $D_\nu(z)$ drücken sich am einfachsten durch die WHITTAKERschen Funktionen aus (vgl. § 3); für ganzzahlige Werte von $\nu = n = 0, 1, 2, \ldots$ erhält man die HERMITEschen Polynome (s. Kap. V § 2) aus den LAGUERREschen Polynomen durch die Beziehungen

$$L_n^{(-\frac{1}{2})}\left(\frac{z^2}{2}\right) = \frac{(-1)^n}{2^n\, n!}\, He_{2n}(z),$$

$$L_n^{(\frac{1}{2})}\left(\frac{z^2}{2}\right) = \frac{(-1)^n}{2^n\, n!}\, \frac{1}{z}\, He_{2n+1}(z).$$

c) Die Zylinderfunktionen. Die in Kapitel III behandelten Zylinderfunktionen können definiert werden durch

$$M_{0,\mu}(z) = 2^{2\mu}\, e^{-\mu\pi i/2}\, \Gamma(\mu+1)\, z^{\frac{1}{2}}\, J_\mu\left(\tfrac{1}{2}\, e^{i\pi/2}\, z\right),$$

$$W_{0,\mu}(z) = \tfrac{1}{2}\, e^{\mu\pi i/2}\, \sqrt{\pi z}\, H_\mu^{(1)}\left(\tfrac{1}{2}\, e^{i\pi/2}\, z\right).$$

Für $\nu = n = 0, 1, 2, \ldots$ ist insbesondere

$$H_{-n-\frac{1}{2}}^{(1)}(z) = \frac{2}{\sqrt{\pi}}\, n!\, (2z)^{-n-\frac{1}{2}}\, e^{iz}\, L_n^{(-2n-1)}(-2iz),$$

$$H_{-n-\frac{1}{2}}^{(2)}(z) = \frac{2}{\sqrt{\pi}}\, n!\, (2z)^{-n-\frac{1}{2}}\, e^{-iz}\, L_n^{(-2n-1)}(2iz).$$

d) Die unvollständige Gammafunktion. Die Funktion

$$\gamma(\nu, x) = \int_0^x t^{\nu-1}\, e^{-t}\, dt = \Gamma(\nu) - x^{(\nu-1)/2}\, e^{-x/2}\, W_{(\nu-1)/2,\, \nu/2}(x)$$

$$(\operatorname{Re}\nu > 0)$$

heißt „unvollständige Gammafunktion". Nach den Formeln von § 2 wird für große Werte von x (für reelles positives x)

$$\gamma(\nu, x) \approx \Gamma(\nu) - x^{\nu-1} e^{-x}\left[1 + O\left(\tfrac{1}{x}\right)\right].$$

Es gelten für nicht negative reelle Werte von x und y die Formeln

$$\sum_{n=0}^{\infty} \frac{n!\, L_n^{(\alpha)}(x)\, L_n^{(\alpha)}(y)}{(n+1)\,\Gamma(n+\alpha+1)} = \begin{cases} \dfrac{e^{x+y}}{(x\,y)^\alpha}\gamma(\alpha, x)\left(1 - \dfrac{\gamma(\alpha, x)}{\Gamma(\alpha)}\right) \\[2mm] \quad \text{für } x \geqq y > 0,\ \alpha \text{ beliebig,} \\[2mm] \dfrac{e^x}{x^\alpha}\dfrac{\Gamma(\alpha) - \gamma(\alpha, x)}{\Gamma(\alpha+1)} \\[2mm] \quad \text{für } x > 0,\ y = 0,\ \operatorname{Re}\alpha < \tfrac{1}{2}, \\[2mm] \dfrac{-1}{\alpha\,\Gamma(\alpha+1)}\ \text{für } x = y = 0,\ \operatorname{Re}\alpha < 0. \end{cases}$$

e) Das Fehlerintegral und die Fresnelschen Integrale. Die Funktion

$$\Phi(x) = \frac{2}{\sqrt{\pi}}\int_0^x e^{-t^2}\,dt = 1 - \frac{1}{\sqrt{\pi}}x^{-1/4}\,e^{-x^2/2}\,W_{-1/4,\,1/4}(x^2) = \frac{2\,x}{\sqrt{\pi}}\,{}_1F_1(\tfrac{1}{2};\tfrac{3}{2}; -x^2)$$

heißt *Fehlerintegral*[1] *von* x. Es ist

$$\Phi(x) = \frac{2}{\sqrt{\pi}}\left(x - \frac{x^3}{1!\,3} + \frac{x^5}{2!\,5} - \frac{x^7}{3!\,7} \pm \cdots\right)$$

und nach den Formeln von § 2 für große reelle positive Werte von x

$$\frac{\sqrt{\pi}}{2}[1 - \Phi(x)] \approx \frac{e^{-x^2}}{2\,x}\left(1 - \frac{1}{2\,x^2} + \frac{1\cdot 3}{(2\,x^2)^2} - \frac{1\cdot 3\cdot 5}{(2\,x^2)^3} \pm \cdots\right).$$

Zerlegt man für reelles x die Funktion

$$\frac{1}{1+i}\,\Phi\left(x\,\frac{1+i}{2}\,\sqrt{\pi}\right) = C(x) - i\,S(x)$$

in Real- und Imaginärteil, so erhält man die Funktionen

$$C(x) = \int_0^x \cos\frac{\pi}{2}\,t^2\,dt,$$

$$S(x) = \int_0^x \sin\frac{\pi}{2}\,t^2\,dt,$$

welche als „Fresnelsche *Integrale*" bezeichnet werden.

---

[1] Vielfach wird die Funktion $\int_x^\infty e^{-t^2}\,dt$ mit *Erfc*(x) bezeichnet. $\Phi(x)$ heißt auch „Krampsche *Funktion*".

Für große Werte von x ist

$$C(x) = \frac{1}{2} + \frac{1}{\pi x} \sin \frac{\pi}{2} x^2 + O\left(\frac{1}{x^2}\right),$$

$$S(x) = \frac{1}{2} - \frac{1}{\pi x} \cos \frac{\pi}{2} x^2 + O\left(\frac{1}{x^2}\right).$$

Weiterhin gilt:

$$\int\limits_0^x C(t)\, dt = x\, C(x) - \frac{1}{\pi} \sin \frac{\pi}{2} x^2,$$

$$\int\limits_0^x S(t)\, dt = x\, S(x) + \frac{1}{\pi} \cos \frac{\pi}{2} x^2 - \frac{1}{\pi},$$

$$\int\limits_0^x \Phi(t)\, dt = x\, \Phi(x) + \frac{1}{\sqrt{\pi}} (e^{-x^2} - 1),$$

$$C(x) = J_{1/2}\left(\frac{\pi}{2} x^2\right) + J_{5/2}\left(\frac{\pi}{2} x^2\right) + J_{9/2}\left(\frac{\pi}{2} x^2\right) + \cdots,$$

$$S(x) = J_{3/2}\left(\frac{\pi}{2} x^2\right) + J_{7/2}\left(\frac{\pi}{2} x^2\right) + J_{11/2}\left(\frac{\pi}{2} x^2\right) + \cdots.$$

f) Integrallogarithmus, Exponentialintegral, Integralsinus, Integral-cosinus. Die Funktion

$$\mathrm{li}\,(z) = \int\limits_0^z \frac{dt}{\ln t} = -\left(\ln \frac{1}{z}\right)^{-\frac{1}{2}} z^{\frac{1}{2}}\, W_{-\frac{1}{2},\,0}\,(-\ln z)$$

heißt „*Integrallogarithmus*" von z. Die Funktion $\mathrm{li}\,(e^x)$ wird vielfach mit $\mathrm{Ei}\,(x)$ bezeichnet und heißt „*Exponentialintegral*" von x. Es ist

$$\mathrm{Ei}\,(i\,x) = \mathrm{Ci}\,(x) + i\,\mathrm{Si}\,(x) + i\,\frac{\pi}{2},$$

$$\mathrm{Ci}\,(x) = -\int\limits_x^\infty \frac{\cos t}{t}\, dt = C + \ln x - \int\limits_0^x \frac{1 - \cos t}{t}\, dt$$

$$(C = \text{Eulersche Konstante}),$$

$$\mathrm{Si}\,(x) = \int\limits_0^x \frac{\sin t}{t}\, dt = \frac{\pi}{2} - \int\limits_x^\infty \frac{\sin t}{t}\, dt.$$

Die Funktionen $\mathrm{Si}\,(x)$ bzw. $\mathrm{Ci}\,(x)$ heißen „*Integralsinus*" bzw. „*Integralcosinus*" von x. Man schreibt auch

$$\mathrm{si}\,(x) = -\int\limits_x^\infty \frac{\sin t}{t}\, dt.$$

Für große positive Werte von x gilt:

$$\mathrm{Ci}\,(x) + i\,\mathrm{si}\,(x) \approx e^{i\,x}\left(\frac{1}{i\,x} + \frac{1!}{(i\,x)^2} + \frac{2!}{(i\,x)^3} + \frac{3!}{(i\,x)^4} + \cdots\right).$$

Weitere Formeln in Kapitel VIII §§ 1, 2.

Siebentes Kapitel.

Thetafunktionen, elliptische Funktionen und Integrale.

§ 1. Thetafunktionen.

Es sei v eine beliebig veränderliche komplexe Größe und τ ein Parameter mit positivem Imaginärteil. Wenn τ rein imaginär sein soll, schreibt man auch

$$\tau = i\pi t,$$

wobei t reell und positiv ist. Ferner werde zur Abkürzung gesetzt

$$q = e^{i\pi\tau}, \quad z = e^{i\pi v}.$$

Die folgenden Funktionen der komplexen Variablen v und des Parameters τ:

$$\vartheta_1(v,\tau) = 2\sum_{n=0}^{\infty}(-1)^n\,e^{i\pi\tau(n+1/2)^2}\sin\pi\,(2\,n+1)\,v,$$

$$\vartheta_2(v,\tau) = 2\sum_{n=0}^{\infty}e^{i\pi\tau(n+1/2)^2}\cos\pi\,(2\,n+1)\,v,$$

$$\vartheta_3(v,\tau) = 1 + 2\sum_{n=1}^{\infty}e^{i\pi\tau n^2}\cos 2\,\pi\,n\,v,$$

$$\vartheta_0(v,\tau) = 1 + 2\sum_{n=1}^{\infty}(-1)^n\,e^{i\pi\tau n^2}\cos 2\,\pi\,n\,v$$

heißen Thetafunktionen; man setzt auch

$$\vartheta_0(v,\tau) \equiv \vartheta_4(v,\tau)$$

und schreibt, wenn der Wert von τ sich von selber versteht,

$$\vartheta_1(v),\ \vartheta_2(v),\ \vartheta_3(v),\ \vartheta_0(v) \equiv \vartheta_4(v).$$

Die Thetafunktionen sind periodische Funktionen von v, und zwar besitzen ϑ_3 und ϑ_0 die Periode 1, ϑ_1 und ϑ_2 die Periode 2. Darüber hinaus bestehen die folgenden Beziehungen, welche es gestatten, eine Thetafunktion vom Argument $v + \frac{n}{2}\tau + \frac{m}{2}$ mit beliebigen ganzzahligen Werten von n und m wieder durch eine mit einem Exponentialfaktor versehene Thetafunktion auszudrücken:

$$\vartheta_1(v + \tfrac{1}{2}) = \vartheta_2(v); \quad \vartheta_1\left(v + \frac{\tau}{2}\right) = i\,e^{-(i\pi\tau/4 + i\pi v)}\,\vartheta_0(v).$$

$$\vartheta_2(v + \tfrac{1}{2}) = -\vartheta_1(v); \quad \vartheta_2\left(v + \frac{\tau}{2}\right) = e^{-(i\pi\tau/4 + i\pi v)}\,\vartheta_3(v),$$

$$\vartheta_3(v + \tfrac{1}{2}) = \vartheta_0(v); \quad \vartheta_3\left(v + \frac{\tau}{2}\right) = e^{-(i\pi\tau/4 + i\pi v)}\,\vartheta_2(v),$$

$$\vartheta_0(v + \tfrac{1}{2}) = \vartheta_3(v); \quad \vartheta_0\left(v + \frac{\tau}{2}\right) = i\,e^{-(i\pi\tau/4 + i\pi v)}\,\vartheta_1(v).$$

Die Nullstellen der Thetafunktionen sind aus der Tabelle

Funktion	ϑ_1	ϑ_2	ϑ_3	ϑ_4
Nullstelle bei $v=$	$n + m\tau$	$n + m\tau + \dfrac{1}{2}$	$n + m\tau + \dfrac{1}{2} + \dfrac{\tau}{2}$	$n + m\tau + \dfrac{\tau}{2}$

zu ersehen, wobei n und m wieder beliebige ganze Zahlen bedeuten.

Sind $\alpha, \beta, \gamma, \delta$ ganze Zahlen, so daß $\alpha\delta - \beta\gamma = 1$ ist, so lassen sich die Thetafunktionen mit dem Argument- bzw. Parameterwert

$$v' = \frac{v}{\gamma\tau + \delta}, \quad \tau' = \frac{\alpha\tau + \beta}{\gamma\tau + \delta}$$

wieder in einfacher Weise durch die Thetafunktionen vom Argument v und dem Parameterwert τ ausdrücken; dies wird ermöglicht durch die Formeln der nachstehenden Tabelle:

$$\vartheta_1(v,\,\tau + 1) = e^{i\pi/4}\,\vartheta_1(v,\,\tau); \quad \vartheta_1\left(\frac{v}{\tau},\,\frac{-1}{\tau}\right) = \frac{1}{i}\sqrt{\frac{\tau}{i}}\,e^{i\pi v^2/\tau}\,\vartheta_1(v,\,\tau),$$

$$\vartheta_2(v,\,\tau + 1) = e^{i\pi/4}\,\vartheta_2(v,\,\tau); \quad \vartheta_2\left(\frac{v}{\tau},\,\frac{-1}{\tau}\right) = \sqrt{\frac{\tau}{i}}\,e^{i\pi v^2/\tau}\,\vartheta_0(v,\,\tau),$$

$$\vartheta_3(v,\,\tau + 1) = \vartheta_0(v,\,\tau); \quad \vartheta_3\left(\frac{v}{\tau},\,\frac{-1}{\tau}\right) = \sqrt{\frac{\tau}{i}}\,e^{i\pi v^2/\tau}\,\vartheta_3(v,\,\tau),$$

$$\vartheta_0(v,\,\tau + 1) = \vartheta_3(v,\,\tau); \quad \vartheta_0\left(\frac{v}{\tau},\,\frac{-1}{\tau}\right) = \sqrt{\frac{\tau}{i}}\,e^{i\pi v^2/\tau}\,\vartheta_2(v,\,\tau).$$

Hieraus folgt z. B., daß

$$\vartheta_1\left(\frac{v}{\gamma\tau + \delta},\,\frac{\alpha\tau + \beta}{\gamma\tau + \delta}\right) = \varepsilon\,\sqrt{\gamma\tau + \delta}\,e^{i\pi\gamma v^2/(\gamma\tau + \delta)}\,\vartheta_1(v,\,\tau)$$

ist, wobei ε eine achte Einheitswurzel ist. — Für ϑ_3 erhält man nach Einsetzen von $\tau = i\pi t$ und unter Berücksichtigung der Definition von ϑ_3 die Formel

$$\vartheta_3(v,\,i\pi t) = 1 + 2\sum_{n=1}^{\infty}\cos 2n\pi v\,e^{-n^2\pi^2 t} = \frac{1}{\sqrt{\pi t}}\sum_{n=-\infty}^{+\infty}e^{-(v+n)^2/t}.$$

Die Thetafunktionen lassen sich in einfacher Weise als unendliche Produkte darstellen; mit den eingangs eingeführten Abkürzungen bestehen die Formeln:

$$\vartheta_1(v,\tau) = -\,i\,\Theta\,q^{1/4}\,z\prod_{n=0}^{\infty}(1-q^{2n+2}z^2)(1-q^{2n}z^{-2}),$$

$$\vartheta_2(v,\tau) = \Theta\,q^{1/4}\,z\prod_{n=0}^{\infty}(1+q^{2n+2}z^2)(1+q^{2n}z^{-2}),$$

$$\vartheta_3(v,\tau) = \phantom{-i\Theta q^{1/4}z}\Theta\prod_{n=0}^{\infty}(1+q^{2n+1}z^2)(1+q^{2n+1}z^{-2}),$$

$$\vartheta_0(v,\tau) = \phantom{-i\Theta q^{1/4}z}\Theta\prod_{n=0}^{\infty}(1-q^{2n+1}z^2)(1-q^{2n+1}z^{-2}),$$

wobei

$$\Theta = \prod_{n=1}^{\infty}(1-q^{2n}) = \prod_{n=1}^{\infty}(1-e^{2\pi i n\tau})$$

gesetzt ist.

Die Thetafunktionen sind Lösungen der partiellen Differentialgleichung

$$\frac{\partial^2\vartheta}{\partial v^2} = 4\pi\,i\,\frac{\partial\vartheta}{\partial\tau};$$

zwischen ihren Ableitungen nach v, welche durch einen Strich gekennzeichnet werden, bestehen für $v=0$ die Relationen:

$$\vartheta_1'(0) = \pi\,\vartheta_2(0)\,\vartheta_3(0)\,\vartheta_0(0),$$

$$\frac{\vartheta_1'''(0)}{\vartheta_1'(0)} = \frac{\vartheta_2''(0)}{\vartheta_2(0)} + \frac{\vartheta_3''(0)}{\vartheta_3(0)} + \frac{\vartheta_0''(0)}{\vartheta_0(0)}.$$

Die Nullwerte der Thetafunktionen, d. h. die Größen $\vartheta_1(0,\tau)$, $\vartheta_2(0,\tau)$, $\vartheta_3(0,\tau)$, $\vartheta_0(0,\tau)$ werden gewöhnlich kurz mit ϑ_1, ϑ_2, ϑ_3, ϑ_0 bezeichnet; analog schreibt man ϑ_1' für $\vartheta_1'(0)$ usw. Diese Abkürzung wird weiterhin benutzt werden.

§ 2. Die WEIERSTRASSsche $\wp$-Funktion.

Es seien ω und ω' zwei (komplexe) Zahlen, deren Quotient

$$\frac{\omega'}{\omega} = \tau$$

nicht reell sei; es wird weiterhin vorausgesetzt werden, daß der Imaginärteil von τ positiv ist. Eine Funktion f der komplexen Veränderlichen u heißt eine elliptische Funktion mit den Perioden $2\,\omega$ und $2\,\omega'$, wenn $f(u)$ meromorph und doppelt periodisch[1] mit den Perioden $2\,\omega$ und $2\,\omega'$ ist, d. h. wenn

$$f(u+2\,\omega) = f(u+2\,\omega') = f(u)$$

---

[1] Eine meromorphe doppeltperiodische Funktion mit den Perioden 2ω, $2\omega'$ ist eine Konstante, wenn $\dfrac{\omega'}{\omega}$ reell ist.

ist; es ist alsdann für alle ganzen Zahlen n und m

$$f(u + 2\,n\,\omega + 2\,m\,\omega') = f(u)\,.$$

Eine spezielle elliptische Funktion mit den Perioden $2\,\omega$ und $2\,\omega'$ ist die WEIERSTRASSsche $\wp$-Funktion

$$\wp(u) = \frac{1}{u^2} + \sum_{n,\,m}' \left(\frac{1}{(u - 2\,n\,\omega - 2\,m\,\omega')^2} - \frac{1}{(2\,n\,\omega + 2\,m\,\omega')^2} \right),$$

wobei die Summe rechts über alle ganzzahligen Wertepaare n, m zu erstrecken ist mit Ausnahme des Wertepaares $n = m = 0$. Will man die Abhängigkeit von $\wp(u)$ von ω und ω' betonen, so schreibt man $\wp(u;\, 2\,\omega,\, 2\,\omega')$ statt $\wp(u)$.

Die Funktion $\wp(u)$ genügt der Differentialgleichung erster Ordnung

$$\wp'^2 \equiv \left(\frac{d\wp}{du}\right)^2 = 4\left\{[\wp(u) - e_1][\wp(u) - e_2][\wp(u) - e_3]\right\}$$

$$= 4\,\wp^3 - g_2\,\wp - g_3\,,$$

wobei die von u unabhängigen Größen e_1, e_2, e_3, g_2, g_3 gegeben sind durch

$$e_1 = \wp(\omega)\,, \quad e_2 = \wp(\omega + \omega')\,, \quad e_3 = \wp(\omega')\,,$$

$$e_1 + e_2 + e_3 = 0\,, \quad e_1 e_2 + e_1 e_3 + e_2 e_3 = -\tfrac{1}{4} g_2\,, \quad e_1 e_2 e_3 = \tfrac{1}{4} g_3\,,$$

$$g_2 = \frac{15}{4} \sum_{n,\,m}' \frac{1}{(n\,\omega + m\,\omega')^4}\,, \quad g_3 = \frac{35}{16} \sum_{n,\,m}' \frac{1}{(n\,\omega + m\,\omega')^6}\,;$$

hierbei sind die Summen über alle ganzzahligen Wertepaare n, m mit Ausnahme von $n = m = 0$ zu erstrecken. Die Größen g_2 und g_3 heißen die Invarianten von $\wp$.

$\wp(u)$ besitzt ein algebraisches Additionstheorem:

$$\wp(u_1 + u_2) = -\wp(u_1) - \wp(u_2) + \frac{1}{4}\left(\frac{\wp'(u_1) - \wp'(u_2)}{\wp(u_1) - \wp(u_2)}\right)^2,$$

wobei u_1, u_2 zwei beliebige komplexe Größen sind.

Es gilt der Satz:

Jede elliptische Funktion von u mit den Perioden $2\,\omega$ und $2\,\omega'$ ist eine rationale Funktion von $\wp(u)$ und $\wp'(u)$; sie läßt sich in der Form schreiben

$$R_1(\wp) + \wp'\,R_2(\wp)\,,$$

wobei R_1 und R_2 rationale Funktionen bedeuten.

Man kann $\wp(u)$ bzw. die Größen e_1, e_2, e_3, g_2, g_3 durch die Thetafunktionen bzw. deren Nullwerte ausdrücken. Man setze

$$v = \frac{u}{2\,\omega}\,, \quad \tau = \frac{\omega'}{\omega}\,.$$

Dann gilt (vgl. die Bezeichnungen und Abkürzungen aus § 1):

$$\sqrt{\wp(u) - e_k} = \frac{1}{2\omega} \frac{\vartheta_1'}{\vartheta_{k+1}} \frac{\vartheta_{k+1}(v)}{\vartheta_1(v)} \quad (k = 1, 2, 3; \; \vartheta_4 \equiv \vartheta_0),$$

$$\sqrt{e_1 - e_2} = \frac{1}{2\omega} \frac{\vartheta_1' \vartheta_0}{\vartheta_3 \vartheta_2} = \frac{\pi}{2\omega} \vartheta_0^2,$$

$$\sqrt{e_1 - e_3} = \frac{1}{2\omega} \frac{\vartheta_1' \vartheta_3}{\vartheta_0 \vartheta_2} = \frac{\pi}{2\omega} \vartheta_3^2,$$

$$\sqrt{e_2 - e_3} = \frac{1}{2\omega} \frac{\vartheta_1' \vartheta_2}{\vartheta_0 \vartheta_3} = \frac{\pi}{2\omega} \vartheta_2^2,$$

$$g_2 = \left(\frac{\pi}{\omega}\right)^4 \left(\frac{1}{12} + 20 \sum_{n=1}^{\infty} \frac{n^3 q^{2n}}{1 - q^{2n}}\right),$$

$$g_3 = \left(\frac{\pi}{\omega}\right)^6 \left(\frac{1}{216} - \frac{7}{3} \sum_{n=1}^{\infty} \frac{n^5 q^{2n}}{1 - q^{2n}}\right),$$

$$\sqrt{\wp(u) - e_3} = \frac{i\pi}{\omega} \left[\frac{1}{z - z^{-1}} + \sum_{n=1}^{\infty} \left(\frac{q^n z^{-1}}{1 - q^{2n} z^{-2}} - \frac{q^n z}{1 - q^{2n} z^2}\right)\right].$$

§ 3. Die elliptischen Funktionen von JACOBI.

Bezeichnungen und Definitionen: Man setze:

$$\sqrt{e_1 - e_3}\, \omega = K(\tau) \equiv \frac{\pi}{2} \vartheta_3^2 = \frac{\pi}{2} \left(1 + \sum_{n=1}^{\infty} e^{i\pi\tau n^2}\right)^2,$$

$$\sqrt{e_1 - e_3}\, \omega' = i K'(\tau) \equiv \tau K(\tau).$$

Die Funktionen von $u = 2Kv$:

$$\operatorname{sn} u = 2K \frac{\vartheta_0}{\vartheta_1'} \frac{\vartheta_1(v)}{\vartheta_0(v)},$$

$$\operatorname{cn} u = \frac{\vartheta_0}{\vartheta_2} \frac{\vartheta_2(v)}{\vartheta_0(v)},$$

$$\operatorname{dn} u = \frac{\vartheta_0}{\vartheta_3} \frac{\vartheta_3(v)}{\vartheta_0(v)},$$

welche als Sinus amplitudinis, Cosinus amplitudinis und Delta amplitudinis bezeichnet werden, sind elliptische Funktionen, und zwar besitzt $\operatorname{sn} u$ die Perioden $4K$ und $2iK'$, $\operatorname{cn} u$ besitzt die Perioden $4K$ und $2K + 2iK'$ und $\operatorname{dn} u$ hat die Perioden $2K$ und $4iK'$. Mit der WEIER-STRASSSCHEN $\wp$-Funktion (mit den Perioden 2ω und $2\omega'$) hängen diese „elliptischen Funktionen von JACOBI" durch die Beziehungen

$$\wp\left(\frac{u}{\sqrt{e_1 - e_3}}\right) = e_1 + (e_1 - e_3) \frac{\operatorname{cn}^2 u}{\operatorname{sn}^2 u} = e_2 + (e_1 - e_3) \frac{\operatorname{dn}^2 u}{\operatorname{sn}^2 u}$$

$$= e_3 + (e_1 - e_3) \frac{1}{\operatorname{sn}^2 u}$$

zusammen (vgl. § 2). Weiterhin setzt man:

$$\sqrt{\frac{e_2-e_3}{e_1-e_3}}=k(\tau)=\frac{\vartheta_2^2}{\vartheta_3^2}=\left(\frac{2\sum\limits_{n=0}^{\infty}e^{i\pi\tau(n+\frac{1}{2})^2}}{1+2\sum\limits_{n=1}^{\infty}e^{i\pi\tau n^2}}\right)^2,$$

$$\sqrt{\frac{e_1-e_2}{e_1-e_3}}=k'(\tau)=\frac{\vartheta_0^2}{\vartheta_3^2}=\left(\frac{1+2\sum\limits_{n=1}^{\infty}(-1)^n e^{i\pi\tau n^2}}{1+2\sum\limits_{n=1}^{\infty}e^{i\pi\tau n^2}}\right)^2.$$

Es wird dann $k^2+k'^2=1$. Sehr oft führt man k an Stelle von τ als Parameter ein; man vergleiche besonders § 4. Es wird für $|k|\leqq 1$:

$$e^{i\pi\tau/4}=e^{-\pi K/4K'}=\left(\frac{k}{4}\right)^{1/2}+2\left(\frac{k}{4}\right)^{5/2}+15\left(\frac{k}{4}\right)^{9/2}+150\left(\frac{k}{4}\right)^{13/2}+$$
$$+1707\left(\frac{k}{4}\right)^{17/2}+\cdots$$

Man nennt $k(\tau)$ den *Modul*, $k'(\tau)$ den *komplementären Modul* der Funktionen $\operatorname{sn}u$, $\operatorname{cn}u$, $\operatorname{dn}u$.

Ferner führt man für die Quotienten und Reziproken der Funktionen $\operatorname{sn}u$, $\operatorname{cn}u$, $\operatorname{dn}u$ neue Bezeichnungen ein:

$$\operatorname{ns}u=\frac{1}{\operatorname{sn}u},\quad \operatorname{nc}u=\frac{1}{\operatorname{cn}u},\quad \operatorname{nd}u=\frac{1}{\operatorname{dn}u},$$

$$\operatorname{sc}u=\frac{\operatorname{sn}u}{\operatorname{cn}u},\quad \operatorname{sd}u=\frac{\operatorname{sn}u}{\operatorname{dn}u},$$

$$\operatorname{cs}u=\frac{\operatorname{cn}u}{\operatorname{sn}u},\quad \operatorname{cd}u=\frac{\operatorname{cn}u}{\operatorname{dn}u},$$

$$\operatorname{ds}u=\frac{\operatorname{dn}u}{\operatorname{sn}u},\quad \operatorname{dc}u=\frac{\operatorname{dn}u}{\operatorname{cn}u}.$$

Beziehungen zwischen $\operatorname{sn}u$, $\operatorname{cn}u$, $\operatorname{dn}u$; Perioden, Nullstellen, Pole. Es ist

$$\operatorname{cn}^2u+\operatorname{sn}^2u=1,\quad \operatorname{dn}^2u+k^2\operatorname{sn}^2u=1.$$

Bei Vermehrung des Argumentes u um ganzzahlige Vielfache von K oder iK' gehen $\operatorname{sn}u$, $\operatorname{cn}u$, $\operatorname{dn}u$ in Vielfache voneinander oder von den oben aufgeführten Reziproken und Quotienten über. Dies ist im einzelnen aus der nachstehenden Tabelle zu ersehen.

$u^*=$	$u+K,$	$u+iK',$	$u+K+iK',$	$u+2K,$	$u+2iK',$	$u+2K+2iK'$
$\operatorname{sn}u^*=$	$\operatorname{cd}u,$	$\dfrac{1}{k}\operatorname{ns}u,$	$\dfrac{1}{k}\operatorname{dc}u,$	$-\operatorname{sn}u,$	$\operatorname{sn}u,$	$-\operatorname{sn}u$
$\operatorname{cn}u^*=$	$-k'\operatorname{sd}u,$	$-\dfrac{i}{k}\operatorname{ds}u,$	$-\dfrac{ik'}{k}\operatorname{nc}u,$	$-\operatorname{cn}u,$	$-\operatorname{cn}u,$	$\operatorname{cn}u$
$\operatorname{dn}u^*=$	$k'\operatorname{nd}u,$	$-i\operatorname{cs}u,$	$ik'\operatorname{sc}u,$	$\operatorname{dn}u,$	$-\operatorname{dn}u,$	$-\operatorname{dn}u$

Die Nullstellen und Pole von $\operatorname{sn} u$, $\operatorname{cn} u$, $\operatorname{dn} u$ sind aus der folgenden Tabelle zu entnehmen, in welcher n und n' beliebige ganze Zahlen 0, ± 1, ± 2, ... bedeuten:

	Nullstellen	Pole
$\operatorname{sn} u$	$2nK + \qquad 2in'K'$	$2nK + (2n'+1)iK'$
$\operatorname{cn} u$	$(2n+1)K + \qquad 2in'K'$	$2nK + (2n'+1)iK'$
$\operatorname{dn} u$	$(2n+1)K + (2n'+1)iK'$	$2nK + (2n'+1)iK'$

Differentialgleichung und Additionstheorem. Es ist

$$\left[\frac{d}{du}(\operatorname{sn} u)\right]^2 = \quad (1 - \operatorname{sn}^2 u)(1 - k^2 \operatorname{sn}^2 u),$$

$$\left[\frac{d}{du}(\operatorname{cn} u)\right]^2 = \quad (1 - \operatorname{cn}^2 u)(k'^2 + k^2 \operatorname{cn}^2 u),$$

$$\left[\frac{d}{du}(\operatorname{dn} u)\right]^2 = -(1 - \operatorname{dn}^2 u)(k'^2 - \operatorname{dn}^2 u).$$

Für beliebige Werte von u und w gelten die Additionstheoreme:

$$\operatorname{sn}(u + w) = \frac{\operatorname{sn} u \operatorname{cn} w \operatorname{dn} w + \operatorname{sn} w \operatorname{cn} u \operatorname{dn} u}{1 - k^2 \operatorname{sn}^2 u \operatorname{sn}^2 w},$$

$$\operatorname{cn}(u + w) = \frac{\operatorname{cn} u \operatorname{cn} w - \operatorname{sn} u \operatorname{dn} u \operatorname{sn} w \operatorname{dn} w}{1 - k^2 \operatorname{sn}^2 u \operatorname{sn}^2 w},$$

$$\operatorname{dn}(u + w) = \frac{\operatorname{dn} u \operatorname{dn} w - k^2 \operatorname{sn} u \operatorname{cn} u \operatorname{sn} w \operatorname{dn} w}{1 - k^2 \operatorname{sn}^2 u \operatorname{sn}^2 w}.$$

Transformationsformeln. *Imaginäre Transformation von* JACOBI. Man kann $\operatorname{sn} u$, $\operatorname{cn} u$, $\operatorname{dn} u$ als Funktionen von u und k auffassen und schreibt dann $\operatorname{sn}(u, k)$, $\operatorname{cn}(u, k)$, $\operatorname{dn}(u, k)$. Es gilt:

$$\operatorname{sn}(iu, k) = i\,\frac{\operatorname{sn}(u, \sqrt{1 - k^2})}{\operatorname{cn}(u, \sqrt{1 - k^2})} = i\operatorname{sc}(u, k'),$$

$$\operatorname{cn}(iu, k) = \frac{1}{\operatorname{cn}(u, \sqrt{1 - k^2})} = \operatorname{nc}(u, k'),$$

$$\operatorname{dn}(iu, k) = \frac{\operatorname{dn}(u, \sqrt{1 - k^2})}{\operatorname{cn}(u, \sqrt{1 - k^2})} = \operatorname{dc}(u, k').$$

Transformation von LANDEN: Man setze

$$k_1 = \frac{1 - k'}{1 + k'}.$$

Dann wird

$$\operatorname{sn}[(1 + k')u, k_1] = (1 + k')\operatorname{sn}(u, k)\operatorname{cd}(u, k),$$

$$\operatorname{cn}[(1 + k')u, k_1] = \operatorname{nd}(u, k) - (1 + k')\operatorname{sn}(u, k)\operatorname{sd}(u, k),$$

$$\operatorname{dn}[(1 + k')u, k_1] = \operatorname{nd}(u, k) - (1 - k')\operatorname{sn}(u, k)\operatorname{sd}(u, k).$$

Transformation von GAUSS: Es sei $\lambda = \left(\frac{1-k'}{k}\right)^2$. Dann wird

$$\operatorname{sn}(u,k) = \frac{(1+\lambda)\,\operatorname{sn}\left(\frac{u}{1+\lambda},\lambda\right)}{1+\lambda\,\operatorname{sn}^2\left(\frac{u}{1+\lambda},\lambda\right)},$$

$$\operatorname{cn}(u,k) = \frac{\operatorname{cn}\left(\frac{u}{1+\lambda},\lambda\right)\operatorname{dn}\left(\frac{u}{1+\lambda},\lambda\right)}{1+\lambda\,\operatorname{sn}^2\left(\frac{u}{1+\lambda},\lambda\right)},$$

$$\operatorname{dn}(u,k) = \frac{1-\lambda\,\operatorname{sn}^2\left(\frac{u}{1+\lambda},\lambda\right)}{1+\lambda\,\operatorname{sn}^2\left(\frac{u}{1+\lambda},\lambda\right)}.$$

Formeln für den reziproken und für rein imaginären Modul:

$$\operatorname{sn}(u,k) = k^{-1}\operatorname{sn}(ku,k^{-1}); \quad \operatorname{sn}(u,ik) = \frac{1}{\sqrt{1+k^2}}\,\operatorname{sd}\left(u\sqrt{1+k^2},\frac{k}{\sqrt{1+k^2}}\right),$$

$$\operatorname{cn}(u,k) = \operatorname{dn}(ku,k^{-1}); \quad \operatorname{cn}(u,ik) = \operatorname{cd}\left(u\sqrt{1+k^2},\frac{k}{\sqrt{1+k^2}}\right),$$

$$\operatorname{dn}(u,k) = \operatorname{cn}(ku,k^{-1}); \quad \operatorname{dn}(u,ik) = \operatorname{nd}\left(u\sqrt{1+k^2},\frac{k}{\sqrt{1+k^2}}\right).$$

§ 4. Elliptische Integrale.

Die Integrale erster Gattung. Die Umkehrfunktionen der elliptischen Funktionen heißen „Elliptische Integrale erster Gattung". Entsprechend der doppelt-periodischen Natur der elliptischen Funktionen sind die elliptischen Integrale unendlich vieldeutig; bei festem Wert der Variablen unterscheiden sich die unendlich vielen Funktionswerte um eine lineare Kombination der Perioden mit ganzzahligen Koeffizienten.

Man nennt insbesondere die Umkehrfunktion von

$$y = \operatorname{sn}(u,k)$$

das LEGENDREsche Normalintegral erster Gattung mit dem Modul k; es ist

$$u(y) = \int_0^y \frac{dt}{\sqrt{(1-t^2)(1-k^2t^2)}}.$$

Die unendlich vielen Werte von $u(y)$ unterscheiden sich (bei festem y) je nach der Wahl des Integrationsweges um eine Linearkombination

$$4nK + i\,2n'K'$$

mit $n, n' = 0, \pm 1, \pm 2, \ldots$ voneinander; faßt man nunmehr K und K' nicht mehr als Funktionen von τ sondern als Funktionen des Moduls k auf, indem man

$$K(\tau) = \mathsf{K}(k), \quad K'(\tau) = \mathsf{K}'(k)$$

setzt, so wird

$$\mathsf{K}(k) = \int\limits_0^1 \frac{dt}{\sqrt{(1-t^2)(1-k^2 t^2)}} = \frac{\pi}{2}\,{}_2F_1(\tfrac{1}{2}, \tfrac{1}{2};\ 1;\ k^2),$$

$$\mathsf{K}'(k) = \mathsf{K}(k') = \int\limits_0^1 \frac{dt}{\sqrt{(1-t^2)(1-k'^2 t^2)}} = \int\limits_1^{1/k} \frac{dt}{\sqrt{(t^2-1)(1-k^2 t^2)}}.$$

$\mathsf{K}(k)$ heißt *vollständiges* (LEGENDREsches) *elliptisches Normalintegral erster Gattung.*

Es besteht die Beziehung von LEGENDRE:

$$\frac{d}{dk}\left(k\,k'^2\,\frac{d\mathsf{K}}{dk}\right) = k\,\mathsf{K}.$$

Beziehungen zwischen verschiedenen Integralen erster Gattung. Die Umkehrfunktionen der verschiedenen elliptischen Funktionen von JACOBI werden definiert durch die Formeln:

$$
\begin{aligned}
u &= \int\limits_0^{sn\,u} \frac{dt}{\sqrt{(1-t^2)(1-k^2 t^2)}} &&= -\int\limits_1^{cn\,u} \frac{dt}{\sqrt{(1-t^2)(k'^2+k^2 t^2)}}, \\[2ex]
&= \int\limits_0^{sc\,u} \frac{dt}{\sqrt{(1+t^2)(1+k'^2 t^2)}} &&= -\int\limits_\infty^{cs\,u} \frac{dt}{\sqrt{(1+t^2)(k'^2+t^2)}}, \\[2ex]
&= \int\limits_0^{sd\,u} \frac{dt}{\sqrt{(1-k'^2 t^2)(1+k^2 t^2)}} &&= -\int\limits_\infty^{ds\,u} \frac{dt}{\sqrt{(t^2-k'^2)(t^2+k^2)}}, \\[2ex]
&= -\int\limits_1^{cd\,u} \frac{dt}{\sqrt{(1-t^2)(1-k^2 t^2)}} &&= -\int\limits_1^{dc\,u} \frac{dt}{\sqrt{(t^2-1)(t^2-k^2)}}, \\[2ex]
&= -\int\limits_\infty^{ns\,u} \frac{dt}{\sqrt{(t^2-1)(t^2-k^2)}} &&= \int\limits_1^{nc\,u} \frac{dt}{\sqrt{(t^2-1)(k'^2 t^2+k^2)}}, \\[2ex]
&= -\int\limits_1^{dn\,u} \frac{dt}{\sqrt{(1-t^2)(t^2-k'^2)}} &&= \int\limits_1^{nd\,u} \frac{dt}{\sqrt{(t^2-1)(1-k'^2 t^2)}}.
\end{aligned}
$$

Hierbei ist zu beachten, daß die oberen Grenzen dieser Integrale algebraische Funktionen von $y = sn\,u$ sind, nämlich:

$$\operatorname{sn} u = y, \qquad\qquad \operatorname{cn} u = \sqrt{1-y^2},$$

$$\operatorname{sc} u = \frac{y}{\sqrt{1-y^2}}, \qquad\qquad \operatorname{cs} u = \frac{\sqrt{1-y^2}}{y},$$

$$\operatorname{sd} u = \frac{y}{\sqrt{1-k^2 y^2}}, \qquad\qquad \operatorname{ds} u = \frac{\sqrt{1-k^2 y^2}}{y},$$

$$\operatorname{cd} u = \sqrt{\frac{1-y^2}{1-k^2 y^2}}, \qquad\qquad \operatorname{dc} u = \sqrt{\frac{1-k^2 y^2}{1-y^2}},$$

$$\operatorname{ns} u = \frac{1}{y}, \qquad\qquad \operatorname{nc} u = \frac{1}{\sqrt{1-y^2}},$$

$$\operatorname{dn} u = \sqrt{1-k^2 y^2}, \qquad\qquad \operatorname{nd} u = \frac{1}{\sqrt{1-k^2 y^2}}.$$

Man erhält somit aus diesen Formeln zugleich Beziehungen zwischen Integralen erster Gattung mit verschiedenen Integranden. Weitere derartige Beziehungen ergeben sich aus den Formeln, welche die WEIERSTRASSSCHEN mit den JACOBISCHEN elliptischen Funktionen verbinden; die folgenden Tabellen berücksichtigen besonders den Fall, daß die Koeffizienten des Polynoms $X(t)$ alle reell sind, und sind daher so angelegt, daß mit diesen auch alle weiteren Größen reell werden.

Es sei $X(t) = (t-\alpha)(t-\beta)(t-\gamma)$; α, β, γ reell, $\alpha > \beta > \gamma$. Man setze $\lambda = \dfrac{2}{\sqrt{\alpha-\gamma}}$, $k = \sqrt{\dfrac{\beta-\gamma}{\alpha-\gamma}}$, $k' = \sqrt{\dfrac{\alpha-\beta}{\alpha-\gamma}}$. Dann wird

$$\int\limits_{x}^{\infty} \frac{dt}{\sqrt{X}} = \lambda \int\limits_{0}^{y} \frac{dt}{\sqrt{(1-t^2)(1-k^2 t^2)}} \quad \text{mit} \quad y = \sqrt{\frac{\alpha-\gamma}{x-\gamma}},$$

$$\int\limits_{\infty}^{x} \frac{dt}{\sqrt{-X}} = \lambda \int\limits_{0}^{y} \frac{dt}{\sqrt{(1-t^2)(1-k'^2 t^2)}} \quad \text{,,} \quad y = \sqrt{\frac{\alpha-\gamma}{\alpha-x}},$$

$$\int\limits_{\alpha}^{x} \frac{dt}{\sqrt{X}} = \lambda \int\limits_{y}^{1} \frac{dt}{\sqrt{(1-t^2)(k'^2 + k^2 t^2)}} \quad \text{,,} \quad y = \sqrt{\frac{\alpha-\beta}{x-\gamma}},$$

$$\int\limits_{x}^{\alpha} \frac{dt}{\sqrt{-X}} = \lambda \int\limits_{0}^{y} \frac{dt}{\sqrt{(1-t^2)(1-k'^2 t^2)}} \quad \text{,,} \quad y = \sqrt{\frac{\alpha-x}{\alpha-\beta}},$$

$$\int\limits_{x}^{\beta} \frac{dt}{\sqrt{X}} = \lambda \int\limits_{y}^{1} \frac{dt}{\sqrt{(1-t^2)(t^2 - k'^2)}} \quad \text{,,} \quad y = \sqrt{\frac{\alpha-\beta}{\alpha-x}},$$

$$\int\limits_{\beta}^{x} \frac{dt}{\sqrt{-X}} = \lambda \int\limits_{y}^{1} \frac{dt}{\sqrt{(1-t^2)(t^2 - k^2)}} \quad \text{,,} \quad y = \sqrt{\frac{\beta-\gamma}{x-\gamma}},$$

$$\int_{\gamma}^{x} \frac{dt}{\sqrt{X}} = \lambda \int_{0}^{y} \frac{dt}{\sqrt{(1-t^2)(1-k^2 t^2)}} \quad ,, \quad y = \sqrt{\frac{x-\gamma}{\beta-\gamma}},$$

$$\int_{x}^{\gamma} \frac{dt}{\sqrt{-X}} = \lambda \int_{y}^{1} \frac{dt}{\sqrt{(1-t^2)(k^2 + k'^2 t^2)}} \quad ,, \quad y = \sqrt{\frac{\beta-\gamma}{\beta-x}},$$

Es sei ferner $X(t) = (x-\alpha)(x^2 - 2bx + c)$, α, b, c reell, $c - b^2 > 0$,
$H = \sqrt{\alpha^2 - 2b\alpha + c}$, $k = \sqrt{\dfrac{H+b-\alpha}{2H}}$, $k' = \sqrt{\dfrac{H-b+\alpha}{2H}}$. Dann wird

$$\int_{x}^{\infty} \frac{dt}{\sqrt{X}} = \frac{1}{\sqrt{H}} \int_{y}^{1} \frac{dt}{\sqrt{(1-t^2)(k'^2 + k^2 t^2)}} \quad \text{mit} \quad y = \frac{x-\alpha-H}{x-\alpha+H},$$

$$\int_{-\infty}^{x} \frac{dt}{\sqrt{-X}} = \frac{1}{\sqrt{H}} \int_{y}^{1} \frac{dt}{\sqrt{(1-t^2)(k^2 + k'^2 t^2)}} \quad ,, \quad y = \frac{\alpha-H-x}{\alpha+H-x},$$

$$\int_{\alpha}^{x} \frac{dt}{\sqrt{X}} = \frac{1}{\sqrt{H}} \int_{y}^{1} \frac{dt}{\sqrt{(1-t^2)(k'^2 + k^2 t^2)}} \quad ,, \quad y = \frac{H+\alpha-x}{H-\alpha+x},$$

$$\int_{x}^{\alpha} \frac{dt}{\sqrt{-X}} = \frac{1}{\sqrt{H}} \int_{y}^{1} \frac{dt}{\sqrt{(1-t^2)(k^2 + k'^2 t^2)}} \quad ,, \quad y = \frac{H-\alpha+x}{H+\alpha-x}.$$

Weitere Beziehungen zwischen reellen Integralen erster Gattung, welche es gestatten, diese auf das Normalintegral erster Gattung zurückzuführen, sind die folgenden:

Es seien $\alpha, \beta, \gamma, \delta$ reelle Konstanten, und es sei $\alpha > \beta > \gamma > \delta$. Man setze

$$Y(t) \equiv (t-\alpha)(t-\beta)(t-\gamma)(t-\delta).$$

Durch eine Substitution

$$y = h(x), \quad y_0 = h(x_0)$$

wird das Integral

$$\int_{y_0}^{y} \frac{dt}{\sqrt{Y}} = \frac{2}{\sqrt{(\alpha-\gamma)(\beta-\delta)}} \int_{x_0}^{x} \frac{dt}{\sqrt{(1-t^2)(1-k^2 t^2)}} \quad \text{mit} \quad k^2 = \frac{\beta-\gamma}{\alpha-\gamma} \frac{\alpha-\delta}{\beta-\delta},$$

wobei

$$h(x) = \frac{\alpha(\beta-\delta) - \beta(\alpha-\delta) x^2}{\beta-\delta - (\alpha-\delta) x^2}$$

ist, wenn y_0 und y zwischen α und ∞ oder y_0 und y zwischen $-\infty$ und δ liegen, und

$$h(x) = \frac{\gamma(\beta-\delta) - \delta(\beta-\gamma) x^2}{\beta-\delta - (\beta-\gamma) x^2}$$

ist, wenn y_0 und y zwischen γ und β liegen.

Ferner wird

$$\int_{y_0}^{y} \frac{dt}{\sqrt{-Y}} = \frac{2}{\sqrt{(\alpha-\gamma)(\beta-\delta)}} \int_{x_0}^{x} \frac{dt}{\sqrt{(1-t^2)(1-k^2 t^2)}} \quad \text{mit} \quad k^2 = \frac{\alpha-\beta}{\alpha-\gamma} \frac{\gamma-\delta}{\beta-\delta},$$

wobei

$$h(x) = \frac{\delta(\alpha-\gamma) + \alpha(\gamma-\delta) x^2}{(\alpha-\gamma) + (\gamma-\delta) x^2}$$

ist, wenn y_0 und y zwischen δ und γ liegen, und

$$h(x) = \frac{\beta(\alpha-\gamma) - \gamma(\alpha-\beta) x^2}{(\alpha-\gamma) - (\alpha-\beta) x^2}$$

ist, wenn y_0 und y zwischen β und α liegen. Hierbei liegen die Werte von x_0 und x zwischen 0 und 1.

Es sei ferner

$$Y(t) \equiv (t-\alpha)(t-\beta)[(t-\mu)^2 + v^2],$$

wobei α, β, μ, v reell sind und $\alpha > \beta$ ist. Man setze

$$(\mu-\alpha)^2 + v^2 = a^2, \quad (\mu-\beta)^2 + v^2 = b^2.$$

Durch eine Substitution

$$y = h(x), \quad y_0 = h(x_0)$$

wird das Integral

$$\int_{y_0}^{y} \frac{dt}{\sqrt{Y}} = \frac{1}{\sqrt{ab}} \int_{x_0}^{x} \frac{dt}{\sqrt{(1-t^2)(1-k^2 t^2)}} \quad \text{mit} \quad k^2 = \frac{(a+b)^2 - (\alpha-\beta)^2}{4ab},$$

wobei

$$h(x) = \frac{\alpha b - a\beta + (\alpha b + a\beta)\sqrt{1-x^2}}{b - a + (b+a)\sqrt{1-x^2}}$$

ist und y und y_0 zwischen α und ∞ oder zwischen $-\infty$ und β liegen.
Ferner wird:

$$\int_{y_0}^{y} \frac{dt}{\sqrt{-Y}} = \frac{1}{\sqrt{ab}} \int_{x_0}^{x} \frac{dt}{\sqrt{(1-t^2)(1-k^2 t^2)}} \quad \text{mit} \quad k^2 = \frac{(\alpha-\beta)^2 - (a-b)^2}{4ab},$$

wobei

$$h(x) = \frac{\alpha b + a\beta - (\alpha b - a\beta)\sqrt{1-x^2}}{b + a - (b-a)\sqrt{1-x^2}}$$

ist und y und y_0 zwischen β und α liegen.

Setzt man $x = \sin\varphi$, $x_0 = \sin\varphi_0$, so liegen φ und φ_0 zwischen 0 und π.

Falls $\alpha + \beta = 2\mu$ ist, führe man $t - \mu$ als neue Variable ein und benutze die Formeln von S. 106.

Es sei schließlich

$$Y(t) \equiv [(t - \mu)^2 + v^2][(t - \mu')^2 + v'^2],$$

wobei μ, v, μ', v' reell sind. Man setze zur Abkürzung:

$$(\mu - \mu')^2 + (v + v')^2 = r^2, \quad (\mu - \mu')^2 + (v - v')^2 = s^2,$$

$$\operatorname{ctg} \omega = \sqrt{\frac{(r + s)^2 - 4v^2}{4v^2 - (r - s)^2}}.$$

Es mögen x und y bzw. x_0 und y_0 durch die Beziehungen

$$y = v \tan (\varphi - \omega) + \mu, \qquad x = \sin \varphi,$$

$$y_0 = v \tan (\varphi_0 - \omega) + \mu, \quad x_0 = \sin \varphi_0$$

zusammenhängen. Dann wird

$$\int_{y_0}^{y} \frac{dt}{\sqrt{Y}} = \frac{2}{r + s} \int_{x_0}^{x} \frac{dt}{\sqrt{(1 - t^2)(1 - k^2 t^2)}} = \frac{2}{r + s} \int_{\varphi_0}^{\varphi} \frac{d\varphi}{\sqrt{1 - k^2 \sin^2 \varphi}},$$

wobei

$$k^2 = \frac{4 r s}{(r + s)^2}$$

gesetzt ist.

Die Integrale erster Gattung als Umkehrung der elliptischen Funktionen. Die Eigenschaften der elliptischen Funktionen liefern sofort Aussagen über die elliptischen Integrale; bei der Differentialgleichung für die elliptischen Funktionen ist dies evident; das Additionstheorem liefert z. B. für die Umkehrung von $y = \operatorname{sn} u$ die Formel:

Ist

$$u = \int_{0}^{y} \frac{dt}{\sqrt{(1 - t^2)(1 - k^2 t^2)}},$$

$$w = \int_{0}^{z} \frac{dt}{\sqrt{(1 - t^2)(1 - k^2 t^2)}},$$

so wird

$$u + w = \int_{0}^{\Omega} \frac{dt}{\sqrt{(1 - t^2)(1 - k^2 t^2)}} + 4n\mathsf{K} + 2n'\mathsf{K}',$$

wobei

$$\Omega = \frac{y \sqrt{(1 - z^2)(1 - k^2 z^2)} + z \sqrt{(1 - y^2)(1 - k^2 y^2)}}{1 - k^2 y^2 z^2}$$

ist und die ganzen Zahlen n, n' von der Wahl der Integrationswege und den Werten von y, z abhängen; bei geradlinigen Integrationswegen und hinreichend kleinen Werten von y und z ist $n = n' = 0$.

Setzt man

$$y = \sin \varphi, \quad t = \sin \psi,$$

so wird das elliptische Normalintegral erster Gattung zu der Funktion

$$F(k, \varphi) = \int_0^\varphi \frac{d\psi}{\sqrt{1 - k^2 \sin^2 \psi}},$$

und das vollständige elliptische Integral erster Gattung wird

$$\mathsf{K}(k) = \int_0^{\pi/2} \frac{d\psi}{\sqrt{1 - k^2 \sin^2 \psi}}.$$

Die LANDENsche Transformation liefert dann die Aussage:
Ist

$$k_1 = \frac{1 - k'}{1 + k'}, \quad \sin \varphi_1 = \frac{(1 + k') \sin \varphi \cos \varphi}{\sqrt{1 - k^2 \sin^2 \varphi}},$$

so wird

$$\int_0^{\varphi_1} \frac{d\psi_1}{\sqrt{1 - k_1^2 \sin^2 \psi_1}} = (1 + k') \int_0^\varphi \frac{d\psi}{\sqrt{1 - k^2 \sin^2 \psi}}.$$

Ist k eine reelle positive Zahl zwischen 0 und 1, so liefert die LANDENsche Transformation das Resultat:

Es bedeute $M(a, b)$ das arithmetisch-geometrische Mittel der reellen positiven Zahlen a und b; hierbei ist $M(a, b)$ definiert durch

$$M = \operatorname*{limes}_{n \to \infty} a_n = \operatorname*{limes}_{n \to \infty} b_n$$

mit

$$a_1 = \frac{a + b}{2}, \quad b_1 = \sqrt{ab}, \quad a_n = \frac{a_{n-1} + b_{n-1}}{2}, \quad b_n = \sqrt{a_{n-1} b_{n-1}}$$

für $n = 1, 2, 3, \ldots$ Dann wird

$$\mathsf{K}(k) = \frac{\pi}{2} \frac{1}{M(1, k')}, \quad \mathsf{K}(k') \equiv \mathsf{K}'(k) = \frac{\pi}{2} \frac{1}{M(1, k)}.$$

Das Normalintegral zweiter Gattung. Die elliptischen Integrale zweiter Gattung sind definiert als die Umkehrfunktionen der unbestimmten Integrale der elliptischen Funktionen. Die zum Modul k gehörigen elliptischen Integrale zweiter Gattung lassen sich sämtlich ausdrücken durch die Summe eines Integrals erster Gattung und eines Vielfachen des *elliptischen* (LEGENDREschen) *Normalintegrals zweiter Gattung*

$$\int_0^y \frac{\sqrt{1 - k^2 t^2}}{\sqrt{1 - t^2}} \, dt.$$

Setzt man $y = \sin \varphi$, $t = \sin \psi$, so wird dies zu

$$E(k, \varphi) = \int\limits_0^\varphi \sqrt{1 - k^2 \sin^2 \psi}\, d\psi.$$

Den Wert von E für $\varphi = \dfrac{\pi}{2}$ bezeichnet man als *vollständiges Normalintegral zweiter Gattung* und schreibt dafür $\mathsf{E}(k)$. Es ist

$$\mathsf{E}(k) = \int\limits_0^{\pi/2} \sqrt{1 - k^2 \sin^2 \psi}\, d\psi = \int\limits_0^1 \frac{\sqrt{1 - k^2 t^2}}{\sqrt{1 - t^2}}\, dt = \frac{\pi}{2}\,{}_2F_1\left(-\tfrac{1}{2}, \tfrac{1}{2};\, 1;\, k^2\right).$$

Man definiert
$$\mathsf{E}'(k) = \mathsf{E}(k');$$

zwischen K, K', E, E' besteht die Relation von Legendre

$$\mathsf{E}\,\mathsf{K}' + \mathsf{E}'\mathsf{K} - \mathsf{K}\,\mathsf{K}' = \frac{\pi}{2}.$$

Für kleine Werte von k gilt im limes $k \to 0$:

$$\lim_{k \to 0} \mathsf{K}(k) = \lim_{k \to 0} \mathsf{E}(k) = \frac{\pi}{2}, \quad \lim_{k \to 0} \frac{\mathsf{K} - \mathsf{E}}{k^2} = \frac{\pi}{4},$$

$$\lim_{k \to 0} \mathsf{E}'(k) = 1, \qquad \lim_{k \to 0}\left[\mathsf{K}'(k) - \ln\frac{4}{k}\right] = 0.$$

Unbestimmte Integrale, die sich auf elliptische Integrale zurückführen lassen. Alle unbestimmten Integrale

$$\int\limits_{y_0}^y R\left(t,\, \sqrt{a_0 t^4 + a_1 t^3 + a_2 t^2 + a_3 t + a_4}\right) dt,$$

wobei R eine rationale Funktion von t und der Quadratwurzel

$$\sqrt{a_0 t^4 + a_1 t^3 + a_2 t^2 + a_3 t + a_4}$$

mit konstanten Werten von a_0, a_1, a_2, a_3, a_4 bedeutet, lassen sich linear durch elementare Funktionen und elliptische Normalintegrale erster, zweiter und dritter Gattung ausdrücken; *Normalintegrale dritter Gattung* sind dabei die unbestimmten Integrale

$$\int \frac{dt}{(1 + c\,t^2)\,\sqrt{(1 - t^2)(1 - k^2 t^2)}},$$

worin c eine Konstante bedeutet.

Eine Reihe von Beispielen zu diesem Satz ist in den oben angegebenen Beziehungen zwischen Integralen erster Gattung enthalten. Weitere Beispiele liefern die folgenden Integrale. Man setze:

$$F = \int\limits_0^y \frac{dt}{\sqrt{(1 - t^2)(1 - k^2 t^2)}}, \quad E = \int\limits_0^y \sqrt{\frac{1 - k^2 t^2}{1 - t^2}}\, dt.$$

Dann wird

$$\int_0^y \frac{t^2\,dt}{\sqrt{(1-t^2)(1-k^2t^2)}} = \frac{F-E}{k^2},$$

$$\int_0^y \sqrt{\frac{1-t^2}{1-k^2t^2}}\,dt = \frac{E-k'^2F}{k^2},$$

$$\int_0^y \frac{dt}{\sqrt{1-t^2}\,\sqrt{(1-k^2t^2)^3}} = \frac{E}{k'^2} - \frac{k^2}{k'^2}\,\frac{y\,\sqrt{1-y^2}}{\sqrt{1-k^2y^2}},$$

$$\int_0^y \frac{t^2\,dt}{\sqrt{1-t^2}\,\sqrt{(1-k^2t^2)^3}} = \frac{E-k'^2F}{k^2k'^2} - \frac{y\,\sqrt{1-y^2}}{k'^2\,\sqrt{1-k^2y^2}},$$

$$\int_0^y \sqrt{\frac{1-t^2}{(1-k^2t^2)^3}}\,dt = \frac{F-E}{k^2} + \frac{y\,\sqrt{1-y^2}}{\sqrt{1-k^2y^2}}.$$

Integralbeziehungen von LEGENDRE. Die folgenden Formeln sind unter dem Namen ,,Reduktion der vollständigen LEGENDREschen Normalintegrale dritter Gattung auf Normalintegrale erster und zweiter Gattung'' bekannt (Definition von $F(k,\varphi)$, $E(k,\varphi)$ S. 111, 112):

$$\sin\beta\cos\beta\,\sqrt{1-k'^2\sin^2\beta}\int_0^{\pi/2}\frac{\cos^2\varphi}{1-\cos^2\beta\cos^2\varphi}\,\frac{d\varphi}{\sqrt{1-k^2\sin^2\varphi}}$$

$$= \frac{\pi}{2} - [\mathsf{K}\,E(k',\beta) + \mathsf{E}\,F(k',\beta) - \mathsf{K}\,F(k',\beta)],$$

$$k'^2\sin\beta\cos\beta\,\sqrt{1-k'^2\sin^2\beta}\int_0^{\pi/2}\frac{\sin^2\varphi}{1-(1-k'^2\sin^2\beta)\sin^2\varphi}\,\frac{d\varphi}{\sqrt{1-k^2\sin^2\varphi}}$$

$$= \frac{\pi}{2} - [\mathsf{K}\,E(k',\beta) + \mathsf{E}\,F(k',\beta) - \mathsf{K}\,F(k',\beta)],$$

$$k^2\sin\beta\cos\beta\,\sqrt{1-k^2\sin^2\beta}\int_0^{\pi/2}\frac{\sin^2\varphi}{1-k^2\sin^2\beta\sin^2\varphi}\,\frac{d\varphi}{\sqrt{1-k^2\sin^2\varphi}}$$

$$= \mathsf{K}\,E(k,\beta) - \mathsf{E}\,F(k,\beta).$$

Spezielle Werte des Moduls k.

Für eine Reihe von speziellen Werten des Moduls k lassen sich die zugehörigen Werte von K, K', E, E' oder wenigstens Beziehungen zwischen diesen explizit angeben. So gilt für die ,,lemniskatischen Funktionen", d. h. für die (JACOBIschen) elliptischen Funktionen mit

$$k = \tfrac{1}{2}\sqrt{2},$$

$$\mathsf{K} = \mathsf{K}' = 2^{\tfrac{3}{4}} \int\limits_{0}^{1} \frac{dt}{\sqrt{1-t^4}} = \frac{1}{4\sqrt{\pi}} \left[\Gamma(\tfrac{1}{4})\right]^2.$$

Weiterhin gilt:

Für $\quad k = \sqrt{2}-1 \quad$ wird $\quad \mathsf{K}' = \mathsf{K}\dfrac{1}{\sqrt{2}}.$

Für $\quad k = \sin\dfrac{\pi}{12} \quad$ wird $\quad \mathsf{K}' = \mathsf{K}\dfrac{1}{\sqrt{3}} \quad$ und $\quad \mathsf{K}'\left(\mathsf{E}' - \dfrac{\sqrt{3}-1}{2\sqrt{3}}\mathsf{K}'\right) = \dfrac{\pi\sqrt{3}}{4}.$

Für $\quad k = \operatorname{tang}\dfrac{\pi}{8} \quad$ wird $\quad \mathsf{K}' = 2\,\mathsf{K}.$

Die JACOBISCHE Zetafunktion. Man definiert:

$$\operatorname{zn}(u, k) = \int\limits_{0}^{u} \operatorname{dn}^2(w, k)\,dw - \frac{\mathsf{E}(k)}{\mathsf{K}(k)}.$$

Es wird:

$$\operatorname{zn} u = \frac{d}{du}\ln\vartheta_0\!\left(\frac{u}{2\mathsf{K}}\right);\quad \operatorname{zn}(u + 2\mathsf{K}) = \operatorname{zn}(u),$$

$$\operatorname{zn}(u + v) = \operatorname{zn} u + \operatorname{zn} v - k\operatorname{sn} u\operatorname{sn} v\operatorname{sn}(u + v),$$

$$\operatorname{zn}(iu, k) = i\left[\operatorname{sc}(u, k')\operatorname{dc}(u, k') - \frac{\pi u}{2\mathsf{K}\mathsf{K}'} - \operatorname{zn}(u, k')\right].$$

Achtes Kapitel.

Integraltransformationen und Integralumkehrungen.

Vorbemerkungen: Die Funktionen, die in diesem Kapitel auftreten, sollen in vielen Fällen den folgenden Bedingungen genügen:

Ist $f(t)$ eine reelle Funktion der reellen Variablen t, so soll $f(t)$ stückweise zweimal stetig differentiierbar sein; die Punkte, in denen dies nicht der Fall ist, sollen sich im Endlichen nirgends häufen, und es sollen die Grenzwerte von $f'(t)$ oder $\dfrac{1}{f'(t)}$ bei beiderseitiger Annäherung an dieselben existieren. An Sprungstellen t_0 soll gelten:

$$f(t_0) = \tfrac{1}{2}\left[\lim_{t\to t_0+0} f(t) + \lim_{t\to t_0-0} f(t)\right].$$

Wenn Gültigkeitsbedingungen für Formeln oder Sätze angemerkt sind, sind sie meist hinreichend aber nicht notwendig; in einigen Fällen von geringerer Wichtigkeit sind keine solchen Bedingungen angegeben.

Einige Beziehungen zwischen verschiedenen Integraltransformationen: Es sei[1]

$$g(p) = \int_0^\infty e^{-pt} f(t)\, dt; \quad F(u) = \int_0^\infty J_0(2\sqrt{tu})\, f(t)\, dt,$$

$$v(z) = \int_0^\infty e^{-pz}\, g(p)\, dp.$$

Dann ist

$$g(p) = \frac{1}{p}\int_0^\infty e^{-u/p}\, F(u)\, du,$$

$$v(z) = \int_0^\infty \frac{f(t)}{z+t}\, dt = 2\int_0^\infty K_0(2\sqrt{zu})\, F(u)\, du.$$

§ 1. Die FOURIER-Transformation.

Es gilt der Satz: Sind $F_1(x)$ und $F_2(x)$ reelle Funktionen der reellen Veränderlichen x, welche für $-\infty < x < \infty$ definiert sind und den in den Vorbemerkungen von Kapitel VIII genannten Bedingungen genügen; setzt man ferner $F(x) = F_1(x) + i F_2(x)$, und existiert das Integral $\int_{-\infty}^{+\infty} |F(x)|\, dx$, dann existiert für alle reellen Werte von y die Funktion

$$(\mathfrak{F}_1) \qquad\qquad f(y) = \int_{-\infty}^{+\infty} e^{i x y}\, F(x)\, dx,$$

und es ist für jede Stelle, an der $F(x)$ endlich ist,

$$(\mathfrak{F}_2) \qquad\qquad F(x) = \frac{1}{2\pi}\int_{-\infty}^{+\infty} e^{-i x y}\, f(y)\, dy,$$

wobei das Integral $\int_{-\infty}^{+\infty}$ als $\lim_{A\to\infty} \int_{-A}^{A}$ aufzufassen ist.

Man nennt $f(y)$ die FOURIER-*Transformierte* von $F(x)$; auch die Bezeichnung *Spektralfunktion* von F ist für f gebräuchlich.

Im folgenden wird eine Reihe von Beispielen von Funktionenpaaren $F(x)$ und $f(y)$ aufgeführt, für welche die Beziehungen $(\mathfrak{F}_1)$ und $(\mathfrak{F}_2)$ erfüllt sind.

Die Parameter a, b in den Beispielen sind durchweg als reell und positiv vorausgesetzt.

---

[1] Für die Definition von J_0 und K_0 vgl. Kap. III, § 1.

$F(x) = \dfrac{1}{2\pi} \int\limits_{-\infty}^{+\infty} e^{-ixy} f(y)\, dy$	$f(y) = \int\limits_{-\infty}^{+\infty} e^{ixy} F(x)\, dx$
$\dfrac{1}{\sqrt{\lvert x \rvert}}$	$\sqrt{\dfrac{2\pi}{\lvert y \rvert}}$
$\operatorname{sgn} x\, \dfrac{1}{\sqrt{\lvert x \rvert}}$	$i \operatorname{sgn} y \sqrt{\dfrac{2\pi}{\lvert y \rvert}}$
$\dfrac{\sin a x}{x}$	$\begin{cases} \pi & \text{für } \lvert y \rvert < \\ 0 & \text{,, } \lvert y \rvert > \end{cases}$
$\dfrac{\sin^2 a x}{x^2}$	$\begin{cases} \pi\left(a - \dfrac{y}{2}\right) & \text{für } \lvert y \rvert < \\ 0 & \text{,, } \lvert y \rvert > \end{cases}$
$\begin{matrix} e^{i\omega x} & \text{für } p < x < q \\ 0 & \text{,, } x < p;\ x > q \end{matrix}$	$i\, \dfrac{e^{ip(\omega+y)} - e^{iq(\omega+y)}}{\omega + y}$
$\begin{matrix} e^{-\beta x} e^{i\omega x} & \text{für } x > 0 \\ 0 & \text{,, } x < 0 \end{matrix}$	$\dfrac{i}{\omega + y + i\beta}$
$\dfrac{1}{\operatorname{\mathfrak{Cof}} a x}$	$\dfrac{\pi}{a}\, \dfrac{1}{\operatorname{\mathfrak{Cof}}\left(\dfrac{\pi y}{2 a}\right)}$
$e^{-\lambda x^2} \qquad \operatorname{Re}(\lambda) > 0$	$\sqrt{\dfrac{\pi}{\lambda}}\, e^{-y^2/4\lambda} \qquad \begin{matrix}\operatorname{Re}(\lambda) > \\ \operatorname{Re}(\sqrt{\lambda}) > \end{matrix}$
$\cos a x^2$	$\sqrt{\dfrac{\pi}{a}}\, \cos\left(\dfrac{y^2}{4 a} - \dfrac{\pi}{4}\right)$
$\sin a x^2$	$\sqrt{\dfrac{\pi}{a}}\, \cos\left(\dfrac{y^2}{4 a} + \dfrac{\pi}{4}\right)$
$\dfrac{1}{\sqrt{x^2 + a^2}}$	$2 K_0(a \lvert y \rvert)$
$\operatorname{sgn} x \sqrt{\dfrac{1}{x^2 + a^2}}$	$\pi i \operatorname{sgn} y\, [J_0(i a y) + i\, \mathbf{H}_0(i a y)]$
$\dfrac{1}{x^2 + a^2}$	$\dfrac{\pi}{a}\, e^{-a \lvert y \rvert}$
$\operatorname{sgn} x\, \dfrac{1}{x^2 + a^2}$	$\dfrac{i}{a}\, [e^{-a y} \operatorname{Ei}(a y) - e^{a y} \operatorname{Ei}(-a y)]$
$\dfrac{e^{-a \lvert x \rvert}}{\sqrt{\lvert x \rvert}}$	$\sqrt{2\pi}\, \dfrac{\sqrt{\sqrt{a^2 + y^2} + a}}{\sqrt{a^2 + y^2}}$
$\operatorname{sgn} x\, \dfrac{e^{-a \lvert x \rvert}}{\sqrt{\lvert x \rvert}}$	$i \sqrt{2\pi} \operatorname{sgn} y\, \dfrac{\sqrt{\sqrt{a^2 + y^2} - a}}{\sqrt{a^2 + y^2}}$

$F(x) = \dfrac{1}{2\pi}\displaystyle\int_{-\infty}^{+\infty} e^{-ixy}\, f(y)\, dy$	$f(y) = \displaystyle\int_{-\infty}^{+\infty} e^{ixy}\, F(x)\, dx$
$\dfrac{\cos a x}{\sqrt{\lvert x\rvert}}$	$\sqrt{\dfrac{\pi}{2}}\left(\dfrac{1}{\sqrt{\lvert y-a\rvert}} + \dfrac{1}{\sqrt{\lvert y+a\rvert}}\right)$
$\dfrac{\sin a x}{\sqrt{\lvert x\rvert}}$	$\sqrt{\dfrac{\pi}{2}}\left(\dfrac{1}{\sqrt{\lvert y-a\rvert}} - \dfrac{1}{\sqrt{\lvert y+a\rvert}}\right)$
$\dfrac{\sin a x^2}{x}$	$-i\pi\left[S\left(\dfrac{y}{\sqrt{2\pi a}}\right) - C\left(\dfrac{y}{\sqrt{2\pi a}}\right)\right]$
$\dfrac{\sin a x^2}{x^2}$	$\pi y\left[S\left(\dfrac{y}{\sqrt{2\pi a}}\right) - C\left(\dfrac{y}{\sqrt{2\pi a}}\right)\right] + 2\sqrt{\pi a}\,\sin\left(\dfrac{y^2}{4a} + \dfrac{\pi}{4}\right)$
$\operatorname{sgn} x \cos a x^2$	$i\sqrt{\dfrac{2\pi}{a}}\left\{\sin\left(\dfrac{y^2}{4a}\right) C\left(\dfrac{y}{\sqrt{2\pi a}}\right) - \cos\left(\dfrac{y^2}{4a}\right) S\left(\dfrac{y}{\sqrt{2\pi a}}\right)\right\}$
$\operatorname{sgn} x \sin a x^2$	$i\sqrt{\dfrac{2\pi}{a}}\left\{\cos\left(\dfrac{y^2}{4a}\right) C\left(\dfrac{y}{\sqrt{2\pi a}}\right) + \sin\left(\dfrac{y^2}{4a}\right) S\left(\dfrac{y}{\sqrt{2\pi a}}\right)\right\}$
$\dfrac{\sin^2 a x}{x}$	$\begin{cases} \operatorname{sgn} y\; i\,\dfrac{\pi}{2} & \text{für } \lvert y\rvert < 2a \\[2mm] 0 & \text{,, } \lvert y\rvert > 2a \end{cases}$
$\dfrac{\mathfrak{Cof}\, a x}{\mathfrak{Cof}\, \pi x}$	$\dfrac{2\cos\dfrac{a}{2}\,\mathfrak{Cof}\,\dfrac{y}{2}}{\cos a + \mathfrak{Cof}\, y} \qquad a < \pi$
$\begin{aligned}&\dfrac{\sin b\sqrt{a^2 - x^2}}{\sqrt{a^2 - x^2}} \quad \text{für } \lvert x\rvert < a \\[2mm] &-\dfrac{e^{-b\sqrt{x^2 - a^2}}}{\sqrt{x^2 - a^2}} \quad \text{,, } \lvert x\rvert > a\end{aligned}\Bigg\}$	$\pi N_0\left(a\sqrt{b^2 + y^2}\right)$
$\dfrac{e^{-a/\sqrt{\lvert x\rvert}}}{\sqrt{\lvert x\rvert}}$	$\sqrt{\dfrac{2\pi}{\lvert y\rvert}}\left(\cos\sqrt{2a\lvert y\rvert} - \sin\sqrt{2a\lvert y\rvert}\right)$
$\operatorname{sgn} x\,\dfrac{e^{-a/\sqrt{\lvert x\rvert}}}{\sqrt{\lvert x\rvert}}$	$i\operatorname{sgn} y\,\sqrt{\dfrac{2\pi}{\lvert y\rvert}}\left(\cos\sqrt{2a\lvert y\rvert} + \sin\sqrt{2a\lvert y\rvert}\right)$
$\begin{aligned}&\dfrac{1}{\sqrt{a^2 - x^2}} \quad \text{für } \lvert x\rvert < a \\[2mm] &\; 0 \qquad\quad \text{,, } \lvert x\rvert > a\end{aligned}\Bigg\}$	$\pi J_0(a y)$
$\begin{aligned}&\; 0 \qquad\quad \text{für } \lvert x\rvert < a \\[2mm] &\dfrac{\operatorname{sgn} x}{\sqrt{x^2 - a^2}} \quad \text{,, } \lvert x\rvert > a\end{aligned}\Bigg\}$	$\pi i \operatorname{sgn} y\, J_0(a y)$

$F(x) = \dfrac{1}{2\pi} \displaystyle\int_{-\infty}^{+\infty} e^{-ixy} f(y)\, dy$	$f(y) = \displaystyle\int_{-\infty}^{+\infty} e^{ixy} F(x)\, dx$
$\begin{cases} 0 & \text{für } |x| < a \\ -\dfrac{1}{\sqrt{x^2 - a^2}} & \text{,, } |x| > a \end{cases}$	$\pi N_0(a\,|y|)$
$\begin{cases} \dfrac{\arcsin\left(\dfrac{x}{a}\right)}{\sqrt{a^2 - x^2}} & \text{für } |x| < a \\[2ex] \dfrac{\ln\left[\dfrac{x}{a} - \sqrt{\left(\dfrac{x}{a}\right)^2 - 1}\,\right]}{\sqrt{x^2 - a^2}} & \text{,, } |x| > a \end{cases}$	$\operatorname{sgn} y \; N_0(a\,|y|)\, i\, \dfrac{\pi^2}{2}$
$\dfrac{1}{2}\, \dfrac{1}{(x^2 + a^2)^{\nu + \frac{1}{2}}} \quad (\operatorname{Re} \nu > -\tfrac{1}{2})$	$\left(\dfrac{|y|}{2a}\right)^{\nu} \dfrac{\Gamma(\tfrac{1}{2})}{\Gamma(\nu + \tfrac{1}{2})}\, K_{\nu}(a\,|y|) \quad (\operatorname{Re} \nu > -$
$\dfrac{\operatorname{Ar\,Sin}\left(\dfrac{x}{a}\right)}{\sqrt{x^2 + a^2}}$	$\pi\, i \operatorname{sgn} y\, K_0(a\,|y|)$
$e^{i a^3 x^3}$	$\begin{cases} \dfrac{2}{3a}\sqrt{\dfrac{y}{a}}\, K_{\frac{1}{3}}\!\left(\dfrac{2y}{3a}\sqrt{\dfrac{y}{3a}}\right) & \text{für } y > \\[2ex] \dfrac{2\pi}{3a}\sqrt{\dfrac{|y|}{3a}}\left[J_{\frac{1}{3}}\!\left(\dfrac{2|y|}{3a}\sqrt{\dfrac{|y|}{3a}}\right) + J_{-\frac{1}{3}}\!\left(\dfrac{2|y|}{3a}\sqrt{\dfrac{|y|}{3a}}\right. & \\ & \text{für } y < \end{cases}$
$\dfrac{\cos\left(b\sqrt{a^2 + x^2}\right)}{\sqrt{a^2 + x^2}}$	$\begin{cases} 2 K_0(a\sqrt{y^2 - b^2}) & \text{für } |y| > \\ -\pi N_0(a\sqrt{b^2 - y^2}) & \text{,, } |y| < \end{cases}$
$\dfrac{\sin\left(b\sqrt{a^2 + x^2}\right)}{\sqrt{a^2 + x^2}}$	$\begin{cases} 0 & \text{für } |y| > \\ \pi J_0(a\sqrt{b^2 - y^2}) & \text{,, } |y| < \end{cases}$
$\dfrac{e^{-b\sqrt{a^2 + x^2}}}{\sqrt{a^2 + x^2}}$	$2 K_0(a\sqrt{b^2 + y^2})$
$\dfrac{e^{ib\sqrt{a^2 + x^2}}}{\sqrt{a^2 + x^2}}$	$\pi\, i\, H_0^1(a\sqrt{b^2 - y^2})$
$\begin{cases} \dfrac{\cos\left(b\sqrt{a^2 - x^2}\right)}{\sqrt{a^2 - x^2}} & \text{für } |x| < a \\ 0 & \text{,, } |x| > a \end{cases}$	$\pi J_0(a\sqrt{b^2 + y^2})$
$\begin{cases} -\dfrac{\sin\left(b\sqrt{x^2 - a^2}\right)}{\sqrt{x^2 - a^2}} & \text{für } |x| > a \\[2ex] +\dfrac{e^{-b\sqrt{a^2 - x^2}}}{\sqrt{a^2 - x^2}} & \text{,, } |x| < a \end{cases}$	$\begin{cases} \pi J_0(a\sqrt{y^2 - b^2}) & \text{für } |y| > \\ 0 & \text{,, } |y| < \end{cases}$

$F(x) = \dfrac{1}{2\pi} \displaystyle\int\limits_{-\infty}^{+\infty} e^{-ixy} f(y)\, dy$	$f(y) = \displaystyle\int\limits_{-\infty}^{+\infty} e^{ixy} F(x)\, dx$
$\operatorname{sgn} x\,\dfrac{\cos\left(b\sqrt{x^2-a^2}\right)}{\sqrt{x^2-a^2}};\quad \lvert x\rvert > a$ $\qquad\qquad 0;\qquad\qquad \lvert x\rvert < a$	$\left\{\begin{array}{ll}\pi i\,\operatorname{sgn} y\, J_0\left(a\sqrt{y^2-b^2}\right) & \text{für }\ \lvert y\rvert > b \\ 0 & \text{,,}\ \ \lvert y\rvert < b\end{array}\right.$
$\dfrac{\mathfrak{Cos}\left(b\sqrt{a^2-x^2}\right)}{\sqrt{a^2-x^2}}\quad \text{für }\ \lvert x\rvert < a$ $\qquad\qquad 0\qquad\qquad \text{,,}\ \ \lvert x\rvert > a$	$\pi\, J_0\left(a\sqrt{y^2-b^2}\right)$
$\dfrac{\sin\left(b\sqrt{a^2+x^2}\right)}{\sqrt{a^2+x^2}}\times$ $\left[\operatorname{Ci}\left(b\sqrt{a^2+x^2}+bx\right)+\operatorname{Ci}\left(b\sqrt{a^2+x^2}-bx\right)\right]-$ $-\dfrac{\cos\left(b\sqrt{a^2+x^2}\right)}{\sqrt{a^2+x^2}}\times$ $\left[\operatorname{Si}\left(b\sqrt{a^2+x^2}+bx\right)+\operatorname{Si}\left(b\sqrt{a^2+b^2}-bx\right)\right]$	$\begin{array}{ll}\pi^2\, N_0\left(a\sqrt{b^2-y^2}\right) & \text{für }\ \lvert y\rvert < b \\ 0 & \text{,,}\ \ \lvert y\rvert > b\end{array}$
$\dfrac{\cos\left(b\sqrt{a^2+x^2}\right)}{\sqrt{a^2+x^2}}\times$ $\pi-\operatorname{Si}\left(b\sqrt{a^2+x^2}+bx\right)-\operatorname{Si}\left(b\sqrt{a^2+x^2}-bx\right)]+$ $+\dfrac{\sin\left(b\sqrt{a^2+x^2}\right)}{\sqrt{a^2+x^2}}\times$ $\operatorname{Ci}\left(b\sqrt{a^2+x^2}+bx\right)+\operatorname{Ci}\left(b\sqrt{a^2+x^2}-bx\right)]$	$\left\{\begin{array}{ll}2\pi\, K_0\left(a\sqrt{y^2-b^2}\right) & \text{für }\ \lvert y\rvert > b \\ 0 & \text{,,}\ \ \lvert y\rvert < b\end{array}\right.$
$P_n(x)\qquad \text{für }\ \lvert x\rvert < 1$ $\quad 0\qquad\qquad \text{,,}\ \ \lvert x\rvert > 1$	$2\,i^n\sqrt{\dfrac{\pi}{2y}}\,J_{n+\frac12}(y)$
$\dfrac{J_\nu\left(b\sqrt{a^2-x^2}\right)}{\sqrt{a^2-x^2}}\quad \text{für }\ \lvert x\rvert < a$ $\qquad\qquad 0\qquad\qquad \text{,,}\ \ \lvert x\rvert > a$	$\pi\, J_{\nu/2}\left[\dfrac{a}{2}\left(\sqrt{b^2+y^2}-y\right)\right]\times$ $\times J_{\nu/2}\left[\dfrac{a}{2}\left(\sqrt{b^2+y^2}+y\right)\right]$
$\dfrac{J_\nu\left(b\sqrt{a^2+x^2}\right)}{\sqrt{a^2+x^2}^{\,\nu}}$	$\left\{\begin{array}{l}\sqrt{2\pi a}\,a^{-\nu}b^{-\nu}\sqrt{b^2-y^2}^{\,\nu-\frac12}\,J_{\nu-\frac12}\left(a\sqrt{b^2-y^2}\right) \\ \qquad\qquad\qquad\qquad\qquad\qquad \text{für }\ \lvert y\rvert < b \\ \qquad\qquad 0\qquad\qquad\qquad\ \ \text{,,}\ \ \lvert y\rvert > b\end{array}\right.$
$\sqrt{a^2-x^2}^{\,\nu}\,J_\nu\left(b\sqrt{a^2-x^2}\right)\quad \text{für }\ \lvert x\rvert < a$ $\qquad\qquad 0\qquad\qquad\qquad\quad \text{,,}\ \ \lvert x\rvert > a$	$\sqrt{2\pi a}\,a^\nu b^\nu\,\dfrac{J_{\nu+\frac12}\left(a\sqrt{b^2+y^2}\right)}{\sqrt{b^2+y^2}^{\,\nu+\frac12}}$

$F(x) = \dfrac{1}{2\pi} \displaystyle\int_{-\infty}^{+\infty} e^{-ixy}\, f(y)\, dy$	$f(y) = \displaystyle\int_{-\infty}^{+\infty} e^{ixy}\, F(x)\, dx$
$\sqrt{a^2 + x^2}^{\,\nu}\, K_\nu\left(b\, \sqrt{a^2 + x^2}\right)$	$\sqrt{2\pi a}\; a^\nu\, b^\nu\, \dfrac{K_{\nu+\frac{1}{2}}\left(a\, \sqrt{b^2 + y^2}\right)}{\sqrt{b^2 + y^2}^{\,\nu+\frac{1}{2}}}$
$\dfrac{H_\nu^{(2)}\left(b\, \sqrt{a^2 + x^2}\right)}{\sqrt{a^2 + x^2}^{\,\nu}}$	$i\,2\,\sqrt{\dfrac{2a}{\pi}}\; a^{-\nu}\, b^{-\nu}\, \sqrt{y^2 - b^2}^{\,\nu-\frac{1}{2}}\, K_{\nu-\frac{1}{2}}\left(a\, \sqrt{y^2 - b^2}\right)$
$e^{-x^2/2}\, He_n\left(x\, \sqrt{2}\right)$	$\sqrt{2\pi}\, i^n\, e^{-y^2/2}\, He_n\left(y\, \sqrt{2}\right)$
$e^{-x^2/2}\, He_n(x)\, He_m(x)$	$\sqrt{2\pi}\, n!\, (i\,y)^{m-n}\, e^{-y^2/2}\, L_n^{(m-n)}\left(y^2\right)$

§ 2. Die LAPLACE-Transformation.

Die in diesem Abschnitt formulierten Sätze beziehen sich ausschließlich auf den einfachsten und wichtigsten Fall in welchem die LAPLACE-Transformation benutzt wird; hierbei werden zwei Beziehungen zwischen einer Funktion $f(t)$ und einer Funktion $g(p)$ aufgestellt, wobei Real- und Imaginärteil von $f(t)$ den in den Vorbemerkungen zu diesem Kapitel formulierten Bedingungen genügen und überdies gilt:

1 a) $f(t)$ ist eine für alle reellen Werte von t erklärte Funktion; es ist $f(t) = 0$ für $t < 0$.

1 b) Es gibt eine reelle Konstante c_0, so daß das Integral

$$\int_0^\infty e^{-c_0 t}\, |f(t)|\, dt$$

existiert.

2 a) $g(p)$ ist eine analytische Funktion der komplexen Veränderlichen $p = \sigma + i\tau$, welche in einer ganzen Halbebene $\sigma \geqq c_0$ eindeutig und regulär ist.

2 b) Die Funktion $|g(p)|$ besitzt für $\sigma > c_0$ eine Majorante $G(\tau)$ mit der Eigenschaft

$$|g(\sigma + i\tau)| \leqq G(\tau) \qquad\qquad \text{für } \sigma > c_0$$

derart, daß das Integral

$$\int_{-\infty}^{+\infty} G(\tau)\, d\tau$$

existiert; es genügt, wenn diese Bedingung nicht von $g(p)$ selber, sondern nur von einer Funktion

$$g_0(p) = g(p) - \frac{a_1}{p^{\nu_1}} - \frac{a_2}{p^{\nu_2}} \cdots - \frac{a_n}{p^{\nu_n}}$$

erfüllt wird, wobei $a_1, \ldots, a_n; v_1, \ldots, v_n$ Konstanten sind, und $v_1, \ldots,$ v_n einen positiven Realteil besitzen; man muß dann jedenfalls $c_0 > 0$ wählen, und das Integral $\int\limits_{-\infty}^{+\infty}$ in $(\mathfrak{L})$ ist als $\lim\limits_{A\to\infty} \int\limits_{-A}^{+A}$ aufzufassen.

Nun gilt der Satz: Wenn die Funktionen $f(t)$ und $g(p)$ die Bedingungen (1a), (1b); (2a), (2b) erfüllen, und wenn zwischen ihnen eine der Beziehungen

$$(\mathfrak{L}) \qquad g(p) = \int\limits_0^\infty e^{-pt} f(t)\, dt, \quad f(t) = \frac{1}{2\pi i} \int\limits_{c-i\infty}^{c+i\infty} e^{pt} g(p)\, dp$$

besteht, wobei $c \geqq c_0$ aber sonst beliebig ist, so bestehen die *beiden* Beziehungen $(\mathfrak{L})$ zwischen $g(p)$ und $f(t)$.

Die Bedingungen für $f(t)$ und $g(p)$ lassen sich teilweise durch eine der Beziehungen $(\mathfrak{L})$ ersetzen; aus (1a), (1b) und der ersten Beziehung in $(\mathfrak{L})$ folgt (2a), und aus (2a), (2b) und der zweiten Beziehung in $(\mathfrak{L})$ folgt $f(t) = 0$ für $t < 0$.

Bestehen zwischen $f(t)$ und $g(p)$ die Beziehungen $(\mathfrak{L})$, so heißt $f(t)$ *Oberfunktion* oder *Originalfunktion* und $g(p)$ heißt *Unterfunktion* oder *Bildfunktion*. Man schreibt auch

$$g(p) = \mathfrak{L} f(t), \quad f(t) = \mathfrak{L}^{-1} g(p); \quad f(t) \subset p\, g(p), \quad f(t) \doteq p\, g(p)$$

und nennt $g(p)$ die „LAPLACE-*Transformierte*" von $f(t)$.

Zu beachten ist, daß

$$\lim\limits_{t\to+0} f(t) = 2\, \frac{1}{2\pi i} \int\limits_{c-i\infty}^{c+i\infty} g(p)\, dp$$

ist, da $f(t) = 0$ für $t < 0$ und mithin $f(0) = \tfrac{1}{2} \lim\limits_{t\to+0} f(t)$ ist.

Im folgenden werden nun zunächst einige Rechenregeln zusammengestellt, welche es gestatten, aus der LAPLACE-Transformierten einer Funktion diejenige von weiteren Funktionen zu erhalten, sofern sie existieren. Weiterhin wird eine Reihe von Beispielen zu den Formeln $(\mathfrak{L})$ aufgeführt; in diesen ist über die Größe c_0, welche durch die Bedingung $c > c_0$ den Wertebereich für c beschränkt, nichts Näheres ausgesagt; in den meisten Fällen läßt sich $c_0 > 0$ aber sonst beliebig wählen; im übrigen sind Schranken für c_0 in jedem konkreten Fall leicht zu erhalten.

Die Parameter a und b in den folgenden Formeln sind im allgemeinen reell und positiv zu wählen.

Der Buchstabe n bedeutet stets eine Zahl der Reihe 0, 1, 2, ...

Oberfunktion $$f(t) = \frac{1}{2\pi i} \int\limits_{c-i\infty}^{c+i\infty} e^{pt}\, g(p)\, dp$$	Unterfunktion $$g(p) = \int\limits_{0}^{\infty} e^{-pt}\, f(t)\, dt$$
$f(t)$ $f(at)$ (*a* reell und positiv)	$g(p)$ $\dfrac{1}{a}\, g\!\left(\dfrac{p}{a}\right)$ (*a* reell und positiv)
Differentiation im Oberbereich $\dfrac{df}{dt}$ $\dfrac{d^n f}{dt^n}$	$p\, g(p) - f(0)$ $p^n g(p) - \sum\limits_{l=0}^{n-1} p^{n-l-1} f^{(l)}(0)$
Integration im Oberbereich $\displaystyle\int\limits_{0}^{t} f(\tau)\, d\tau$ $\displaystyle\int\limits_{t}^{\infty} \frac{f(\tau)}{\tau}\, d\tau$	$\dfrac{1}{p}\, g(p)$ $\dfrac{1}{p} \displaystyle\int\limits_{0}^{p} g(q)\, dq$
$t^n f(t)$ $(n = 1, 2, 3, \ldots)$	**Differentiation im Unterbereich** $(-1)^n \dfrac{d^n g}{dp^n}$ $(n = 1, 2, 3, \ldots)$
$\dfrac{1}{t}\, f(t)$	**Integration im Unterbereich** $\displaystyle\int\limits_{p}^{\infty} g(q)\, dq$
Faltungssatz $f_1(t),\, f_2(t)$ $\displaystyle\int\limits_{0}^{t} f_1(\tau)\, f_2(t-\tau)\, d\tau$	$g_1(p),\, g_2(p)$ $g_1(p)\, g_2(p)$
Verschiebung im Oberbereich $\left\{ \begin{array}{ll} f(t-a) & \text{für } t \gtreqqless a \\ 0 & \text{für } 0 \le t < a \end{array} \right\}$ (*a* reell und positiv)	$e^{-ap}\, g(p)$ (*a* reell und positiv)
$f(t+a)$ (*a* reell und positiv)	$e^{ap}\left[g(p) - \displaystyle\int\limits_{0}^{a} e^{-p\tau} f(\tau)\, d\tau \right]$ (*a* reell und positiv)

Oberfunktion	Unterfunktion
$$f(t) = \frac{1}{2\pi i} \int\limits_{c-i\infty}^{c+i\infty} e^{pt} g(p)\, dp$$	$$g(p) = \int\limits_0^\infty e^{-pt} f(t)\, dt$$
$e^{at} f(t)$	**Verschiebung im Unterbereich** $g(p-a)$
$f(t^2)$	$\frac{1}{\sqrt{\pi}} \int\limits_0^\infty e^{-p^2 s^2/4}\, g\left(\frac{1}{s^2}\right) \frac{ds}{s^2}$
$\frac{1}{\sqrt{\pi t}} \int\limits_0^\infty e^{-s^2/4t}\, f(s)\, ds$	$\frac{1}{\sqrt{p}}\, g\left(\sqrt{p}\right)$
$t^{\nu/2} \int\limits_0^\infty s^{-\nu/2} J_\nu\left(2\sqrt{st}\right) f(s)\, ds$ $(\mathrm{Re}\ \nu > -\tfrac{1}{2})$	$p^{-\nu-1} g\left(\frac{1}{p}\right)$ $(\mathrm{Re}\ \nu > -\tfrac{1}{2})$
$\int\limits_0^t J_0\left[2\sqrt{s(t-s)}\right] f(s)\, ds$	$\frac{1}{p}\, g\left(p + \frac{1}{p}\right)$
$f(t) - \int\limits_0^t f\left(\sqrt{t^2 - s^2}\right) J_1(s)\, ds$	$g\left(\sqrt{p^2 + 1}\right)$
$\int\limits_0^\infty \frac{t^s f(s)}{\Gamma(s+1)}\, ds$	$\frac{1}{p}\, g(\ln p)$
$2^{-n/2} \pi^{-1/4} t^{-(n+1)/2} \int\limits_0^\infty e^{-s^2/4t} He_n\left(\frac{s}{\sqrt{2t}}\right) f(s)\, ds$ $(n = 0, 1, 2, \ldots)$	$p^{(n-1)/2} g\left(\sqrt{p}\right)$ $(n = 0, 1, 2, \ldots)$

Die LAPLACE-Transformierte periodischer Funktionen.

Es sei $f(t)$ für $t > 0$ periodisch mit der Periode a, also $f(t+a) = f(t)$; a sei reell und positiv. Ist für $0 \leq t < a$ die Funktion $f(t) = f_0(t)$, und setzt man

$$\int\limits_0^a f_0(t)\, e^{-pt}\, dt = g_0(p),$$

dann ist die zu $f(t)$ gehörige Unterfunktion $g(p)$ gegeben durch

$$g(p) = \int\limits_0^\infty f(t)\, e^{-pt}\, dt = \frac{g_0(p)}{1 - e^{-ap}}.$$

Oberfunktion $f(t) = \dfrac{1}{2\pi i} \displaystyle\int\limits_{c-i\infty}^{c+i\infty} e^{pt}\, g(p)\, dp$	Unterfunktion $g(p) = \displaystyle\int\limits_{0}^{\infty} e^{-pt} f(t)\, dt$
t^ν	$\dfrac{\Gamma(\nu+1)}{p^{\nu+1}}$ $\mathrm{Re}\,(\nu) > -1$
$\begin{cases}(t^2 - a^2)^\nu & \text{für } t > a \\ 0 & \text{,, } t < a\end{cases}$	$\dfrac{2^{\nu+\frac12}\,\Gamma(\nu+1)\,a^{2\nu+1}\,K_{\nu+\frac12}(ap)}{\sqrt{\pi}\,p^{\nu+\frac12}}$ $\mathrm{Re}\,(\nu) \geqq -\tfrac12$
$\begin{cases}(2at - t^2)^{n-\frac12} & \text{für } 0 < t < 2a \\ 0 & \text{,, } t > 2a\end{cases}$	$\sqrt{\pi}\,\Gamma(n+\tfrac12)\,2^n\,a^n\,p^{-n}\,e^{-ap}\,I_n(ap)$ $n > 0$
$(2at + t^2)^\nu$	$\dfrac{\Gamma(\nu+1)}{\sqrt{\pi}}\,2^{\nu+\frac12}\,a^{\nu+\frac12}\,p^{-\nu-\frac12}\,e^{ap}\,K_{\nu+\frac12}(ap)$ $\mathrm{Re}\,(\nu) \geqq -\tfrac12$
$\dfrac{1}{1 + at}$	$-\dfrac{1}{a}\,e^{p/a}\,\mathrm{Ei}\left(-\dfrac{p}{a}\right)$
$\dfrac{1}{(1 + at)^\nu}$	$\dfrac{p^{\nu/2-1}}{a^{\nu/2}}\,e^{p/2a}\,W_{-\nu/2,\,(1-\nu)/2}\left(\dfrac{p}{a}\right)$
$\dfrac{1}{\sqrt{1 + at}}$	$\sqrt{\dfrac{\pi}{pa}}\,e^{p/a}\left[1 - \Phi\left(\sqrt{\dfrac{p}{a}}\right)\right]$
$\dfrac{t^{\mu-\varkappa-\frac12}}{(1+t)^{-\mu-\varkappa+\frac12}}$	$e^{p/2}\,p^{-\frac12-\mu}\,\Gamma(\mu+\tfrac12-\varkappa)\,W_{\varkappa,\,\mu}(p)$
$\dfrac{1}{1 + a^2 t^2}$	$\dfrac{1}{a}\left[\sin\left(\dfrac{p}{a}\right)\mathrm{Ci}\left(\dfrac{p}{a}\right) - \cos\left(\dfrac{p}{a}\right)\mathrm{si}\left(\dfrac{p}{a}\right)\right]$
$\dfrac{t}{1 + a^2 t^2}$	$-\dfrac{1}{a^2}\left[\cos\left(\dfrac{p}{a}\right)\mathrm{Ci}\left(\dfrac{p}{a}\right) + \sin\left(\dfrac{p}{a}\right)\mathrm{si}\left(\dfrac{p}{a}\right)\right]$
$\dfrac{1}{\sqrt{1 + a^2 t^2}}$	$\dfrac{\pi}{2a}\left[\mathsf{H}_0\left(\dfrac{p}{a}\right) - N_0\left(\dfrac{p}{a}\right)\right]$
$\dfrac{t^{\nu/2-1}}{(1+t)^{(\nu+1)/2}}$	$\Gamma\left(\dfrac{\nu}{2}\right)\,2^{\nu/2}\,e^{p/2}\,D_{-\nu}\left(\sqrt{2p}\right)$
$(at + \sqrt{a^2 t^2 + 1})^n + (at - \sqrt{a^2 t^2 + 1})^n$	$\dfrac{2}{a}\,O_n\left(\dfrac{p}{a}\right)$
$\dfrac{(at + \sqrt{a^2 t^2 + 1})^n - (at - \sqrt{a^2 t^2 + 1})^n}{\sqrt{a^2 t^2 + 1}}$	$\dfrac{1}{a}\,S_n\left(\dfrac{p}{a}\right)$

Oberfunktion $f(t) = \dfrac{1}{2\pi i} \displaystyle\int\limits_{c-i\infty}^{c+i\infty} e^{pt}\, g(p)\, dp$	Unterfunktion $g(p) = \displaystyle\int\limits_{0}^{\infty} e^{-pt}\, f(t)\, dt$
$\dfrac{+\sqrt{a^2 t^2-1})^\nu + (a t - \sqrt{a^2 t^2-1})^\nu}{\sqrt{a^2 t^2-1}}$ $\qquad 0 \qquad$ für $t < \dfrac{1}{a}$	$\dfrac{2}{a}\, K_\nu\!\left(\dfrac{p}{a}\right)$
$\dfrac{+\sqrt{a^2 t^2-1})^\nu - (a t - \sqrt{a^2 t^2-1})^\nu}{}$ $\qquad 0 \qquad$ für $t < \dfrac{1}{a}$	$\dfrac{2\nu}{p}\, K_\nu\!\left(\dfrac{p}{a}\right)$
$\sin a t$	$\dfrac{a}{p^2 + a^2}$
$\cos a t$	$\dfrac{p}{p^2 + a^2}$
$e^{-bt} \sin (a t \pm \vartheta)$	$\dfrac{a \cos \vartheta \pm (p + b) \sin \vartheta}{(p + b)^2 + a^2}$
$e^{-bt} \cos (a t \pm \vartheta)$	$\dfrac{(p + b) \cos \vartheta \mp a \sin \vartheta}{(p + b)^2 + a^2}$
$\sin^{2n} a t$	$\dfrac{1}{p}\, \dfrac{(2n)!}{\left(2^2 + \dfrac{p^2}{a^2}\right) \cdots \left[(2n)^2 + \dfrac{p^2}{a^2}\right]}$
$\sin^{2n+1} a t$	$\dfrac{1}{a}\, \dfrac{(2n+1)!}{\left(1^2 + \dfrac{p^2}{a^2}\right) \cdots \left[(2n+1)^2 + \dfrac{p^2}{a^2}\right]}$
$\dfrac{e^{-bt} \cos \sqrt{a t}}{\sqrt{t}}$	$\pi\, \dfrac{e^{-a/4(p+ab)}}{\sqrt{p + a b}}$
$\dfrac{\sin a t}{t}$	$\operatorname{arctg}\left(\dfrac{a}{p}\right)$
$\dfrac{1}{t} \sin t^2$	$\dfrac{1}{2}\, D_{-1}\!\left(\dfrac{1+i}{2}\, p\right) D_{-1}\!\left(\dfrac{1-i}{2}\, p\right)$
$t^\nu \sin a t$	$\dfrac{1}{2i}\, \dfrac{\Gamma(\nu + 1)}{(p^2 + a^2)^{\nu+1}}\,[(p + i a)^{\nu+1} - (p - i a)^{\nu+1}]$
$t^\nu \cos a t$	$\dfrac{1}{2}\, \dfrac{\Gamma(\nu + 1)}{(p^2 + a^2)^{\nu+1}}\,[(p + i a)^{\nu+1} + (p - i a)^{\nu+1}]$

Oberfunktion$$f(t) = \frac{1}{2\pi i} \int\limits_{c-i\infty}^{c+i\infty} e^{pt} g(p)\, dp$$	Unterfunktion$$g(p) = \int\limits_0^\infty e^{-pt} f(t)\, dt$$
$\dfrac{\sin^2 a t}{t}$	$\dfrac{1}{2} \ln \sqrt{1 + \dfrac{4 a^2}{p^2}}$
$\sin (a \sqrt{t})$	$\dfrac{a}{2 p} \sqrt{\dfrac{\pi}{p}}\, e^{-a^2/4 p}$
$\sqrt{t} \cos (a \sqrt{t})$	$\dfrac{1}{2 p} \sqrt{\dfrac{\pi}{p}}\, e^{-a^2/4 p} \left(1 - \dfrac{a^2}{2 p}\right)$
$\dfrac{\sin (a \sqrt{t})}{t}$	$\pi\, \Phi \left(\dfrac{a}{2 \sqrt{p}}\right)$
$\cos a t^2$	$\sqrt{\dfrac{\pi}{2 a}} \left\{\cos \dfrac{p^2}{4 a} \left[\dfrac{1}{2} - S\left(\dfrac{p}{\sqrt{2 \pi a}}\right)\right] - \sin \dfrac{p^2}{4 a} \left[\dfrac{1}{2} - C\left(\dfrac{p}{\sqrt{2 \pi a}}\right)\right]\right\}$
$\sin a t^2$	$\sqrt{\dfrac{\pi}{2 a}} \left\{\cos \dfrac{p^2}{4 a} \left[\dfrac{1}{2} - C\left(\dfrac{p}{\sqrt{2 \pi a}}\right)\right] + \sin \dfrac{p^2}{4 a} \left[\dfrac{1}{2} - S\left(\dfrac{p}{\sqrt{2 \pi a}}\right)\right]\right\}$
$C (t)$	$\dfrac{1}{p} \left\{\cos \dfrac{p^2}{2 \pi} \left[\dfrac{1}{2} - S\left(\dfrac{p}{\pi}\right)\right] - \sin \dfrac{p^2}{2 \pi} \left[\dfrac{1}{2} - C\left(\dfrac{p}{\pi}\right)\right]\right\}$
$S (t)$	$\dfrac{1}{p} \left\{\cos \dfrac{p^2}{2 \pi} \left[\dfrac{1}{2} - C\left(\dfrac{p}{\pi}\right)\right] + \sin \dfrac{p^2}{2 \pi} \left[\dfrac{1}{2} - S\left(\dfrac{p}{\pi}\right)\right]\right\}$
$\dfrac{\sin a t}{\sqrt{t}}$	$\sqrt{\dfrac{\pi}{2}}\, \dfrac{\sqrt{\sqrt{a^2 + p^2} - p}}{\sqrt{a^2 + p^2}}$
$\dfrac{\cos a t}{\sqrt{t}}$	$\sqrt{\dfrac{\pi}{2}}\, \dfrac{\sqrt{\sqrt{p^2 + a^2} + p}}{\sqrt{p^2 + a^2}}$
$e^{bt} \dfrac{\sin a t}{t}$	$\operatorname{arctg} \dfrac{a}{p - b}$
$t^{-3/4} \sin (a \sqrt{t})$	$\dfrac{\pi}{4} \sqrt{\dfrac{8 a}{p}}\, e^{-a^2/8 p} I_{1/4}\left(\dfrac{a^2}{8 p}\right)$
$t^{-3/4} \cos (a \sqrt{t})$	$\dfrac{\pi}{4} \sqrt{\dfrac{8 a}{p}}\, e^{-a^2/8 p} I_{-1/4}\left(\dfrac{a^2}{8 p}\right)$

Oberfunktion $f(t) = \dfrac{1}{2\pi i} \displaystyle\int\limits_{c-i\infty}^{c+i\infty} e^{pt}\, g(p)\, dp$	Unterfunktion $g(p) = \displaystyle\int\limits_{0}^{\infty} e^{-pt}\, f(t)\, dt$
$\dfrac{\cos\left(\dfrac{a}{t}\right)}{\sqrt{t}}$	$\sqrt{\dfrac{\pi}{p}}\; e^{-\sqrt{2pa}} \cos\sqrt{2pa}$
$\dfrac{\sin\left(\dfrac{a}{t}\right)}{\sqrt{t}}$	$\sqrt{\dfrac{\pi}{p}}\; e^{-\sqrt{2pa}} \sin\sqrt{2pa}$
$\begin{aligned}\sin(a\sqrt{t^2-b^2}) &\quad t>b \\ 0 &\quad t<b\end{aligned}\Big\}$	$a\,b\,(p^2+a^2)^{-\frac12}\, K_1(b\sqrt{p^2+a^2})$
$\mathfrak{Sin}\, a\,t$	$\dfrac{a}{p^2-a^2}$
$\mathfrak{Cos}\, a\,t$	$\dfrac{p}{p^2-a^2}$
$e^{-bt}\,\mathfrak{Sin}\, a\,t$	$\dfrac{a}{(p+b)^2-a^2}$
$e^{-bt}\,\mathfrak{Cos}\, a\,t$	$\dfrac{p+b}{(p+b)^2-a^2}$
$e^{-bt}\,\mathfrak{Sin}\,(2a\sqrt{t})$	$\dfrac{\sqrt{\pi}\, a\, e^{a^2/(p+b)}}{(p+b)^{3/2}}$
$e^{-bt}\,\dfrac{\mathfrak{Cos}\,(2a\sqrt{t})}{\sqrt{t}}$	$\sqrt{\pi}\,\dfrac{e^{a^2/(p+b)}}{\sqrt{p+b}}$
$\dfrac{\mathfrak{Sin}\, a\,t}{t}$	$\dfrac{1}{2}\ln\left(\dfrac{p+a}{p-a}\right) \qquad \mathrm{Re}\,(p) > \mathrm{Re}\,(a)$
$\dfrac{\mathfrak{Sin}^2 a\,t}{t}$	$-\dfrac{1}{2}\ln\sqrt{1-\dfrac{4a^2}{p^2}}$
e^{at}	$\dfrac{1}{p-a}$
$e^{at}\, t^{\nu-1}$	$\dfrac{\Gamma(\nu)}{(p-a)^\nu} \qquad \mathrm{Re}\,(\nu) > 0$
$\dfrac{e^{at}}{\sqrt{t}}$	$\sqrt{\pi}\,\dfrac{1}{\sqrt{p-a}}$
$\dfrac{e^{-at}}{\sqrt{t}}$	$\dfrac{\sqrt{\pi}}{\sqrt{p+a}}$

Oberfunktion	Unterfunktion
$f(t) = \dfrac{1}{2\pi i} \displaystyle\int_{c-i\infty}^{c+i\infty} e^{pt}\, g(p)\, dp$	$g(p) = \displaystyle\int_0^\infty e^{-pt} f(t)\, dt$
$\dfrac{e^{-a/t}}{\sqrt{t}}$	$\sqrt{\dfrac{\pi}{p}}\, e^{-2\sqrt{ap}}$
$\dfrac{a^\nu}{(2t)^{\nu+1}}\, e^{-a^2/4t}$	$p^{\nu/2}\, K_\nu(a\sqrt{p})$
$\dfrac{e^{-a\sqrt{t}}}{\sqrt{t}}$	$\sqrt{\dfrac{\pi}{p}}\left[1 - \Phi\left(\dfrac{a}{2\sqrt{p}}\right)\right] e^{a^2/4p}$
$e^{-a^2 t^2}$	$\dfrac{\sqrt{\pi}}{2a}\, e^{p^2/4a^2}\left[1 - \Phi\left(\dfrac{p}{2a}\right)\right]$
$e^{-a^2 t^2}\, t^{\nu-1}$	$\dfrac{a^{-\nu}}{2^{\nu/2}}\, \Gamma(\nu)\, e^{p^2/8a^2}\, D_{-\nu}\left(\dfrac{p}{a\sqrt{2}}\right)$ Re$(\nu) >$
$\sqrt{1+t^2}$	$-\dfrac{1}{p}\left[\cos p \operatorname{Ci} p + \sin p \operatorname{si}(p)\right]$
Ei$(a\,t)$	$-\dfrac{1}{p}\ln\left(\dfrac{p}{a} - 1\right)$
si$(a\,t)$	$-\dfrac{1}{p}\operatorname{arctg}\left(\dfrac{p}{a}\right)$
Ci$(a\,t)$	$-\dfrac{1}{p}\ln\sqrt{\left(\dfrac{p}{a}\right)^2 + 1}$
$\ln\left(|t + \sqrt{t^2 - 1}|\right)$	$\dfrac{1}{p}\, K_0(p)$
$\ln\left(t + \sqrt{t^2 + 1}\right)$	$\dfrac{\pi}{2p}\left[\mathbf{H}_0(p) - N_0(p)\right]$
$\Phi(a\,t)$	$\dfrac{1}{p}\, e^{p^2/4a^2}\left[1 - \Phi\left(\dfrac{p}{2a}\right)\right]$
$\Phi\left(\dfrac{a}{\sqrt{t}}\right)$	$\dfrac{1}{p}\left(1 - e^{-2a\sqrt{p}}\right)$
$\Phi(a\sqrt{t})$	$\dfrac{a}{p}\, \dfrac{1}{\sqrt{p + a^2}}$

Oberfunktion $f(t) = \dfrac{1}{2\pi i} \displaystyle\int\limits_{c-i\infty}^{c+i\infty} e^{pt} g(p)\, dp$	Unterfunktion $g(p) = \displaystyle\int\limits_0^\infty e^{-pt} f(t)\, dt$
$e^{bt}\, \Phi\!\left(a\sqrt{t}\right)$	$\dfrac{a}{(p-b)\sqrt{p+a^2-b}}$
$e^{-bt}\, \Phi\!\left(a\sqrt{t}\right)$	$\dfrac{a}{(p+b)\sqrt{p+a^2+b}}$
$(2t)^{-\nu/2}\, e^{-a^2/8t}\, D_{\nu-1}\!\left(\dfrac{a}{\sqrt{2t}}\right)$	$\sqrt{\dfrac{\pi}{2}}\; p^{\nu/2-1}\, e^{-a\sqrt{p}}$
$(2t)^{(\nu-1)/2}\, e^{-t/2}\, D_{-\nu}\!\left(\sqrt{2t}\right)$	$\dfrac{1}{p}\sqrt{\dfrac{\pi}{2}}\, \dfrac{(\sqrt{p+1}-1)^\nu}{p^{\nu-1}\sqrt{p+1}}$ $(\mathrm{Re}\ \nu > -1)$
$(2t)^{(\nu-1)/2}\, e^{-t/2}\, D_{-\nu-2}\!\left(\sqrt{2t}\right)$	$\sqrt{\dfrac{\pi}{2}}\, \dfrac{(\sqrt{p+1}-1)^{\nu+1}}{(\nu+1)\, p^{\nu+1}}$ $(\mathrm{Re}\ (\nu) > -1)$
${}_rF_s(\alpha_1, \ldots \alpha_r;\ \gamma_1, \ldots \gamma_s;\ t)$ $(s \geqq r)$	$\left(\dfrac{1}{p}\right)\, {}_{(r+1)}F_s\left(\alpha_1, \ldots \alpha_r, 1;\quad \gamma_1, \ldots \gamma_s;\quad \dfrac{1}{p}\right)$
${}_rF_s(\alpha_1, \ldots \alpha_r;\ \gamma_1, \ldots \gamma_{s-1}, 1;\ t)$ $(s \geqq r)$	$\left(\dfrac{1}{p}\right)\ {}_rF_{s-1}\left(\alpha_1, \ldots \alpha_r;\quad \gamma_1, \ldots \gamma_{s-1};\ \dfrac{1}{p}\right)$
${}_rF_s(\alpha_1, \ldots \alpha_r;\ \gamma_1, \ldots \gamma_s;\ t^2)$ $(s > r)$	$\left(\dfrac{1}{p}\right)\, {}_{(r+2)}F_s\left(\alpha_1, \ldots \alpha_r, 1, \dfrac{1}{2};\ \gamma_1, \ldots \gamma_s;\quad \dfrac{4}{p^2}\right)$
${}_0F_n\left(\dfrac{1}{n}, \dfrac{2}{n}, \ldots \dfrac{n-1}{n}, 1;\ \dfrac{t^n}{n^n}\right)$	$\dfrac{1}{p}\, e^{p^{-n}}$
$\dfrac{1}{2^{n/2}\sqrt{\pi}\, t^{(n+1)/2}}\, e^{-a^2/4t}\, He_n\!\left(\dfrac{a}{\sqrt{2t}}\right)$	$p^{(n-1)/2}\, e^{-a\sqrt{p}}$
$t^n\, L_n(t)$	$\dfrac{n!}{p^{n+1}}\, P_n\!\left(1 - \dfrac{2}{p}\right)$
$e^{-t}\, L_n(t)$	$\dfrac{p^n}{(p+1)^{n+1}}$
$e^{-t/2}\, L_n(t)$	$\dfrac{2}{2p+1}\left(\dfrac{2p-1}{2p+1}\right)^n$

Oberfunktion $$f(t) = \frac{1}{2\pi i}\int_{c-i\infty}^{c+i\infty} e^{pt}\,g(p)\,dp$$	Unterfunktion $$g(p) = \int_0^\infty e^{-pt} f(t)\,dt$$
$e^{\lambda t}\,t^\alpha\,L_n^{(\alpha)}(t)$ (Re $\alpha > -1$)	$\dfrac{\Gamma(\alpha+n+1)}{n!}\,\dfrac{(p-\lambda-1)^n}{(p-\lambda)^{n+\alpha+1}}$ (Re $\alpha >-$
$M_{\mu,\nu}(t)$	$\dfrac{\Gamma(\nu+\frac{3}{2})}{(p+\frac{1}{2})^{\nu+3/2}}\,{}_2F_1\left(\nu+\tfrac{3}{2},\,-\mu+\nu+\tfrac{1}{2};\,2\nu+1;\,\dfrac{1}{p+}\right.$
$t^\alpha\,M_{\mu,\nu}(t)$	$\dfrac{\Gamma(\alpha+\nu+\frac{3}{2})}{(p+\frac{1}{2})^{\alpha+\nu+3/2}}\,{}_2F_1\left(\alpha+\nu+\tfrac{3}{2},\,-\mu+\nu+\tfrac{1}{2};\,2\nu+1;\,\dfrac{1}{p+}\right.$
$t^\alpha\,e^{t/2}\,M_{\mu,\nu}(t)$	$\dfrac{\Gamma(\alpha+\nu+\frac{3}{2})}{p^{\alpha+\nu+3/2}}\,{}_2F_1\left(\alpha+\nu+\tfrac{3}{2},\,-\mu+\nu+\tfrac{1}{2};\,2\nu+1;\,\right.$ Re $(\alpha+\nu) > -$
$t^\alpha\,e^{-t/2}\,M_{\mu,\nu}(t)$	$\dfrac{\Gamma(\alpha+\nu+\frac{3}{2})}{(p+1)^{\alpha+\nu+3/2}}\,{}_2F_1\left(\alpha+\nu+\tfrac{3}{2},\,-\mu+\nu+\tfrac{1}{2};\,2\nu+1;\,\dfrac{1}{p+}\right.$
$t^{\mu-\frac{1}{2}}\,e^{\lambda t}\,M_{\varkappa,\mu}(at)$ Re $(2\mu+1)>0$	$a^{\mu+\frac{1}{2}}\,\Gamma(2\mu+1)\,\dfrac{(p-\lambda-\frac{1}{2}a)^{\varkappa-\mu-\frac{1}{2}}}{(p-\lambda+\frac{1}{2}a)^{\varkappa+\mu+\frac{1}{2}}}$
$N_{\varkappa,\mu}(t)$ [Re $(2\mu+1)>0$]	$\dfrac{(p-\frac{1}{2})^{\varkappa-\mu-\frac{1}{2}}}{(p+\frac{1}{2})^{\varkappa+\mu+\frac{1}{2}}}$
$t^\alpha\,e^{\lambda t}\,W_{\varkappa,\mu}(bt)$ $\left[\text{Re }(\alpha\pm\mu+\tfrac{3}{2})>0,\ \text{Re }p>\text{Re}\left(\lambda\pm\dfrac{b}{2}\right)\right]$ (b reell und positiv)	$\dfrac{\Gamma(\alpha+\mu+\frac{3}{2})\,\Gamma(\alpha-\mu+\frac{3}{2})\,b^{\mu+\frac{1}{2}}}{\Gamma(\alpha-\varkappa+2)\left(p-\lambda+\dfrac{b}{2}\right)^{\alpha+\mu+3/2}}\times$ $\times\,{}_2F_1\left(\alpha+\mu+\tfrac{3}{2},\,\tfrac{1}{2}+\mu-\varkappa;\,\alpha-\varkappa+2;\,\dfrac{p-\lambda-\frac{1}{2}}{p-\lambda+\frac{1}{2}}\right.$
$t^{-\frac{1}{2}}\,He_{2n}(\sqrt{2}\,t)$	$(-1)^n\,\sqrt{\pi}\,\dfrac{(2n)!}{n!\,2^n}\,\dfrac{(p-1)^n}{p^{n+\frac{1}{2}}}$
$He_{2n+1}(\sqrt{2}\,t)$	$(-1)^n\,\sqrt{\dfrac{\pi}{2}}\,\dfrac{(2n+1)!}{n!\,2^n}\,\dfrac{(p-1)^n}{p^{n+3/2}}$
$t^{-\frac{1}{2}}\,D_{2n}(\sqrt{2}\,t)$	$(-2)^n\,\Gamma(n+\tfrac{1}{2})\,\dfrac{(p-\frac{1}{2})^n}{(p+\frac{1}{2})^{n+\frac{1}{2}}}$
$D_{2n+1}(\sqrt{2}\,t)$	$(-2)^n\,\Gamma(n+\tfrac{3}{2})\,\dfrac{(p-\frac{1}{2})^n}{(p+\frac{1}{2})^{n+3/2}}$

Oberfunktion $$f(t) = \frac{1}{2\pi i} \int\limits_{c-i\infty}^{c+i\infty} e^{pt}\, g(p)\, dp$$	Unterfunktion $$g(p) = \int\limits_{0}^{\infty} e^{-pt}\, f(t)\, dt$$
$t^{\varkappa-\frac12}\, J_{2\mu}\big(2\sqrt{t}\big)$ $[\mathrm{Re}\,(\mu+\varkappa+\tfrac12) > 0]$	$\dfrac{\Gamma(\tfrac12+\mu+\varkappa)}{\Gamma(2\mu+1)}\, p^{-\varkappa}\, e^{1/2p}\, M_{\varkappa,\mu}\!\left(\dfrac{1}{p}\right)$ $[\mathrm{Re}\,(\mu+\varkappa+\tfrac12) > 0]$
$t^{2\mu}\, e^{\lambda t}\, L_n^{(2\mu)}(a t)$ $[\mathrm{Re}\,(2\mu+1) > 0]$	$\dfrac{\Gamma(2\mu+n+1)}{n!}\, \dfrac{(p-\lambda-a)^n}{(p-\lambda)^{n+2\mu+1}}$
$J_0(a t)$	$\dfrac{1}{\sqrt{p^2+a^2}}$
$J_\nu(a t)$	$\dfrac{1}{\sqrt{p^2+a^2}}\, \dfrac{a^\nu}{(p+\sqrt{p^2+a^2})^\nu}\qquad \mathrm{Re}\,(\nu) > -1$
$e^{-b t}\, J_\nu(a t)$	$\dfrac{a^\nu}{\sqrt{(p+b)^2+a^2}\,[p+b+\sqrt{(p+b)^2+a^2}]^\nu}\qquad \mathrm{Re}\,(\nu) > -1$
$t^\nu\, J_\nu(a t)$	$2^\nu\, a^\nu\, \dfrac{\Gamma(\nu+\tfrac12)}{\sqrt{\pi}}\, \dfrac{1}{\sqrt{p^2+a^2}^{\,2\nu+1}}\qquad \mathrm{Re}\,(\nu) > -\tfrac12$
$t^{\nu+1}\, J_\nu(a t)$	$2^{\nu+1}\, a^\nu\, \dfrac{\Gamma(\nu+\tfrac32)}{\sqrt{\pi}}\, \dfrac{p}{\sqrt{p^2+a^2}^{\,2\nu+3}}\qquad \mathrm{Re}\,(\nu) > -1$
$t^{\nu/2}\, J_\nu\big(2\sqrt{a t}\big)$	$a^{\nu/2}\, p^{-\nu-1}\, e^{-a/p}\qquad \mathrm{Re}\,(\nu) > -\tfrac12$
$J_0\big(2\sqrt{a t}\big)$	$\dfrac{1}{p}\, e^{-a/p}$
$J_{1/2}(a t)$	$\dfrac{1}{\sqrt{a}}\, \dfrac{\sqrt{\sqrt{a^2+p^2}-p}}{\sqrt{a^2+p^2}}$
$J_{-1/2}(a t)$	$\dfrac{1}{\sqrt{a}}\, \dfrac{\sqrt{\sqrt{p^2+a^2}+p}}{\sqrt{a^2+p^2}}$
$t^{-1}\, J_\nu(a t)$	$\dfrac{a^\nu}{\nu\,(p+\sqrt{p^2+a^2})^\nu}\qquad \mathrm{Re}\,(\nu) > 0$
$t\, J_\nu(a t)$	$\dfrac{a^{\nu+1}\,(p+\nu\sqrt{p^2+a^2})}{\sqrt{p^2+a^2}^{\,3}\,(p+\sqrt{p^2+a^2})^\nu}\qquad \mathrm{Re}\,(\nu) > -2$
$t^\nu\, J_m(a t)$	$(-1)^m\, \dfrac{\Gamma(\nu-m+1)}{\sqrt{p^2+a^2}}\, P_\nu^m\!\left(\dfrac{p}{\sqrt{p^2+a^2}}\right)\qquad \mathrm{Re}\,(\nu+m) > -1$

Oberfunktion $\displaystyle f(t) = \frac{1}{2\pi i} \int\limits_{c-i\infty}^{c+i\infty} e^{pt}\, g(p)\, dp$	Unterfunktion $\displaystyle g(p) = \int\limits_0^\infty e^{-pt} f(t)\, dt$
$t^\nu J_\mu(at)$	$\displaystyle p^{-\mu-\nu-1}\,\frac{\Gamma(\mu+\nu+1)}{2^\nu\,\Gamma(\mu+1)}\,a^\mu\,{}_2F_1\left(\frac{\mu+\nu+1}{2},\,\frac{\mu+\nu+2}{2};\,\mu+1;\,-\right.$
$J_0^2(at)$	$\displaystyle \frac{k}{\pi a}\,F\left(k,\,\frac{\pi}{2}\right);\quad k = \frac{2a}{\sqrt{p^2+4a^2}}$
$J_\mu(at)\,J_\nu(at)$	$\displaystyle \frac{k^{\mu+\nu+1}}{\pi a}\int\limits_0^{\pi/2}\frac{\cos(\mu-\nu)\vartheta\,\cos^{\mu+\nu}\vartheta\,d\vartheta}{\sqrt{1-k^2\sin^2\vartheta}\left(\dfrac{pk}{2a}+\sqrt{1-k^2\sin^2\vartheta}\right)^{2\nu}};\quad k = \frac{2a}{\sqrt{p^2+4}}$ $\displaystyle \mathrm{Re}\,(\mu+\nu) > -$
$J_\nu(a\sqrt{t})$	$\displaystyle \frac{a}{4}\sqrt{\frac{\pi}{p^3}}\,e^{-a^2/8p}\left[I_{(\nu-1)/2}\left(\frac{a^2}{8p}\right) - I_{(\nu+1)/2}\left(\frac{a^2}{8p}\right)\right]$
$t^{\nu/2}\,J_\nu(a\sqrt{t})$	$\displaystyle \frac{a^\nu}{2^\nu}\,\frac{e^{-a^2/4p}}{p^\nu}\qquad \mathrm{Re}\,(\nu) > -$
$t^\nu\,J_\mu(2\sqrt{at})$	$\displaystyle \frac{\Gamma\left(\dfrac{\mu}{2}+\nu+1\right)a^{\mu/2}}{\Gamma(\mu+1)\,p^{\mu/2+\nu+1}}\,{}_1F_1\left(\frac{\mu}{2}+\nu+1;\,\mu+1;\,-\frac{a}{p}\right)$
$t^{n+\alpha/2}\,J_\alpha(2\sqrt{at})$	$\displaystyle \frac{n!\,a^{\alpha/2}\,e^{-a/p}}{p^{n+\alpha+1}}\,L_n^{(\alpha)}\left(\frac{a}{p}\right)\qquad \alpha > -1,\ n$
$\displaystyle \frac{J_{2\nu}(\sqrt{at})}{\sqrt{t}}$	$\displaystyle \sqrt{\frac{\pi}{p}}\,e^{-a/8p}\,I_\nu\left(\frac{a}{8p}\right)\qquad \mathrm{Re}\,(\nu) >$
$J_\nu(2a\sqrt{t})\,J_\nu(2b\sqrt{t})$	$\displaystyle \frac{e^{-(a^2+b^2)/p}}{p}\,I_\nu\left(\frac{2ab}{p}\right)\qquad \mathrm{Re}\,(\nu) >$
$\displaystyle J_{\nu+\frac12}^2\left(\frac{t^2}{2}\right)$	$\displaystyle \frac{\Gamma(\nu+1)}{\sqrt{\pi}}\,D_{-\nu-1}(p\,e^{i\pi/4})\,D_{-\nu-1}(p\,e^{-i\pi/4})\quad \mathrm{Re}\,(\nu) >$
$J_0(a\sqrt{t^2-b^2})$ für $t>b$ 0 „ $t<b$	$\displaystyle \frac{e^{-b\sqrt{p^2+a^2}}}{\sqrt{p^2+a^2}} = \sqrt{\frac{2b}{\pi}}\,\frac{K\ (b\sqrt{p^2+a^2})}{\sqrt[4]{p^2+a^2}}$
$\displaystyle \frac{J_1(a\sqrt{t^2-b^2})}{\sqrt{t^2-b^2}}$ für $t>b$ 0 „ $t<b$	$\displaystyle \frac{1}{ab}\left(e^{-bp} - e^{-b\sqrt{p^2+a^2}}\right)$
$\displaystyle t\,\frac{J_1(a\sqrt{t^2-b^2})}{\sqrt{t^2-b^2}}$ für $t>b$ 0 „ $t<b$	$\displaystyle \frac{1}{a}\left(e^{-bp} - \frac{p\,e^{-b\sqrt{p^2+a^2}}}{\sqrt{p^2+a^2}}\right)$

Oberfunktion $f(t) = \dfrac{1}{2\pi i}\displaystyle\int_{c-i\infty}^{c+i\infty} e^{pt}\, g(p)\, dp$	Unterfunktion $g(p) = \displaystyle\int_0^{\infty} e^{-pt} f(t)\, dt$
$\begin{aligned} t\, J_0(a\sqrt{t^2-b^2}) &\quad\text{für } t>b \\ 0 &\quad\text{„ } t<b \end{aligned}$	$\dfrac{p}{p^2+a^2}\, e^{-b\sqrt{p^2+a^2}}\left(b+\dfrac{1}{\sqrt{p^2+a^2}}\right)$
$\begin{aligned} \left(\dfrac{t-b}{t+b}\right)^{\nu/2} J_\nu(a\sqrt{t^2-b^2}) &\quad\text{für } t>b \\ 0 &\quad\text{„ } t<b \end{aligned}$	$\dfrac{e^{-b\sqrt{p^2+a^2}}}{\sqrt{p^2+a^2}}\;\dfrac{a^\nu}{(p+\sqrt{p^2+a^2})^\nu}\qquad \mathrm{Re}\,(\nu)>-1$
$J_0(a\sqrt{t^2+2bt})$	$\dfrac{e^{b(p-\sqrt{p^2+a^2})}}{\sqrt{p^2+a^2}}$
$\dfrac{t^{\nu/2}\, J_\nu(a\sqrt{t^2+2bt})}{(t+2b)^{\nu/2}}$	$\dfrac{e^{b(p-\sqrt{p^2+a^2})}}{\sqrt{p^2+a^2}}\;\dfrac{a^\nu}{(p+\sqrt{p^2+a^2})^\nu}\qquad \mathrm{Re}\,(\nu)>-1$
$\begin{aligned} \dfrac{J_\nu(a\sqrt{t^2-b^2})}{\sqrt{t^2-b^2}} &\quad\text{für } t>b \\ 0 &\quad\text{„ } t<b \end{aligned}$	$I_{\nu/2}\!\left[\dfrac{b}{2}\left(\sqrt{p^2+a^2}-p\right)\right] K_{\nu/2}\!\left[\dfrac{b}{2}\left(\sqrt{p^2+a^2}+p\right)\right]$
$\begin{aligned} (t^2-b^2)^{\nu/2}\, J_\nu(a\sqrt{t^2-b^2}) &\quad t>b \\ 0 &\quad t<b \end{aligned}$	$\sqrt{\dfrac{2b}{\pi}}\; a^\nu\, b^\nu\, \dfrac{K_{\nu+\frac12}(b\sqrt{p^2+a^2})}{(\sqrt{p^2+a^2})^{\nu+\frac12}}$
$N_0(at)$	$-\dfrac{2}{\pi}\,\dfrac{1}{\sqrt{p^2+a^2}}\,\ln\left[\dfrac{p}{a}+\sqrt{1+\left(\dfrac{p}{a}\right)^2}\right]$
$N_\nu(at)$	$\dfrac{1}{\sqrt{p^2+a^2}}\;\dfrac{\left[\dfrac{p}{a}+\sqrt{1+\left(\dfrac{p}{a}\right)^2}\right]^{-\nu}\cos\nu\pi-\left[\dfrac{p}{a}+\sqrt{1+\left(\dfrac{p}{a}\right)^2}\right]^{\nu}}{\sin\nu\pi}$ $\qquad -1<\mathrm{Re}\,(\nu)<1$
$N_{\frac12}(at)$	$-\dfrac{(p+\sqrt{p^2+a^2})^{\frac12}}{\sqrt{a}\,\sqrt{p^2+a^2}}$
$N_{-\frac12}(at)$	$\dfrac{(\sqrt{p^2+a^2}-p)^{\frac12}}{\sqrt{a}\,\sqrt{p^2+a^2}}$
$H_0^{(1)}(at)$	$\dfrac{1}{\sqrt{p^2+a^2}}\left\{1-\dfrac{2i}{\pi}\ln\left[\dfrac{p}{a}+\sqrt{1+\left(\dfrac{p}{a}\right)^2}\right]\right\}$
$H_0^{(2)}(at)$	$\dfrac{1}{\sqrt{p^2+a^2}}\left\{1+\dfrac{2i}{\pi}\ln\left[\dfrac{p}{a}+\sqrt{1+\left(\dfrac{p}{a}\right)^2}\right]\right\}$

Oberfunktion $f(t) = \dfrac{1}{2\pi i}\displaystyle\int_{c-i\infty}^{c+i\infty} e^{pt}\, g(p)\, dp$	Unterfunktion $g(p) = \displaystyle\int_{0}^{\infty} e^{-pt}\, f(t)\, dt$
$H_\nu^{(1,\,2)}(a\,t)$	$\dfrac{a^{-\nu}\left(\sqrt{p^2+a^2}-p\right)^\nu}{\sqrt{p^2+a^2}}\left\{1\pm\dfrac{i}{\sin\nu\pi}\left[\cos\nu\pi-\dfrac{(p+\sqrt{p^2+a^2})^{2\nu}}{a^{2\nu}}\right.\right.$ $-1 < \mathrm{Re}\,(\nu) <$
$H_{1/2}^{(1)}(a\,t)$	$\dfrac{1}{\sqrt{p^2+a^2}}\sqrt{\dfrac{\sqrt{p^2+a^2}-p}{a}}\left\{1-i\left[\dfrac{p}{a}+\sqrt{1+\left(\dfrac{p}{a}\right)^2}\right]\right\}$
$H_{-1/2}^{(2)}(a\,t)$	$\dfrac{1}{\sqrt{p^2+a^2}}\sqrt{\dfrac{\sqrt{p^2+a^2}-p}{a}}\left\{1+i\left[\dfrac{p}{a}+\sqrt{1+\left(\dfrac{p}{a}\right)^2}\right]\right\}$
$I_0(a\,t)$	$\dfrac{1}{\sqrt{p^2-a^2}}$
$I_\nu(a\,t)$	$\dfrac{a^\nu}{\sqrt{p^2-a^2}\,(p+\sqrt{p^2-a^2})^\nu}$ $\mathrm{Re}\,(\nu) > -$
$\left(\dfrac{t-b}{t+b}\right)^{\nu/2} I_\nu\!\left(a\sqrt{t^2-b^2}\right)\quad t>b$ $0 \qquad\qquad t<b$	$\dfrac{e^{-b\sqrt{p^2-a^2}}}{\sqrt{p^2-a^2}}\,\dfrac{a^\nu}{(p+\sqrt{p^2-a^2})^\nu}$ $\mathrm{Re}\,(\nu) > -$
$K_0(a\,t)$	$\begin{cases}\dfrac{1}{\sqrt{p^2-a^2}}\ln\left[\dfrac{p}{a}+\sqrt{\left(\dfrac{p}{a}\right)^2-1}\right] & \text{für } p >\\[2ex] \dfrac{2}{\sqrt{a^2-p^2}}\arctan\sqrt{\dfrac{a-p}{a+p}} & \text{,, } p<\end{cases}$
$K_\nu(a\,t)$	$\dfrac{\pi}{2\sin\nu\pi}\dfrac{\left[\dfrac{p}{a}+\sqrt{\left(\dfrac{p}{a}\right)^2-1}\right]^\nu}{\sqrt{p^2-a^2}}\left(1-\dfrac{a^{2\nu}}{(p+\sqrt{p^2-a^2})^{2\nu}}\right)$ $-1 < \mathrm{Re}\,(\nu) <$
$K_{\pm 1/2}(a\,t)$	$\dfrac{\pi}{\sqrt{2\,a}}\dfrac{1}{\sqrt{p+1}}$
$t^{1/2}\,K_{\pm 1/2}(a\,t)$	$\sqrt{\dfrac{\pi}{2\,a}}\dfrac{1}{p+a}$
$t\,K_0(a\,t)$	$\dfrac{1}{(p^2-a^2)}\left\{\dfrac{p}{\sqrt{p^2-a^2}}\ln\left[\dfrac{p}{a}+\sqrt{\left(\dfrac{p}{a}\right)^2-1}\right]-1\right\}$
$K_1(a\sqrt{t})$	$\dfrac{a}{8}\sqrt{\dfrac{\pi}{p^3}}\,e^{a^2/8p}\left[K_1\!\left(\dfrac{a^2}{8p}\right)-K_0\!\left(\dfrac{a^2}{8p}\right)\right]$

Oberfunktion $$f(t) = \frac{1}{2\pi i}\int\limits_{c-i\infty}^{c+i\infty} e^{pt} g(p)\,dp$$	Unterfunktion $$g(p) = \int\limits_{0}^{\infty} e^{-pt} f(t)\,dt$$
$\left.\begin{array}{l} \ldots\left(a\sqrt{t^2-b^2}\right)\ \text{für } t>b \\ \quad 0 \qquad\qquad \text{„ } t<b \end{array}\right\}$	$\begin{aligned}&\frac{1}{2\sqrt{p^2-a^2}}\times \\ &\times\left\{e^{b\sqrt{p^2-a^2}}\,\mathrm{Ei}\left[-\left(p+\sqrt{p^2-a^2}\right)b\right]-e^{-b\sqrt{p^2-a^2}}\,\mathrm{Ei}\left[-\left(p-\sqrt{p^2-a^2}\right)b\right]\right\} \\ &\hspace{9cm}\text{für } p>a \\ &\frac{1}{\sqrt{a^2-p^2}}\times \\ &\times\left[\mathrm{Ci}\left(b\sqrt{a^2-p^2}\right)\sin\left(b\sqrt{a^2-p^2}\right)-\mathrm{si}\left(b\sqrt{a^2-p^2}\right)\cos\left(b\sqrt{a^2-p^2}\right)\right]- \\ &\qquad\qquad -\int\limits_{0}^{p\|}\frac{e^{-bx}}{x^2+a^2-p^2}\,dx \hspace{3cm}\text{für } p<a \end{aligned}$
$\mathrm{ber}\,t$	$\dfrac{\sqrt{\sqrt{p^4+1}+p^2}}{\sqrt{2\,(p^4+1)}}$
$\mathrm{bei}\,t$	$\dfrac{\sqrt{\sqrt{p^4+1}-p^2}}{\sqrt{2\,(p^4+1)}}$
$\mathrm{ber}_\nu\,t + i\,\mathrm{bei}_\nu\,t$	$i^{3\nu/2}\,\dfrac{1}{\sqrt{p^2-i}\,\left(p+\sqrt{p^2-i}\right)^\nu}\hspace{2cm}\mathrm{Re}\,(\nu)>-1$
$\mathrm{ker}_\nu\,t + i\,\mathrm{kei}_\nu\,t$	$\dfrac{\pi}{2\,i^{3\nu/2}\sin\nu\pi}\,\dfrac{\left(p+\sqrt{p^2-i}\right)^\nu}{\sqrt{p^2-i}}\left[1-i^\nu\left(p+\sqrt{p^2-i}\right)^{-2\nu}\right]$ $-1<\mathrm{Re}\,(\nu)<1$
$\mathbf{H}_0(a\,t)$	$\dfrac{2}{\pi}\,\dfrac{1}{\sqrt{p^2+a^2}}\,\ln\left[\dfrac{a}{p}+\sqrt{1+\left(\dfrac{a}{p}\right)^2}\right]$
$\mathbf{H}_1(a\,t)$	$\dfrac{2}{\pi p}\left\{1-\dfrac{p^2}{a\sqrt{p^2+a^2}}\,\ln\left[\dfrac{a}{p}+\sqrt{1+\left(\dfrac{a}{p}\right)^2}\right]\right\}$
$\mathbf{H}_{\frac{1}{2}}(a\,t)$	$\sqrt{\dfrac{2}{p\,a}}-\dfrac{1}{\sqrt{a}}\,\dfrac{\sqrt{\sqrt{p^2+a^2}+p}}{\sqrt{p^2+a^2}}$
$\mathbf{H}_{-\frac{1}{2}}(a\,t)$	$\dfrac{1}{\sqrt{a}}\,\dfrac{\sqrt{\sqrt{p^2+a^2}-p}}{\sqrt{p^2+a^2}}$
$\ldots\left(t\,i\sqrt{i}\right)=\mathrm{ster}\,t+i\,\mathrm{stei}\,t$	$\dfrac{2}{\pi}\,\dfrac{1}{\sqrt{p^2-i}}\,\ln\left(\dfrac{i\sqrt{i}+\sqrt{p^2-i}}{p}\right)$

Oberfunktion $$f(t) = \frac{1}{2\pi i}\int\limits_{c-i\infty}^{c+i\infty} e^{pt}\, g(p)\, dp$$	Unterfunktion $$g(p) = \int\limits_{0}^{\infty} e^{-pt}\, f(t)\, dt$$	
$\vartheta_0(v,\, i\pi t)$	$\dfrac{\mathfrak{Cof}\,(2v\sqrt{p})}{\sqrt{p}\,\mathfrak{Sin}\,\sqrt{p}}$	$\left(-\tfrac{1}{2}\leqq v\leqq\right.$
$\vartheta_1(v,\, i\pi t)$	$\dfrac{\mathfrak{Sin}\,(2v\sqrt{p})}{\sqrt{p}\,\mathfrak{Cof}\,\sqrt{p}}$	$\left(-\tfrac{1}{2}\leqq v\leqq\right.$
$\vartheta_2(v,\, i\pi t)$	$\dfrac{\mathfrak{Sin}\,[(2v-1)\sqrt{p}]}{\sqrt{p}\,\mathfrak{Cof}\,\sqrt{p}}$	$\left(0\leqq v\leqq\right.$
$\vartheta_3(v,\, i\pi t)$	$\dfrac{\mathfrak{Cof}\,[(2v-1)\sqrt{p}]}{\sqrt{p}\,\mathfrak{Sin}\,\sqrt{p}}$	$\left(0\leqq v\leqq\right.$

§ 3. Die HANKEL-Transformation.

Es sei $F(x)$ eine für $0\leqq x<+\infty$ erklärte Funktion der reellen Veränderlichen x, deren Real- und Imaginärteil den in den Vorbemerkungen zu Kapitel VIII formulierten Bedingungen genügt, und für welche das Integral

$$\int\limits_0^\infty |F(x)|\, dx$$

existiert. Dann existiert für reelle Werte von $y\geqq 0$ und reelle Werte von $v\geqq -\tfrac{1}{2}$ das Integral

$$(\mathfrak{H}_1)\qquad\qquad f(y) = \int\limits_0^\infty J_v(xy)\, F(x)\, \sqrt{xy}\, dx,$$

und es ist für $x>0$

$$(\mathfrak{H}_2)\qquad\qquad F(x) = \int\limits_0^\infty J_v(xy)\, f(y)\, \sqrt{xy}\, dy.$$

Man nennt $f(y)$ die HANKEL-*Transformierte*[1] *der Ordnung* v von $F(x)$.

Im folgenden sind einige Beispiele von Funktionenpaaren zusammengestellt, die durch die Transformationsformeln $(\mathfrak{H}_1)$ und $(\mathfrak{H}_2)$ zusammenhängen; der zugehörige Wert des Parameters v bzw. Beschränkungen für dessen Wertebereich sind in der mittleren Spalte angegeben.

Der in den Formeln auftretende Parameter a besitze einen positiven Realteil. Der Buchstabe n bedeute stets eine Zahl der Reihe 0, 1, 2, ...

---

[1] Setzt man $x=\sqrt{2\,\xi}$, $y=\sqrt{2\,\eta}$, $\dfrac{1}{\sqrt{x}}F(x)=\varphi(\xi)$, $\dfrac{1}{\sqrt{y}}f(y)=\psi(\eta)$, so gehen die Formeln $(\mathfrak{H}_1)$ und $(\mathfrak{H}_2)$ über in

$$\psi(\eta) = \int\limits_0^\infty J_v(2\sqrt{\xi\eta})\,\varphi(\xi)\, d\xi;\quad \varphi(\xi) = \int\limits_0^\infty J_v(2\sqrt{\xi\eta})\,\psi(\eta)\, d\eta.$$

Vielfach wird auch $\psi(\eta)$ als HANKEL-Transformierte von $\varphi(\xi)$ bezeichnet.

$F(x) = \int_0^\infty J_\nu(xy)\,\sqrt{xy}\,f(y)\,dy$	ν	$f(y) = \int_0^\infty J_\nu(xy)\,\sqrt{xy}\,F(x)\,dx$
$x^{-1/2}$	$\nu > -1$	$y^{-1/2}$
$e^{-x^2/2}\,x^{2n+\nu+1/2}\,L_n^{(n+\nu)}\!\left(\dfrac{x^2}{2}\right)$	$\nu > -1$	$e^{-y^2/2}\,y^{2n+\nu+1/2}\,L_n^{(n+\nu)}\!\left(\dfrac{y^2}{2}\right)$
$(-1)^n\,e^{-x^2/2}\,x^{\nu+1/2}\,L_n^{(\nu)}(x^2)$	$\nu > -1$	$e^{-y^2/2}\,y^{\nu+1/2}\,L_n^{(\nu)}(y^2)$
$\dfrac{(a-1)^n}{a^{n+\nu+1}}\,e^{-x^2/2a}\,x^{\nu+1/2}\,L_n^{(\nu)}\!\left(\dfrac{x^2}{2a(1-a)}\right)$	$\nu > 0$	$e^{-ay^2/2}\,y^{\nu+1/2}\,L_n^{(\nu)}\!\left(\dfrac{y^2}{2}\right)$
$\dfrac{2}{a}\,\sqrt{x}\,e^{-(x^2+1)/a}\,I_n\!\left(\dfrac{2x}{a}\right)$	$\nu = n$	$e^{-ay^2/4}\,\sqrt{y}\,J_n(y)$
$\sqrt{x}\,J_n\!\left(\dfrac{x^2}{2}\right)$	$\nu = 2n$	$\sqrt{y}\,J_n\!\left(\dfrac{y^2}{2}\right)$
$\dfrac{e^{-ax}}{\sqrt{x}}$	$\nu > -1$	$\dfrac{(\sqrt{a^2+y^2}-a)^\nu}{y^{\nu-1/2}\,\sqrt{a^2+y^2}}$
$x^{4\mu-\nu+1/2}\,e^{-x^2/2}\,{}_1F_1\!\left(\nu-2\mu;\ 2\mu+1;\ \dfrac{x^2}{2}\right)$ $[\mathrm{Re}\,(4\mu-\nu+\tfrac{3}{2})>0,\ \mathrm{Re}\,(2\mu+1)>0]$	$\nu \geqq 0$	$y^{4\mu-\nu+1/2}\,e^{-y^2/2}\,{}_1F_1\!\left(\nu-2\mu;\ 2\mu+1;\ \dfrac{y^2}{2}\right)$ $[\mathrm{Re}\,(4\mu-\nu+\tfrac{3}{2})>0;\ \mathrm{Re}\,(2\mu+1)>0]$
$x^{-\nu/3+1/6}\,e^{-x^2/4}\,I_{\nu/3-1/6}\!\left(\dfrac{x^2}{4}\right)$	$\nu > -1$	$y^{-\nu/3+1/6}\,e^{-y^2/4}\,I_{\nu/3-1/6}\!\left(\dfrac{y^2}{4}\right)$
$\sqrt{x}\,K_{\nu/4}\!\left(\dfrac{x^2}{4}\right)\,I_{\nu/4}\!\left(\dfrac{x^2}{4}\right)$	$\nu > -1$	$\sqrt{y}\,K_{\nu/4}\!\left(\dfrac{x^2}{4}\right)\,I_{\nu/4}\!\left(\dfrac{x^2}{4}\right)$
$x^{n+1/2}\,e^{-x^2/4}\,D_{2n+2}(x)$	$\nu = n$	$(-1)^{n+1}\,y^{n+1/2}\,e^{-y^2/4}\,D_{2n+2}(y)$
$x^{n+1/2}\,e^{-x^2/4}\,D_{2n+1}(x)$	$\nu = n+1$	$(-1)^n\,y^{n+1/2}\,e^{-y^2/4}\,D_{2n+1}(y)$

§ 4. Beispiele zur MELLIN-Transformation.

Gegeben seien eine für $0 \leqq t < +\infty$ definierte Funktion $f(t)$ der reellen Veränderlichen t und eine Funktion $\varphi(z)$ der komplexen Variablen $z = x + iy$, welche in einem von zwei zur y-Achse parallelen Geraden begrenzten Bereich eindeutig und regulär ist. Dann gilt beim Erfülltsein geeigneter Regularitäts- und Konvergenzbedingungen, daß das Bestehen einer der beiden Formeln

$$(\mathfrak{M}_1) \qquad \varphi(z) = \int_0^\infty t^{z-1} f(t)\,dt,$$

$$(\mathfrak{M}_2) \qquad f(t) = \frac{1}{2\pi i} \int_{x_0-i\infty}^{x_0+i\infty} t^{-z}\,\varphi(z)\,dz$$

mit Beschränkung der im übrigen willkürlichen reellen Größe x_0 auf ein geeignetes Intervall, jeweils das Bestehen der anderen Formel nach sich zieht. Man nennt $\varphi(z)$ die MELLIN-Transformierte von $f(t)$ und bezeichnet die Formeln $(\mathfrak{M}_1)$ bzw. $(\mathfrak{M}_2)$ als MELLIN-Transformation bzw. deren Umkehrung.

Im folgenden sind einige Beispiele von Funktionenpaaren $f(t)$ und $\varphi(z)$ zusammengestellt, die den Beziehungen $(\mathfrak{M}_1)$ und $(\mathfrak{M}_2)$ genügen. Weitere Beispiele sind in den Formeln für die konfluente hypergeometrische Funktion (Kapitel VI, § 2, § 3) und für die Zylinderfunktionen (Kapitel III, § 7) enthalten; dort ist nur die Beziehung $(\mathfrak{M}_1)$ angegeben.

$f(t) = \dfrac{1}{2\pi i} \displaystyle\int_{x_0-i\infty}^{x_0+i\infty} t^{-z}\,\varphi(z)\,dz$	$\varphi(z) = \displaystyle\int_0^\infty t^{z-1} f(t)\,dt$
e^{-t} $\qquad(x_0 > 0)$	$\Gamma(z)$ $\qquad(\mathrm{Re}\ z > 0)$
$\dfrac{\Gamma(\lambda)}{(1+t)^\lambda}$ $\quad(0 < x_0 < \mathrm{Re}\ \lambda)$	$\Gamma(z)\,\Gamma(\lambda - z)$ $\qquad(\mathrm{Re}\ z > 0)$
$\dfrac{1}{e^t + 1}$ $\qquad(x_0 > 1)$	$\Gamma(z) \displaystyle\sum_{n=1}^{\infty} (-1)^{n+1}\, n^{-z} = \Gamma(z)\,(1 - 2^{1-z}) \displaystyle\sum_{n=1}^{\infty} n^{-z}$ $\qquad(\mathrm{Re}\ z > 1)$
$t^{-\nu} J_\nu(2t)$ $[\mathrm{Re}\ \nu > -1;\ 0 < x_0 < \mathrm{Re}\ (\nu + 1)]$	$\dfrac{\dfrac{1}{2}\Gamma\left(\dfrac{z}{2}\right)}{\Gamma\left(\nu + 1 - \dfrac{z}{2}\right)}$ $[\mathrm{Re}\ (\nu + 1) > \mathrm{Re}\ z > 0]$
$\sin at$ (a reell und positiv; $-1 < x_0 < \tfrac{1}{2}$)	$\dfrac{\pi a^{-z}}{2\cos\dfrac{\pi z}{2}\,\Gamma(1-z)} = a^{-z}\,\Gamma(z)\sin\dfrac{\pi z}{2}$ $(-1 < \mathrm{Re}\ z < \tfrac{1}{2})$
$\cos at$ (a reell und positiv; $0 < x_0 < \tfrac{1}{2}$)	$\dfrac{\sqrt{\pi}}{2}\left(\dfrac{a}{2}\right)^z \dfrac{\Gamma\left(\dfrac{z}{2}\right)}{\Gamma\left(\dfrac{1-z}{2}\right)} = a^{-z}\,\Gamma(z)\cos\dfrac{\pi z}{2}$ $(0 < \mathrm{Re}\ z < \tfrac{1}{2})$

§ 5. Über die GAUSS-Transformation.

Es sei $u(x_1, x_2, \ldots x_n)$ eine für alle Werte der reellen Variablen $x_1, x_2, \ldots x_n$ erklärte Funktion. Man nennt

$$v(y_1, y_2, \ldots y_n) = \underbrace{\int_{-\infty}^{\infty} \int_{-\infty}^{\infty} \cdots \int_{-\infty}^{\infty}}_{n\ \mathrm{mal}} e^{-\sum\limits_{\nu=1}^{n}(y_\nu - x_\nu)^2}\, u(x_1, x_2, \ldots x_n)\, dx_1\, dx_2 \ldots dx_n$$

die GAUSS-*Transformierte* von u, sofern das Integral existiert. Es gilt der Satz:

Genügt u der Differentialgleichung

$$\Delta u + k^2 u \equiv \sum_{\nu=1}^{n} \frac{\partial^2 u}{\partial x_\nu^2} + k^2 u = 0,$$

dann ist

$$\underbrace{\int_{-\infty}^{+\infty} \int_{-\infty}^{+\infty} \cdots \int_{-\infty}^{+\infty}}_{n \text{ mal}} u(x_1, x_2, \ldots x_n)\, e^{-p^2 \sum_{\nu=1}^{n} (x_\nu - y_\nu)^2}\, dx_1\, dx_2 \ldots dx_n$$
$$= \left(\frac{\sqrt{\pi}}{p}\right)^n e^{-k^2/4p^2}\, u(y_1, y_2, \ldots y_n),$$

sofern das Integral absolut konvergiert.

Beispiele für $n = 1$.

$$\int_{-\infty}^{+\infty} e^{-(x-y)^2} He_m(x\sqrt{2})\, dx = \sqrt{\pi}\,(y\sqrt{2})^m,$$

$$\int_{-\infty}^{+\infty} e^{-(x-y)^2} \cos 2x\, dx \quad = \frac{\sqrt{\pi}}{e} \cos 2y,$$

$$\int_{-\infty}^{+\infty} e^{-(x-y)^2} \sin 2x\, dx \quad = \frac{\sqrt{\pi}}{e} \sin 2y.$$

§ 6. Verschiedene Beispiele von Integralgleichungen erster Art.

Die FOURIER-, LAPLACE-, HANKEL- und MELLIN-Transformation sind spezielle Fälle von Integralgleichungen erster Art mit wesentlich singulärem Kern, wobei die Singularität durch das Auftreten eines unendlichen Integrationsintervalles zustande kommt.

Entsprechende Beispiele mit endlichem Integrationsintervall sind die folgenden:

1. Die Reziprozitätsformel von HILBERT für den Cotangens-Kern: Es seien $f(x)$ bzw. $\varphi(y)$ für $-\pi \leqq x \leqq \pi$ bzw. $-\pi \leqq y \leqq \pi$ stetige Funktionen von x bzw. y, und es sei $f(-\pi) = f(\pi)$, $\varphi(-\pi) = \varphi(\pi)$. Dann zieht die Gültigkeit einer der beiden Formeln

$$f(x) = \frac{1}{2\pi} \int_{-\pi}^{\pi} \left(1 + \operatorname{ctg} \frac{x-y}{2}\right) \varphi(y)\, dy,$$

$$\varphi(y) = \frac{1}{2\pi} \int_{-\pi}^{\pi} \left(1 + \operatorname{ctg} \frac{y-x}{2}\right) f(x)\, dx$$

die Gültigkeit der anderen nach sich. Die Integrale sind dabei als „*Hauptwerte*" im Sinne von CAUCHY zu nehmen, d. h. es ist z. B. in der ersten Formel

$$\int\limits_{-\pi}^{\pi} = \lim_{\varepsilon \to 0} \left(\int\limits_{-\pi}^{x-\varepsilon} + \int\limits_{x+\varepsilon}^{\pi} \right)$$

zu setzen.

2. Modifikationen der Formel von HILBERT. a) Vorgelegt sei die Integralgleichung erster Art

$$f(x) = \frac{1}{2\pi} \int\limits_{-a}^{+a} \frac{g(y)}{y-x} \, dy,$$

wobei $f(x)$ für $-a \leq x \leq a$ gegeben und $g(y)$ in demselben Intervall gesucht ist; das Integral ist wieder als Hauptwert zu berechnen. Man setze

$$x = -a \cos \varphi, \quad y = -a \cos \psi$$

und nehme an, daß sich $\sin \varphi \, F(\varphi)$ mit

$$F(\varphi) = f(-a \cos \varphi)$$

in eine gleichmäßig konvergente FOURIERreihe mit Sinusgliedern entwickeln lasse:

$$F(\varphi) = -\frac{1}{2} \sum_{n=1}^{\infty} b_n \frac{\sin n \varphi}{\sin \varphi}.$$

Dann wird

$$g(y) = \frac{1}{\sqrt{1 - \dfrac{y^2}{a^2}}} \left(\frac{1}{2} b_0 + \sum_{n=1}^{\infty} b_n \cos n \, \psi \right),$$

wobei b_0 noch unbestimmt bleibt. Vorausgesetzt werden muß, daß die Reihe für $g(y)$ konvergiert.

b) Vorgelegt sei die Integralgleichung erster Art

$$f(x) = \int\limits_{-a}^{+a} \frac{g(y) \, dy}{x^2 - y^2}$$

mit den gleichen Voraussetzungen wie unter a). Man setze:

$$x = a \sin \frac{\omega}{2}, \quad y = a \sin \psi,$$

$$f(x) = f\left(a \sin \frac{\omega}{2} \right) \equiv F(\omega) = \frac{2\pi}{a} \sum_{n=1}^{\infty} c_n \frac{\sin n \omega}{\sin \omega};$$

dann wird

$$g(y) = \frac{1}{\cos \psi} \left(\frac{1}{2} c_0 + \sum_{n=1}^{\infty} c_n \cos 2 n \, \psi \right),$$

wobei c_0 aus der Forderung zu bestimmen ist, daß $g(\pm a)$ endlich sein muß.

Diese Auflösungen von Integralgleichungen erster Art beruhen auf den Formeln

$$\text{Hauptwert von } \int_0^\pi \frac{\cos n\varphi}{\cos \varphi - \cos \psi}\, d\varphi = \pi \frac{\sin n\psi}{\sin \psi}$$

$$(n = 0, 1, 2, \ldots).$$

Ein zweidimensionales Analogon hierzu (für einen von einer Ellipse begrenzten ebenen Bereich) hat W. Schmeidler angegeben (s. Literaturverzeichnis).

3. Die Abelsche Integralgleichung. Es sei α eine reelle Zahl und $0 < \alpha < 1$; ferner sei $G(x)$ eine für alle Werte von $x \geqq 0$ stetig differentiierbare Funktion der reellen Veränderlichen x. Dann besitzt die Abelsche Integralgleichung

$$G(x) = \int_0^x (x - y)^{-\alpha}\, \varphi(y)\, dy$$

eine und nur eine für $y > 0$ stetige Lösung $\varphi(y)$, nämlich

$$\varphi(y) = \frac{\sin \alpha\pi}{\pi}\left[\int_0^y (y - x)^{\alpha-1} \frac{dG(x)}{dx}\, dx + G(0)\, y^{\alpha-1} \right].$$

4. Integralumkehrungen vom Typ der Mellin-Transformation. a) Es sei $\omega(\nu)$ eine Funktion der komplexen Variablen $\nu = \sigma + i\tau$, welche in einem Streifen $|\sigma| \leqq \delta$ analytisch ist und der Bedingung $\omega(\nu) = \omega(-\nu)$ genügt. Es sei k eine komplexe Zahl $\neq 0$, und $\arg k = -\alpha$ mit $0 < \alpha < \pi$. Für $|\sigma| \leqq \delta$ existiere das Integral

$$\int_{-\infty}^{+\infty} |\nu\, \omega(\nu)|\, e^{\alpha\tau + \pi(|\tau| - \tau)/2}\, d\tau,$$

und der Integrand gehe in diesem Integral für $|\sigma| \leqq \delta$ gleichmäßig mit $|\tau| \to \infty$ gegen Null. Dann existiert für reelle positive Werte von r die Funktion

$$\varphi(kr) = -\tfrac{1}{2} \int_{-i\infty}^{+i\infty} \nu\, \omega(\nu)\, e^{i\pi\nu/2}\, J_\nu(kr)\, d\nu,$$

und es ist

$$\omega(\nu) = \int_0^\infty \varphi(kr)\, e^{-i\nu\pi/2}\, H_\nu^{(2)}(kr)\, \frac{dr}{r}.$$

Ein Beispiel hierzu liefern die Funktionen

$$\varphi(kr) = e^{-ikr} - e^{-ikr\cos\beta},$$

$$\omega(\nu) = -2i\, \frac{1 - \cos \nu\beta}{\nu \sin \nu\pi} \qquad \text{für } 0 \leqq \beta < \frac{\pi}{2}.$$

b) Man setze:

$$\Gamma(-\nu)\, e^{\nu\pi i/4}\, 2^{-1-\nu/2}\, e^{i x^2/2} \{D_\nu[(1+i)\,x] + D_\nu[(-1-i)\,x]\} = p(x,\nu).$$

Ist dann $\omega(\nu)$ eine Funktion der komplexen Variablen $\nu = \sigma + i\tau$, welche für $-1 < \sigma < 0$ regulär analytisch ist, und $f(x)$ eine für $0 \leq x < \infty$ erklärte Funktion der reellen Variablen x, so zieht, beim Erfülltsein geeigneter Konvergenzbedingungen, das Bestehen einer der Gleichungen

$$f(x) = \int_{\sigma_0 - i\infty}^{\sigma_0 + i\infty} p(x,\nu)\,\omega(\nu)\,d\nu \qquad\qquad (-1 < \sigma_0 < 0)$$

$$\omega(\nu) = -\frac{i}{\pi^2} \int_0^\infty \bar{p}(x, -\bar{\nu} - 1)\, f(x)\, dx$$

das Bestehen der anderen Gleichung nach sich; hierbei bedeutet ein Querstrich über einer Größe die zu ihr konjugiert-komplexe Größe.

5. Weitere Beispiele: a) Die Integralgleichung

$$f(\varphi) = \frac{1}{2\pi} \int_0^{2\pi} \frac{g(\psi)\, d\psi}{1 - 2h\cos(\varphi - \psi) + h^2},$$

in welcher $f(\varphi)$ eine für $0 \leq \varphi \leq 2\pi$ bekannte, $g(\psi)$ eine für dasselbe Intervall gesuchte Funktion von ψ und $|h| < 1$ ist, läßt sich lösen, wenn $f(\varphi)$ in eine Reihe

$$f(\varphi) = \sum_{n=-\infty}^{+\infty} c_n\, e^{in\varphi}$$

entwickelt werden kann, indem man

$$g(\psi) = (1 - h^2) \sum_{n=-\infty}^{+\infty} c_n\, h^{-|n|}\, e^{in\psi}$$

setzt, falls diese Reihe für $g(\psi)$ konvergiert.

b) Die Integralgleichung

$$f(x) = \int_0^\infty H_0^{(2)}(|x - y|)\, g(y)\, dy$$

mit einer für $0 \leq x < \infty$ gegebenen Funktion $f(x)$ und einer für $0 \leq y < \infty$ gesuchten Funktion $g(y)$ läßt sich lösen, wenn für $f(x)$ eine Reihenentwicklung

$$f(x) = \sum_{n=0}^\infty i^n\, a_n\, J_n(x),$$

gültig für $0 \leq x < \infty$ existiert, indem man

$$g(y) = \frac{\pi}{2}\, e^{-i\pi/4} \sum_{m=0}^\infty i^m (2m+1)\, c_m\, \frac{1}{y}\, J_{m+1/2}(y)$$

setzt, wobei die Konstanten c_m sich aus den Konstanten a_n durch die Gleichungen

$$c_m = \frac{1}{2\pi^2} \sum_{n=0}^{\infty} a_n \left(\frac{1}{\frac{2m+1}{2} - n} + \frac{1}{\frac{2m+1}{2} + n} \right)$$

bestimmen; es ist dabei:

$$a_n = \varepsilon_n \sum_{m=0}^{\infty} c_m \left(\frac{1}{\frac{2m+1}{2} - n} + \frac{1}{\frac{2m+1}{2} + n} \right)$$

$$(\varepsilon_0 = 1, \, \varepsilon_n = 2 \quad \text{für} \quad n = 1, 2, 3, \ldots).$$

Hinreichende aber nicht notwendige Voraussetzung ist die Konvergenz der Reihe $\sum\limits_{n=0}^{\infty} |a_n|$.

c) Die Integralgleichung

$$f(x) = \int_{-1}^{+1} g(y) \ln(|x - y|)\, dy$$

mit der unbekannten Funktion $g(y)$ ist lösbar, wenn man für $f(x)$ eine Potenz von x einsetzt. Es ist für $-1 \leqq x \leqq 1$:

$$1 = -\frac{1}{\pi \ln 2} \int_{-1}^{+1} \frac{\ln(|x - y|)}{\sqrt{1 - y^2}}\, dy,$$

$$x = \quad -\frac{1}{\pi} \int_{-1}^{+1} \frac{y}{\sqrt{1 - y^2}} \ln(|x - y|)\, dy,$$

$$x^2 = \quad -\frac{2}{\pi} \int_{-1}^{+1} \left(\frac{y^2}{\sqrt{1 - y^2}} - \frac{\ln 2 - \frac{1}{2}}{2 \ln 2} \frac{1}{\sqrt{1 - y^2}} \right) \ln(|x - y|)\, dy \quad \text{usw.}$$

d) Es sei $\chi(s)$ eine für $|s| \leqq 1$ reguläre analytische Funktion der komplexen Variablen s. Setzt man,

$$\varphi(t) = \frac{(1 - t^2)^{(n-1)/2}}{2\pi} \int_{0}^{\pi} \chi(t + \sqrt{t^2 - 1} \cos\alpha) \sin^{n-1}\alpha\, d\alpha$$

$$(t \text{ reell}; \, -1 \leqq t \leqq +1; \, n = 1, 2, 3, \ldots),$$

so wird für reelle Werte von s zwischen -1 und $+1$:

$$\chi(s) = \int_{-1}^{+1} \frac{n(1 - s^2)\, \varphi(t)}{(1 - 2ts + s^2)^{1 + n/2}}\, dt.$$

Neuntes Kapitel.

Koordinatentransformationen.

§ 1. Differentialoperationen in orthogonalen Koordinaten.

An Stelle der kartesischen Koordinaten x, y, z seien neue orthogonale Koordinaten u, v, w eingeführt. Der Zusammenhang zwischen den beiden Koordinatensystemen werde gegeben durch:

$$x = x(u, v, w); \quad y = y(u, v, w); \quad z = z(u, v, w).$$

Die Flächen $u = \text{constans}$, $v = \text{constans}$ und $w = \text{constans}$ sollen ein Orthogonalsystem bilden.

Das Längenelement $ds = \sqrt{dx^2 + dy^2 + dz^2}$ drückt sich dann durch die neuen Koordinaten u, v, w folgendermaßen aus

$$ds^2 = \frac{du^2}{U^2} + \frac{dv^2}{V^2} + \frac{dw^2}{W^2};$$

das Volumenelement $d\tau = dx\,dy\,dz$ ist

$$d\tau = \frac{du}{U} \frac{dv}{V} \frac{dw}{W};$$

die Flächenelemente bzw.

$$\frac{du}{U} \frac{dv}{V}; \quad \frac{du}{U} \frac{dw}{W}; \quad \frac{dv}{V} \frac{dw}{W}.$$

Dabei ist:

$$\frac{1}{U} = \sqrt{\left(\frac{\partial x}{\partial u}\right)^2 + \left(\frac{\partial y}{\partial u}\right)^2 + \left(\frac{\partial z}{\partial u}\right)^2},$$

$$\frac{1}{V} = \sqrt{\left(\frac{\partial x}{\partial v}\right)^2 + \left(\frac{\partial y}{\partial v}\right)^2 + \left(\frac{\partial z}{\partial v}\right)^2},$$

$$\frac{1}{W} = \sqrt{\left(\frac{\partial x}{\partial w}\right)^2 + \left(\frac{\partial y}{\partial w}\right)^2 + \left(\frac{\partial z}{\partial w}\right)^2}.$$

Die Normalen der Flächen $u = \text{constans}$, bzw. $v = \text{constans}$, bzw. $w = \text{constans}$ haben die Richtungskosinus:

$$\cos(u, x) = \frac{1}{U} \frac{\partial u}{\partial x} = \frac{\partial x}{\partial u} U; \qquad \cos(v, x) = \frac{1}{V} \frac{\partial v}{\partial x} = V \frac{\partial x}{\partial v};$$

$$\cos(w, x) = \frac{1}{W} \frac{\partial w}{\partial x} = W \frac{\partial x}{\partial w},$$

$$\cos(u, y) = \frac{1}{U} \frac{\partial u}{\partial y} = U \frac{\partial y}{\partial u}; \qquad \cos(v, y) = \frac{1}{V} \frac{\partial v}{\partial y} = V \frac{\partial y}{\partial v};$$

$$\cos(w, y) = \frac{1}{W} \frac{\partial w}{\partial y} = W \frac{\partial y}{\partial w},$$

$$\cos(u, z) = \frac{1}{U} \frac{\partial u}{\partial z} = U \frac{\partial z}{\partial u}; \qquad \cos(v, z) = \frac{1}{V} \frac{\partial v}{\partial z} = V \frac{\partial z}{\partial v};$$

$$\cos(w, z) = \frac{1}{W} \frac{\partial w}{\partial z} = W \frac{\partial z}{\partial w}.$$

Weiterhin bedeute ψ einen Skalar und $\mathfrak{A}$ einen Vektor.
Darstellung von grad ψ; div $\mathfrak{A}$; rot $\mathfrak{A}$ und $\varDelta\psi$:

$$\operatorname{grad}_u \psi = U\frac{\partial\psi}{\partial u}; \quad \operatorname{grad}_v \psi = V\frac{\partial\psi}{\partial v}; \quad \operatorname{grad}_w \psi = W\frac{\partial\psi}{\partial w},$$

$$\operatorname{div}\mathfrak{A} = UVW\left[\frac{\partial}{\partial u}\left(\frac{\mathfrak{A}_u}{VW}\right) + \frac{\partial}{\partial v}\left(\frac{\mathfrak{A}_v}{UW}\right) + \left(\frac{\partial}{\partial w}\frac{\mathfrak{A}_w}{UV}\right)\right],$$

$$\varDelta\psi = \operatorname{div}\operatorname{grad}\psi = UVW\left[\frac{\partial}{\partial u}\left(\frac{U}{VW}\frac{\partial\psi}{\partial u}\right) + \frac{\partial}{\partial v}\left(\frac{V}{UW}\frac{\partial\psi}{\partial v}\right) + \frac{\partial}{\partial w}\left(\frac{W}{UV}\frac{\partial\psi}{\partial w}\right)\right],$$

$$\operatorname{rot}_u\mathfrak{A} = VW\left[\frac{\partial}{\partial v}\left(\frac{\mathfrak{A}_w}{W}\right) - \frac{\partial}{\partial w}\left(\frac{\mathfrak{A}_v}{V}\right)\right],$$

$$\operatorname{rot}_v\mathfrak{A} = UW\left[\frac{\partial}{\partial w}\left(\frac{\mathfrak{A}_u}{U}\right) - \frac{\partial}{\partial u}\left(\frac{\mathfrak{A}_w}{W}\right)\right],$$

$$\operatorname{rot}_w\mathfrak{A} = UV\left[\frac{\partial}{\partial u}\left(\frac{\mathfrak{A}_v}{V}\right) - \frac{\partial}{\partial v}\left(\frac{\mathfrak{A}_u}{U}\right)\right].$$

Vektorkomponenten transformiert:

$$\mathfrak{A}_u = \mathfrak{A}_x\, U\frac{\partial x}{\partial u} + \mathfrak{A}_y\, U\frac{\partial y}{\partial u} + \mathfrak{A}_z\, U\frac{\partial z}{\partial u},$$

$$\mathfrak{A}_v = \mathfrak{A}_x\, V\frac{\partial x}{\partial v} + \mathfrak{A}_y\, V\frac{\partial y}{\partial v} + \mathfrak{A}_z\, V\frac{\partial z}{\partial v},$$

$$\mathfrak{A}_w = \mathfrak{A}_x\, W\frac{\partial x}{\partial w} + \mathfrak{A}_y\, W\frac{\partial y}{\partial w} + \mathfrak{A}_z\, W\frac{\partial z}{\partial w}.$$

Zylinderkoordinaten $(\varrho,\ \varphi,\ z)$.

$$\begin{aligned}
&x = \varrho\cos\varphi, & &u = \varrho, & &v = \varphi, & &w = z,\\
&y = \varrho\sin\varphi, & &U = 1, & &V = \frac{1}{\varrho}, & &W = 1,\\
&z = z, & & & & & &
\end{aligned}$$

$$ds^2 = d\varrho^2 + \varrho^2 d\varphi^2 + dz^2.$$

$$\operatorname{grad}_\varrho \psi = \frac{\partial\psi}{\partial\varrho}; \quad \operatorname{grad}_\varphi \psi = \frac{1}{\varrho}\frac{\partial\psi}{\partial\varphi}; \quad \operatorname{grad}_z \psi = \frac{\partial\psi}{\partial z},$$

$$\operatorname{div}\mathfrak{A} = \frac{1}{\varrho}\frac{\partial}{\partial\varrho}(\varrho\,\mathfrak{A}_\varrho) + \frac{1}{\varrho}\frac{\partial\mathfrak{A}_\varphi}{\partial\varphi} + \frac{\partial\mathfrak{A}_z}{\partial z},$$

$$\varDelta\psi = \frac{\partial^2\psi}{\partial\varrho^2} + \frac{1}{\varrho}\frac{\partial\psi}{\partial\varrho} + \frac{1}{\varrho^2}\frac{\partial^2\psi}{\partial\varphi^2} + \frac{\partial^2\psi}{\partial z^2},$$

$$\operatorname{rot}_\varrho\mathfrak{A} = \frac{1}{\varrho}\frac{\partial\mathfrak{A}_z}{\partial\varphi} - \frac{\partial\mathfrak{A}_\varphi}{\partial z},$$

$$\operatorname{rot}_\varphi\mathfrak{A} = \frac{\partial\mathfrak{A}_\varrho}{\partial z} - \frac{\partial\mathfrak{A}_z}{\partial\varrho},$$

$$\operatorname{rot}_z\mathfrak{A} = \frac{1}{\varrho}\frac{\partial}{\partial\varrho}(\varrho\,\mathfrak{A}_\varphi) - \frac{1}{\varrho}\frac{\partial\mathfrak{A}_\varrho}{\partial\varphi},$$

$$\mathfrak{A}_\varrho = \mathfrak{A}_x\cos\varphi + \mathfrak{A}_y\sin\varphi; \ \mathfrak{A}_\varphi = \mathfrak{A}_y\cos\varphi - \mathfrak{A}_x\sin\varphi; \ \mathfrak{A}_z = \mathfrak{A}_z.$$

Kugelkoordinaten (r, φ, ϑ).

$$x = r \cos \varphi \sin \vartheta, \qquad u = r, \qquad w = \varphi, \qquad v = \vartheta,$$
$$y = r \sin \varphi \sin \vartheta, \qquad U = 1, \qquad W = \frac{1}{r \sin \vartheta}, \qquad V = \frac{1}{r}.$$
$$z = r \cos \vartheta,$$

$$ds^2 = dr^2 + r^2 \sin^2 \vartheta \, d\varphi^2 + r^2 d\vartheta^2.$$

$$\operatorname{grad}_r \psi = \frac{\partial \psi}{\partial r}; \quad \operatorname{grad}_\varphi \psi = \frac{1}{r \sin \vartheta} \frac{\partial \psi}{\partial \varphi}; \quad \operatorname{grad}_\vartheta \psi = \frac{1}{r} \frac{\partial \psi}{\partial \vartheta},$$

$$\operatorname{div} \mathfrak{A} = \frac{1}{r^2} \frac{\partial}{\partial r} (r^2 \mathfrak{A}_r) + \frac{1}{r \sin \vartheta} \frac{\partial \mathfrak{A}_\varphi}{\partial \varphi} + \frac{1}{r \sin \vartheta} \frac{\partial}{\partial \vartheta} (\sin \vartheta \, \mathfrak{A}_\vartheta),$$

$$\Delta \psi = \frac{1}{r^2 \sin^2 \vartheta} \frac{\partial^2 \psi}{\partial \varphi^2} + \frac{1}{r^2} \frac{\partial}{\partial r} \left(r^2 \frac{\partial \psi}{\partial r} \right) + \frac{1}{r^2 \sin \vartheta} \frac{\partial}{\partial \vartheta} \left(\sin \vartheta \frac{\partial \psi}{\partial \vartheta} \right),$$

$$\operatorname{rot}_r \mathfrak{A} = \frac{1}{r \sin \vartheta} \left[\frac{\partial}{\partial \vartheta} (\sin \vartheta \, \mathfrak{A}_\varphi) - \frac{\partial \mathfrak{A}_\vartheta}{\partial \varphi} \right],$$

$$\operatorname{rot}_\vartheta \mathfrak{A} = \frac{1}{r \sin \vartheta} \left[\frac{\partial \mathfrak{A}_r}{\partial \varphi} - \sin \vartheta \frac{\partial}{\partial r} (r \mathfrak{A}_\varphi) \right],$$

$$\operatorname{rot}_\varphi \mathfrak{A} = \frac{1}{r} \frac{\partial}{\partial r} (r \mathfrak{A}_\vartheta) - \frac{1}{r} \frac{\partial \mathfrak{A}_r}{\partial \vartheta}.$$

$$\mathfrak{A}_r = \mathfrak{A}_x \sin \vartheta \cos \varphi + \mathfrak{A}_y \sin \vartheta \sin \varphi + \mathfrak{A}_z \cos \vartheta,$$

$$\mathfrak{A}_\vartheta = \mathfrak{A}_x \cos \vartheta \cos \varphi + \mathfrak{A}_y \cos \vartheta \sin \varphi - \mathfrak{A}_z \sin \vartheta,$$

$$\mathfrak{A}_\varphi = - \mathfrak{A}_x \sin \varphi + \mathfrak{A}_y \cos \varphi.$$

Koordinaten des parabolischen Zylinders (ξ, η, z).

$$x = \xi \eta, \qquad \xi = \xi_0 = \text{konstant bedeutet: } x^2 = -2 \xi_0^2 \left(y - \frac{\xi_0^2}{2} \right),$$
$$y = \tfrac{1}{2} (\xi^2 - \eta^2), \qquad \eta = \eta_0 = \text{konstant bedeutet: } x^2 = \;\; 2 \eta_0^2 \left(y + \frac{\eta_0^2}{2} \right),$$
$$z = z,$$

$$\varrho = \sqrt{x^2 + y^2} = \tfrac{1}{2} (\xi^2 + \eta^2),$$

$$u = \xi, \qquad v = \eta, \qquad w = z,$$

$$U = \frac{1}{\sqrt{\xi^2 + \eta^2}}, \qquad V = \frac{1}{\sqrt{\xi^2 + \eta^2}}, \qquad W = 1.$$

$$ds^2 = (\xi^2 + \eta^2)(d\xi^2 + d\eta^2) + dz^2.$$

$$\operatorname{grad}_\xi \psi = \frac{1}{\sqrt{\xi^2 + \eta^2}} \frac{\partial \psi}{\partial \xi}; \quad \operatorname{grad}_\eta \psi = \frac{1}{\sqrt{\xi^2 + \eta^2}} \frac{\partial \psi}{\partial \eta}; \quad \operatorname{grad}_z \psi = \frac{\partial \psi}{\partial z},$$

$$\operatorname{div} \mathfrak{A} = \frac{1}{\xi^2 + \eta^2} \left[\frac{\partial}{\partial \xi} (\mathfrak{A}_\xi \sqrt{\xi^2 + \eta^2}) + \frac{\partial}{\partial \eta} (\mathfrak{A}_\eta \sqrt{\xi^2 + \eta^2}) + (\xi^2 + \eta^2) \frac{\partial \mathfrak{A}_z}{\partial z} \right],$$

$$\Delta \psi = \frac{1}{\xi^2 + \eta^2} \left(\frac{\partial^2 \psi}{\partial \xi^2} + \frac{\partial^2 \psi}{\partial \eta^2} \right) + \frac{\partial^2 \psi}{\partial z^2}.$$

$$\operatorname{rot}_\xi \mathfrak{A} = \frac{1}{\sqrt{\xi^2+\eta^2}}\left(\frac{\partial \mathfrak{A}_z}{\partial \eta} - \sqrt{\xi^2+\eta^2}\,\frac{\partial \mathfrak{A}_\eta}{\partial z}\right),$$

$$\operatorname{rot}_\eta \mathfrak{A} = \frac{1}{\sqrt{\xi^2+\eta^2}}\left(\sqrt{\xi^2+\eta^2}\,\frac{\partial \mathfrak{A}_\xi}{\partial z} - \frac{\partial \mathfrak{A}_z}{\partial \xi}\right),$$

$$\operatorname{rot}_z \mathfrak{A} = \frac{1}{\xi^2+\eta^2}\left[\frac{\partial}{\partial \xi}\left(\sqrt{\xi^2+\eta^2}\,\mathfrak{A}_\eta\right) - \frac{\partial}{\partial \eta}\left(\sqrt{\xi^2+\eta^2}\,\mathfrak{A}_\xi\right)\right].$$

$$\mathfrak{A}_\xi = \mathfrak{A}_x \frac{\eta}{\sqrt{\xi^2+\eta^2}} + \mathfrak{A}_y \frac{\xi}{\sqrt{\xi^2+\eta^2}},$$

$$\mathfrak{A}_\eta = \mathfrak{A}_x \frac{\xi}{\sqrt{\xi^2+\eta^2}} - \mathfrak{A}_y \frac{\eta}{\sqrt{\xi^2+\eta^2}},$$

$$\mathfrak{A}_z = \mathfrak{A}_z.$$

Parabolische Koordinaten $(\xi,\ \eta,\ \varphi)$.

$x = \xi \eta \cos \varphi,$ $\xi = \text{konstant} = \xi_0$ bedeutet:

$y = \xi \eta \sin \varphi,$

$$x^2 + y^2 = -2\xi_0^2\left(z - \frac{\xi_0^2}{2}\right) = \varrho^2,$$

$z = \tfrac{1}{2}(\xi^2 - \eta^2),$ $\eta = \text{konstant} = \eta_0$ bedeutet:

$\varrho = \sqrt{x^2+y^2} = \xi \eta.$

$$x^2 + y^2 = 2\eta_0^2\left(z + \frac{\eta_0^2}{2}\right) = \varrho^2,$$

Dies sind konfokale Rotationsparaboloide mit der z-Achse als Drehachse.

$$u = \xi, \qquad v = \eta, \qquad w = \varphi,$$

$$U = \frac{1}{\sqrt{\xi^2+\eta^2}}, \qquad V = \frac{1}{\sqrt{\xi^2+\eta^2}}, \qquad W = \frac{1}{\xi \eta}.$$

$$ds^2 = (\xi^2 + \eta^2)(d\xi^2 + d\eta^2) + \xi^2 \eta^2\, d\varphi^2.$$

$$\operatorname{grad}_\xi \psi = \frac{1}{\sqrt{\xi^2+\eta^2}}\frac{\partial \psi}{\partial \xi}; \quad \operatorname{grad}_\eta \psi = \frac{1}{\sqrt{\xi^2+\eta^2}}\frac{\partial \psi}{\partial \eta}; \quad \operatorname{grad}_\varphi \psi = \frac{1}{\xi \eta}\frac{\partial \psi}{\partial \varphi},$$

$$\operatorname{div} \mathfrak{A} = \frac{1}{\sqrt{\xi^2+\eta^2}} \times$$

$$\times \left[\frac{1}{\xi}\frac{\partial}{\partial \xi}(\xi \mathfrak{A}_\xi) + \frac{1}{\eta}\frac{\partial}{\partial \eta}(\eta \mathfrak{A}_\eta) + \sqrt{\frac{1}{\xi^2}+\frac{1}{\eta^2}}\,\frac{\partial \mathfrak{A}_\varphi}{\partial \varphi} + \frac{1}{\xi^2+\eta^2}(\xi \mathfrak{A}_\xi + \eta \mathfrak{A}_\eta)\right],$$

$$\Delta \psi = \frac{1}{\xi^2+\eta^2}\left[\frac{1}{\xi}\frac{\partial}{\partial \xi}\left(\xi \frac{\partial \psi}{\partial \xi}\right) + \frac{1}{\eta}\frac{\partial}{\partial \eta}\left(\eta \frac{\partial \psi}{\partial \eta}\right) + \left(\frac{1}{\xi^2}+\frac{1}{\eta^2}\right)\frac{\partial^2 \psi}{\partial \varphi^2}\right].$$

$$\operatorname{rot}_\xi \mathfrak{A} = \frac{1}{\xi \eta \sqrt{\xi^2+\eta^2}}\left[\xi \frac{\partial}{\partial \eta}(\eta \mathfrak{A}_\varphi) - \sqrt{\xi^2+\eta^2}\,\frac{\partial \mathfrak{A}_\eta}{\partial \varphi}\right],$$

$$\operatorname{rot}_\eta \mathfrak{A} = \frac{1}{\xi \eta \sqrt{\xi^2+\eta^2}}\left[\sqrt{\xi^2+\eta^2}\,\frac{\partial \mathfrak{A}_\xi}{\partial \varphi} - \eta \frac{\partial}{\partial \xi}(\xi \mathfrak{A}_\varphi)\right],$$

$$\operatorname{rot}_\varphi \mathfrak{A} = -\frac{1}{\sqrt{\xi^2+\eta^2}}\left[\frac{\partial \mathfrak{A}_\xi}{\partial \eta} - \frac{\partial \mathfrak{A}_\eta}{\partial \xi} + \frac{1}{\xi^2+\eta^2}(\eta \mathfrak{A}_\xi - \xi \mathfrak{A}_\eta)\right].$$

$$\mathfrak{A}_\xi = \mathfrak{A}_x \frac{\eta}{\sqrt{\xi^2 + \eta^2}} \cos\varphi + \mathfrak{A}_y \frac{\eta}{\sqrt{\xi^2 + \eta^2}} \sin\varphi + \mathfrak{A}_z \frac{\xi}{\sqrt{\xi^2 + \eta^2}},$$

$$\mathfrak{A}_\eta = \mathfrak{A}_x \frac{\xi}{\sqrt{\xi^2 + \eta^2}} \cos\varphi + \mathfrak{A}_y \frac{\xi}{\sqrt{\xi^2 + \eta^2}} \sin\varphi - \mathfrak{A}_z \frac{\eta}{\sqrt{\xi^2 + \eta^2}},$$

$$\mathfrak{A}_\varphi = -\mathfrak{A}_x \sin\varphi + \mathfrak{A}_y \cos\varphi.$$

Koordinaten des elliptischen Zylinders (ξ, η, z).

$x = c \operatorname{\mathfrak{Cof}} \xi \cos\eta,$ $\xi = \xi_0 =$ konstant bedeutet einen elliptischen

$y = c \operatorname{\mathfrak{Sin}} \xi \sin\eta,$ Zylinder mit den Halbachsen $a = c \operatorname{\mathfrak{Cof}} \xi_0,$

$z = z.$ $b = c \operatorname{\mathfrak{Sin}} \xi_0$

Wertebereich der ξ, η, z.

$$\frac{x^2}{c^2 \operatorname{\mathfrak{Cof}}^2 \xi_0} + \frac{y^2}{c^2 \operatorname{\mathfrak{Sin}}^2 \xi_0} = 1.$$

$$0 \leqq \xi < \infty,$$

$\eta = \eta_0 =$ konstant bedeutet:

$$0 \leqq \eta \leqq 2\pi,$$

$$\frac{x^2}{c^2 \cos^2\eta_0} - \frac{y^2}{c^2 \sin^2\eta_0} = 1.$$

$$-\infty < z < +\infty.$$

$$u = \xi, \qquad v = \eta, \qquad w = z,$$

$$U = \frac{1}{c\sqrt{\operatorname{\mathfrak{Sin}}^2 \xi + \sin^2\eta}}, \quad V = \frac{1}{c\sqrt{\operatorname{\mathfrak{Sin}}^2 \xi + \sin^2\eta}}, \quad W = 1.$$

$$ds^2 = c^2 (\operatorname{\mathfrak{Sin}}^2 \xi + \sin^2\eta)(d\xi^2 + d\eta^2) + dz^2.$$

$$\operatorname{grad}_\xi \psi = \frac{\dfrac{\partial\psi}{\partial\xi}}{c\sqrt{\operatorname{\mathfrak{Sin}}^2 \xi + \sin^2\eta}}; \quad \operatorname{grad}_\eta \psi = \frac{\dfrac{\partial\psi}{\partial\eta}}{c\sqrt{\operatorname{\mathfrak{Sin}}^2 \xi + \sin^2\eta}}; \quad \operatorname{grad}_z \psi = \frac{\partial\psi}{\partial z},$$

$$\operatorname{div}\mathfrak{A} = \frac{1}{c(\operatorname{\mathfrak{Sin}}^2 \xi + \sin^2\eta)}\left[\frac{\partial}{\partial\xi}\left(\sqrt{\operatorname{\mathfrak{Sin}}^2 \xi + \sin^2\eta}\,\mathfrak{A}_\xi\right) + \right.$$

$$\left. + \frac{\partial}{\partial\eta}\left(\sqrt{\operatorname{\mathfrak{Sin}}^2 \xi + \sin^2\eta}\,\mathfrak{A}_\eta\right) + c(\operatorname{\mathfrak{Sin}}^2 \xi + \sin^2\eta)\frac{\partial\mathfrak{A}_z}{\partial z}\right],$$

$$\Delta\psi = \frac{1}{c^2(\operatorname{\mathfrak{Sin}}^2 \xi + \sin^2\eta)}\left[\frac{\partial^2\psi}{\partial\xi^2} + \frac{\partial^2\psi}{\partial\eta^2} + c^2(\operatorname{\mathfrak{Sin}}^2 \xi + \sin^2\eta)\frac{\partial^2\psi}{\partial z^2}\right],$$

$$\Delta\psi = \frac{\partial^2\psi}{\partial z^2} + \frac{2}{c^2(\operatorname{\mathfrak{Cof}} 2\xi - \cos 2\eta)}\left(\frac{\partial^2\psi}{\partial\xi^2} + \frac{\partial^2\psi}{\partial\eta^2}\right).$$

$$\operatorname{rot}_\xi \mathfrak{A} = \frac{1}{c\sqrt{\operatorname{\mathfrak{Sin}}^2 \xi + \sin^2\eta}}\left(\frac{\partial\mathfrak{A}_z}{\partial\eta} - c\sqrt{\operatorname{\mathfrak{Sin}}^2 \xi + \sin^2\eta}\frac{\partial\mathfrak{A}_\eta}{\partial z}\right),$$

$$\operatorname{rot}_\eta \mathfrak{A} = \frac{1}{c\sqrt{\operatorname{\mathfrak{Sin}}^2 \xi + \sin^2\eta}}\left(c\sqrt{\operatorname{\mathfrak{Sin}}^2 \xi + \sin^2\eta}\frac{\partial\mathfrak{A}_\xi}{\partial z} - \frac{\partial\mathfrak{A}_z}{\partial\xi}\right),$$

$$\operatorname{rot}_z \mathfrak{A} = \frac{1}{c(\operatorname{\mathfrak{Sin}}^2 \xi + \sin^2\eta)} \times$$

$$\times \left[\frac{\partial}{\partial\xi}\left(\sqrt{\operatorname{\mathfrak{Sin}}^2 \xi + \sin^2\eta}\,\mathfrak{A}_\eta\right) - \frac{\partial}{\partial\eta}\left(\sqrt{\operatorname{\mathfrak{Sin}}^2 \xi + \sin^2\eta}\,\mathfrak{A}_\xi\right)\right].$$

$$\mathfrak{A}_\xi = \mathfrak{A}_x \frac{\operatorname{\mathfrak{Sin}} \xi \cos\eta}{\sqrt{\operatorname{\mathfrak{Sin}}^2 \xi + \sin^2\eta}} + \mathfrak{A}_y \frac{\operatorname{\mathfrak{Cof}} \xi \sin\eta}{\sqrt{\operatorname{\mathfrak{Sin}}^2 \xi + \sin^2\eta}},$$

$$\mathfrak{A}_\eta = -\mathfrak{A}_x \frac{\operatorname{\mathfrak{Cof}} \xi \sin\eta}{\sqrt{\operatorname{\mathfrak{Sin}}^2 \xi + \sin^2\eta}} + \mathfrak{A}_y \frac{\operatorname{\mathfrak{Sin}} \xi \cos\eta}{\sqrt{\operatorname{\mathfrak{Sin}}^2 \xi + \sin^2\eta}},$$

$$\mathfrak{A}_z = \mathfrak{A}_z.$$

Elliptische Koordinaten (ξ, η, φ) (gestrecktes Rotationsellipsoid).

$$x = c\,\sqrt{(1-\eta^2)(\xi^2-1)}\,\cos\varphi,$$

$$y = c\,\sqrt{(1-\eta^2)(\xi^2-1)}\,\sin\varphi,$$

$$z = c\,\xi\,\eta.$$

Wertebereich der ξ, η, φ.

$$-1 \leqq \eta \leqq +1,$$
$$1 \leqq \xi < \infty,$$
$$0 \leqq \varphi \leqq 2\pi.$$

$\xi = \xi_0$ bedeutet ein gestrecktes Rotationsellipsoid um die z-Achse mit den Halbachsen $a = c\,\xi_0$; $b = c\,\sqrt{\xi_0^2 - 1}$

$$\frac{z^2}{c^2\,\xi_0^2} + \frac{x^2 + y^2}{c^2(\xi_0^2 - 1)} = 1.$$

$\eta = \eta_0$ bedeutet ein zweischaliges Rotationshyperboloid mit der z-Achse als Rotationsachse und den Halbachsen:

$$a = c\,\eta_0; \quad b = c\,\sqrt{1 - \eta_0^2}$$

$$\frac{z^2}{c^2\,\eta_0^2} - \frac{x^2 + y^2}{c^2(1 - \eta_0^2)} = 1.$$

$$u = \xi, \qquad v = \eta, \qquad w = \varphi,$$

$$U = \frac{1}{c}\sqrt{\frac{\xi^2 - 1}{\xi^2 - \eta^2}}, \quad V = \frac{1}{c}\sqrt{\frac{1 - \eta^2}{\xi^2 - \eta^2}}, \quad W = \frac{1}{c\sqrt{(1 - \eta^2)(\xi^2 - 1)}}.$$

$$d s^2 = \frac{c^2(\xi^2 - \eta^2)}{\xi^2 - 1}\, d\xi^2 + \frac{c^2(\xi^2 - \eta^2)}{1 - \eta^2}\, d\eta^2 + c^2(1 - \eta^2)(\xi^2 - 1)\, d\varphi^2.$$

$$\operatorname{grad}_\xi \psi = \frac{1}{c}\sqrt{\frac{\xi^2 - 1}{\xi^2 - \eta^2}}\,\frac{\partial \psi}{\partial \xi}; \qquad \operatorname{grad}_\eta \psi = \frac{1}{c}\sqrt{\frac{1 - \eta^2}{\xi^2 - \eta^2}}\,\frac{\partial \psi}{\partial \eta};$$

$$\operatorname{grad}_\varphi \psi = \frac{1}{c\sqrt{(1 - \eta^2)(\xi^2 - 1)}}\,\frac{\partial \psi}{\partial \varphi}.$$

$$\operatorname{div} \mathfrak{A} = \frac{1}{c(\xi^2 - \eta^2)}\left\{\frac{\partial}{\partial \xi}\left[\sqrt{(\xi^2 - \eta^2)(\xi^2 - 1)}\,\mathfrak{A}_\xi\right] + \frac{\partial}{\partial \eta}\left[\sqrt{(\xi^2 - \eta^2)(1 - \eta^2)}\,\mathfrak{A}_\eta\right] + \right.$$

$$\left. + \frac{\xi^2 - \eta^2}{\sqrt{(\xi^2 - 1)(1 - \eta^2)}}\,\frac{\partial \mathfrak{A}_\varphi}{\partial \varphi}\right\},$$

$$\Delta \psi = \frac{1}{c^2(\xi^2 - \eta^2)}\left\{\frac{\partial}{\partial \xi}\left[(\xi^2 - 1)\,\frac{\partial \psi}{\partial \xi}\right] + \frac{\partial}{\partial \eta}\left[(1 - \eta^2)\,\frac{\partial \psi}{\partial \eta}\right] + \frac{\xi^2 - \eta^2}{(1 - \eta^2)(\xi^2 - 1)}\,\frac{\partial^2 \psi}{\partial \varphi^2}\right\},$$

$$\operatorname{rot}_\xi \mathfrak{A} = \frac{1}{c\sqrt{(\xi^2 - \eta^2)(\xi^2 - 1)}}\left\{\frac{\partial}{\partial \eta}\left[\sqrt{(1 - \eta^2)(\xi^2 - 1)}\,\mathfrak{A}_\varphi\right] - \sqrt{\frac{\xi^2 - \eta^2}{1 - \eta^2}}\,\frac{\partial \mathfrak{A}_\eta}{\partial \varphi}\right\},$$

$$\operatorname{rot}_\eta \mathfrak{A} = \frac{1}{c\sqrt{(\xi^2 - \eta^2)(1 - \eta^2)}}\left\{\sqrt{\frac{\xi^2 - \eta^2}{\xi^2 - 1}}\,\frac{\partial \mathfrak{A}_\xi}{\partial \varphi} - \frac{\partial}{\partial \xi}\left[\sqrt{(1 - \eta^2)(\xi^2 - 1)}\,\mathfrak{A}_\varphi\right]\right\},$$

$$\operatorname{rot}_\varphi \mathfrak{A} = \frac{\sqrt{(1 - \eta^2)(\xi^2 - 1)}}{c(\xi^2 - \eta^2)}\left[\frac{\partial}{\partial \xi}\left(\sqrt{\frac{\xi^2 - \eta^2}{1 - \eta^2}}\,\mathfrak{A}_\eta\right) - \frac{\partial}{\partial \eta}\left(\sqrt{\frac{\xi^2 - \eta^2}{\xi^2 - 1}}\,\mathfrak{A}_\xi\right)\right],$$

$$\mathfrak{A}_\xi = \mathfrak{A}_x\,\xi\sqrt{\frac{1 - \eta^2}{\xi^2 - \eta^2}}\,\cos\varphi + \mathfrak{A}_y\,\xi\sqrt{\frac{1 - \eta^2}{\xi^2 - \eta^2}}\,\sin\varphi + \mathfrak{A}_z\,\eta\sqrt{\frac{\xi^2 - 1}{\xi^2 - \eta^2}},$$

$$\mathfrak{A}_\eta = -\mathfrak{A}_x\,\eta\sqrt{\frac{\xi^2 - 1}{\xi^2 - \eta^2}}\,\cos\varphi - \mathfrak{A}_y\,\eta\sqrt{\frac{\xi^2 - 1}{\xi^2 - \eta^2}}\,\sin\varphi + \mathfrak{A}_z\,\xi\sqrt{\frac{1 - \eta^2}{\xi^2 - \eta^2}},$$

$$\mathfrak{A}_\varphi = -\mathfrak{A}_x\,\sin\varphi + \mathfrak{A}_y\,\cos\varphi.$$

Elliptische Koordinaten (ξ, η, φ) (abgeplattetes Rotationsellipsoid).

$$x = c\,\sqrt{(1+\xi^2)(1-\eta^2)}\,\cos\varphi,$$
$$y = c\,\sqrt{(1+\xi^2)(1-\eta^2)}\,\sin\varphi,$$
$$z = c\,\xi\,\eta.$$

$\xi = \xi_0$ bedeutet ein abgeplattetes Rotationsellipsoid um die z-Achse mit den Halbachsen $a = c\,\sqrt{1+\xi_0^2}$, $b = c\,\xi_0$

$$\frac{x^2+y^2}{c^2(1+\xi_0^2)} + \frac{z^2}{c^2\xi_0^2} = 1.$$

Wertebereich der ξ, η, φ.

$$0 \leqq \xi < \infty,$$
$$-1 \leqq \eta \leqq +1,$$
$$0 \leqq \varphi \leqq 2\pi.$$

$\eta = \eta_0$ bedeutet ein einschaliges Rotationshyperboloid um die z-Achse mit den Halbachsen $a = c\,\sqrt{1-\eta_0^2}$, $b = c\,\eta_0$

$$\frac{x^2+y^2}{c^2(1-\eta_0^2)} - \frac{z^2}{c^2\eta_0^2} = 1.$$

$$u = \xi, \qquad v = \eta, \qquad w = \varphi,$$

$$U = \frac{1}{c}\sqrt{\frac{1+\xi^2}{\xi^2+\eta^2}}, \qquad V = \frac{1}{c}\sqrt{\frac{1-\eta^2}{\xi^2+\eta^2}}, \qquad W = \frac{1}{c\,\sqrt{(1+\xi^2)(1-\eta^2)}},$$

$$ds^2 = \frac{c^2(\xi^2+\eta^2)}{1+\xi^2}\,d\xi^2 + \frac{c^2(\xi^2+\eta^2)}{1-\eta^2}\,d\eta^2 + c^2(1+\xi^2)(1-\eta^2)\,d\varphi^2,$$

$$\operatorname{grad}_\xi \psi = \frac{1}{c}\sqrt{\frac{1+\xi^2}{\xi^2+\eta^2}}\,\frac{\partial\psi}{\partial\xi}; \quad \operatorname{grad}_\eta \psi = \frac{1}{c}\sqrt{\frac{1-\eta^2}{\xi^2+\eta^2}}\,\frac{\partial\psi}{\partial\eta};$$

$$\operatorname{grad}_\varphi \psi = \frac{1}{c\,\sqrt{(1+\xi^2)(1-\eta^2)}}\,\frac{\partial\psi}{\partial\varphi},$$

$$\operatorname{div}\mathfrak{A} = \frac{1}{c(\xi^2+\eta^2)}\left\{\frac{\partial}{\partial\xi}\left[\sqrt{(1+\xi^2)(\xi^2+\eta^2)}\,\mathfrak{A}_\xi\right] + \frac{\partial}{\partial\eta}\left[\sqrt{(1-\eta^2)(\xi^2+\eta^2)}\,\mathfrak{A}_\eta\right] + \right.$$
$$\left. + \frac{\xi^2+\eta^2}{\sqrt{(1+\xi^2)(1-\eta^2)}}\,\frac{\partial\mathfrak{A}_\varphi}{\partial\varphi}\right\},$$

$$\Delta\psi = \frac{1}{c^2(\xi^2+\eta^2)}\left\{\frac{\partial}{\partial\xi}\left[(1+\xi^2)\frac{\partial\psi}{\partial\xi}\right] + \frac{\partial}{\partial\eta}\left[(1-\eta^2)\frac{\partial\psi}{\partial\eta}\right] + \frac{\xi^2+\eta^2}{(1+\xi^2)(1-\eta^2)}\,\frac{\partial^2\psi}{\partial\varphi^2}\right\},$$

$$\operatorname{rot}_\xi \mathfrak{A} = \frac{1}{c\,\sqrt{(1+\xi^2)(\xi^2+\eta^2)}}\left\{\frac{\partial}{\partial\eta}\left[\sqrt{(1+\xi^2)(1-\eta^2)}\,\mathfrak{A}_\varphi\right] - \sqrt{\frac{\xi^2+\eta^2}{1-\eta^2}}\,\frac{\partial\mathfrak{A}_\eta}{\partial\varphi}\right\},$$

$$\operatorname{rot}_\eta \mathfrak{A} = \frac{1}{c\,\sqrt{(1-\eta^2)(\xi^2+\eta^2)}}\left\{\sqrt{\frac{(\xi^2+\eta^2)}{1+\xi^2}}\,\frac{\partial\mathfrak{A}_\xi}{\partial\varphi} - \frac{\partial}{\partial\xi}\left[\sqrt{(1+\xi^2)(1-\eta^2)}\,\mathfrak{A}_\varphi\right]\right\},$$

$$\operatorname{rot}_\varphi \mathfrak{A} = \frac{\sqrt{(1+\xi^2)(1-\eta^2)}}{c(\xi^2+\eta^2)}\left[\frac{\partial}{\partial\xi}\left(\sqrt{\frac{\xi^2+\eta^2}{1-\eta^2}}\,\mathfrak{A}_\eta\right) - \frac{\partial}{\partial\eta}\left(\sqrt{\frac{\xi^2+\eta^2}{1+\xi^2}}\,\mathfrak{A}_\xi\right)\right],$$

$$\mathfrak{A}_\xi = \mathfrak{A}_x\,\xi\sqrt{\frac{1-\eta^2}{\xi^2+\eta^2}}\,\cos\varphi + \mathfrak{A}_y\,\xi\sqrt{\frac{1-\eta^2}{\xi^2+\eta^2}}\,\sin\varphi + \mathfrak{A}_z\,\eta\sqrt{\frac{1+\xi^2}{\xi^2+\eta^2}},$$

$$\mathfrak{A}_\eta = -\,\mathfrak{A}_x\,\eta\sqrt{\frac{1+\xi^2}{\xi^2+\eta^2}}\,\cos\varphi - \mathfrak{A}_y\,\eta\sqrt{\frac{1+\xi^2}{\xi^2+\eta^2}}\,\sin\varphi + \mathfrak{A}_z\,\xi\sqrt{\frac{1-\eta^2}{\xi^2+\eta^2}},$$

$$\mathfrak{A}_\varphi = -\,\mathfrak{A}_x\,\sin\varphi + \mathfrak{A}_y\,\cos\varphi.$$

Toruskoordinaten (ξ, η, φ).

$$x = c\,\frac{\mathfrak{Sin}\,\xi}{\mathfrak{Cof}\,\xi - \cos\eta}\cos\varphi, \qquad \xi = \xi_0 \text{ bedeutet:}$$
$$z^2 + (\varrho - c\,\mathfrak{Cotg}\,\xi_0)^2 = \left(\frac{c}{\mathfrak{Sin}\,\xi_0}\right)^2,$$
$$y = c\,\frac{\mathfrak{Sin}\,\xi}{\mathfrak{Cof}\,\xi - \cos\eta}\sin\varphi, \qquad \eta = \eta_0 \text{ bedeutet:}$$
$$(z - c\cot\eta_0)^2 + \varrho^2 = \left(\frac{c}{\sin\eta_0}\right)^2,$$
$$z = c\,\frac{\sin\eta}{\mathfrak{Cof}\,\xi - \cos\eta}\,.$$
$$\varrho = \sqrt{x^2 + y^2} = c\,\frac{\mathfrak{Sin}\,\xi}{\mathfrak{Cof}\,\xi - \cos\eta}\,.$$

Wertebereich der ξ, η, φ: $0 \leqq \eta \leqq 2\pi$; $0 \leqq \varphi \leqq 2\pi$; $0 \leqq \xi < \infty$.

$$u = \xi, \qquad v = \eta, \qquad w = \varphi,$$

$$U = \frac{\mathfrak{Cof}\,\xi - \cos\eta}{c}, \quad V = \frac{\mathfrak{Cof}\,\xi - \cos\eta}{c}, \quad W = \frac{\mathfrak{Cof}\,\xi - \cos\eta}{c\,\mathfrak{Sin}\,\xi},$$

$$ds^2 = \frac{c^2}{(\mathfrak{Cof}\,\xi - \cos\eta)^2}(d\xi^2 + d\eta^2) + c^2\,\frac{\mathfrak{Sin}^2\,\xi}{(\mathfrak{Cof}\,\xi - \cos\eta)^2}\,d\varphi^2.$$

$$\operatorname{grad}_\xi \psi = \frac{\mathfrak{Cof}\,\xi - \cos\eta}{c}\,\frac{\partial\psi}{\partial\xi}; \quad \operatorname{grad}_\eta \psi = \frac{\mathfrak{Cof}\,\xi - \cos\eta}{c}\,\frac{\partial\psi}{\partial\eta};$$

$$\operatorname{grad}_\varphi \psi = \frac{\mathfrak{Cof}\,\xi - \cos\eta}{c\,\mathfrak{Sin}\,\xi}\,\frac{\partial\psi}{\partial\varphi}.$$

$$\operatorname{div}\mathfrak{A} = \frac{(\mathfrak{Cof}\,\xi - \cos\eta)^3}{c\,\mathfrak{Sin}\,\xi} \times$$

$$\times \left\{\frac{\partial}{\partial\xi}\left[\frac{\mathfrak{Sin}\,\xi}{(\mathfrak{Cof}\,\xi - \cos\eta)^2}\,\mathfrak{A}_\xi\right] + \frac{\partial}{\partial\eta}\left[\frac{\mathfrak{Sin}\,\xi}{(\mathfrak{Cof}\,\xi - \cos\eta)^2}\,\mathfrak{A}_\eta\right] + \frac{1}{(\mathfrak{Cof}\,\xi - \cos\eta)^2}\,\frac{\partial\mathfrak{A}_\varphi}{\partial\varphi}\right\},$$

$$\Delta\psi = \frac{(\mathfrak{Cof}\,\xi - \cos\eta)^3}{c^2\,\mathfrak{Sin}\,\xi} \times$$

$$\times \left[\frac{\partial}{\partial\xi}\left(\frac{\mathfrak{Sin}\,\xi}{\mathfrak{Cof}\,\xi - \cos\eta}\,\frac{\partial\psi}{\partial\xi}\right) + \frac{\partial}{\partial\eta}\left(\frac{\mathfrak{Sin}\,\xi}{\mathfrak{Cof}\,\xi - \cos\eta}\,\frac{\partial\psi}{\partial\eta}\right) + \frac{1}{\mathfrak{Sin}\,\xi\,(\mathfrak{Cof}\,\xi - \cos\eta)}\,\frac{\partial^2\psi}{\partial\varphi^2}\right],$$

$$\operatorname{rot}_\xi \mathfrak{A} = \frac{(\mathfrak{Cof}\,\xi - \cos\eta)^2}{c\,\mathfrak{Sin}\,\xi}\left[\frac{\partial}{\partial\eta}\left(\frac{\mathfrak{Sin}\,\xi}{\mathfrak{Cof}\,\xi - \cos\eta}\,\mathfrak{A}_\varphi\right) - \frac{1}{\mathfrak{Cof}\,\xi - \cos\eta}\,\frac{\partial\mathfrak{A}_\eta}{\partial\varphi}\right],$$

$$\operatorname{rot}_\eta \mathfrak{A} = \frac{(\mathfrak{Cof}\,\xi - \cos\eta)^2}{c\,\mathfrak{Sin}\,\xi}\left[\frac{1}{\mathfrak{Cof}\,\xi - \cos\eta}\,\frac{\partial\mathfrak{A}_\xi}{\partial\varphi} - \frac{\partial}{\partial\xi}\left(\frac{\mathfrak{Sin}\,\xi}{\mathfrak{Cof}\,\xi - \cos\eta}\,\mathfrak{A}_\varphi\right)\right],$$

$$\operatorname{rot}_\varphi \mathfrak{A} = \frac{(\mathfrak{Cof}\,\xi - \cos\eta)^2}{c}\left[\frac{\partial}{\partial\xi}\left(\frac{1}{\mathfrak{Cof}\,\xi - \cos\eta}\,\mathfrak{A}_\eta\right) - \frac{\partial}{\partial\eta}\left(\frac{1}{\mathfrak{Cof}\,\xi - \cos\eta}\,\mathfrak{A}_\xi\right)\right].$$

$$\mathfrak{A}_\xi = \mathfrak{A}_x\,\frac{1 - \cos\eta\,\mathfrak{Cof}\,\xi}{\mathfrak{Cof}\,\xi - \cos\eta}\cos\varphi + \mathfrak{A}_y\,\frac{1 - \cos\eta\,\mathfrak{Cof}\,\xi}{\mathfrak{Cof}\,\xi - \cos\eta}\sin\varphi - \mathfrak{A}_z\,\frac{\sin\eta\,\mathfrak{Sin}\,\xi}{\mathfrak{Cof}\,\xi - \cos\eta},$$

$$\mathfrak{A}_\eta = -\mathfrak{A}_x\,\frac{\mathfrak{Sin}\,\xi\sin\eta}{\mathfrak{Cof}\,\xi - \cos\eta}\cos\varphi - \mathfrak{A}_y\,\frac{\mathfrak{Sin}\,\xi\sin\eta}{\mathfrak{Cof}\,\xi - \cos\eta}\sin\varphi + \mathfrak{A}_z\,\frac{\cos\eta\,\mathfrak{Cof}\,\xi - 1}{\mathfrak{Cof}\,\xi - \cos\eta},$$

$$\mathfrak{A}_\varphi = -\mathfrak{A}_x\sin\varphi + \mathfrak{A}_y\cos\varphi.$$

Elliptische Koordinaten λ, μ, ν (dreiachsiges Ellipsoid).

$$x^2 = \frac{(a^2+\lambda)(a^2+\mu)(a^2+\nu)}{(a^2-b^2)(a^2-c^2)}, \qquad a > b > c > 0.$$

λ, μ, ν sind die drei Lösungen der Gleichung 3. Grades in ϱ

$$y^2 = \frac{(b^2+\lambda)(b^2+\mu)(b^2+\nu)}{(b^2-a^2)(b^2-c^2)},$$

$$z^2 = \frac{(c^2+\lambda)(c^2+\mu)(c^2+\nu)}{(a^2-c^2)(b^2-c^2)}.$$

$$\frac{x^2}{a^2+\varrho} + \frac{y^2}{b^2+\varrho} + \frac{z^2}{c^2+\varrho} - 1 = 0$$

bei vorgegebenem $x\,y\,z$ derart, daß

$$\lambda > \mu > \nu.$$

Wertebereiche von λ, μ, ν.

$\infty > \lambda > -c^2$, $\lambda = \lambda_0 =$ konstant ist ein dreiachsiges Ellipsoid.

$-c^2 > \mu > -b^2$, $\mu = \mu_0 =$ konstant ist ein einschaliges Hyperboloid.

$-b^2 > \nu > -a^2$. $\nu = \nu_0 =$ konstant ist ein zweischaliges Hyperboloid.

$$u = \lambda, \qquad\qquad v = \mu, \qquad\qquad w = \nu,$$

$$U = \frac{2\sqrt{f(\lambda)}}{\sqrt{(\lambda-\mu)(\lambda-\nu)}}, \qquad V = \frac{2\sqrt{f(\mu)}}{\sqrt{(\mu-\nu)(\mu-\lambda)}}, \qquad W = \frac{2\sqrt{f(\nu)}}{\sqrt{(\nu-\lambda)(\nu-\mu)}},$$

mit[1] $f(\lambda) = (a^2+\lambda)(b^2+\lambda)(c^2+\lambda)$; entsprechend $f(\mu)$ und $f(\nu)$.

$$ds^2 = \frac{(\lambda-\mu)(\lambda-\nu)}{4f(\lambda)}\,d\lambda^2 + \frac{(\mu-\nu)(\mu-\lambda)}{4f(\mu)}\,d\mu^2 + \frac{(\nu-\lambda)(\nu-\mu)}{4f(\nu)}\,d\nu^2,$$

$$\Delta\psi = 4\,\frac{\sqrt{f(\lambda)}}{(\lambda-\mu)(\lambda-\nu)}\,\frac{\partial}{\partial\lambda}\left(\sqrt{f(\lambda)}\,\frac{\partial\psi}{\partial\lambda}\right) + 4\,\frac{\sqrt{f(\mu)}}{(\mu-\nu)(\mu-\lambda)}\,\frac{\partial}{\partial\mu}\left(\sqrt{f(\mu)}\,\frac{\partial\psi}{\partial\mu}\right) +$$

$$+ 4\,\frac{\sqrt{f(\nu)}}{(\nu-\lambda)(\nu-\mu)}\,\frac{\partial}{\partial\nu}\left(\sqrt{f(\nu)}\,\frac{\partial\psi}{\partial\nu}\right)$$

oder

$$\Delta\psi = \frac{4}{(\mu-\lambda)(\lambda-\nu)(\mu-\nu)}\left[(\nu-\mu)\frac{\partial^2\psi}{\partial\alpha^2} + (\lambda-\nu)\frac{\partial^2\psi}{\partial\beta^2} + (\mu-\lambda)\frac{\partial^2\psi}{\partial\gamma^2}\right]$$

mit

$$d\alpha = \frac{d\lambda}{\sqrt{f(\lambda)}}; \quad d\beta = \frac{d\mu}{\sqrt{f(\mu)}}; \quad d\gamma = \frac{d\nu}{\sqrt{f(\nu)}}.$$

---

[1] Es gilt auch noch:

$$\frac{1}{U^2} = \frac{1}{4}\left[\frac{x^2}{(a^2+\lambda)^2} + \frac{y^2}{(b^2+\lambda)^2} + \frac{z^2}{(c^2+\lambda)^2}\right],$$

$$\frac{1}{V^2} = \frac{1}{4}\left[\frac{x^2}{(a^2+\mu)^2} + \frac{y^2}{(b^2+\mu)^2} + \frac{z^2}{(c^2+\mu)^2}\right],$$

$$\frac{1}{W^2} = \frac{1}{4}\left[\frac{x^2}{(a^2+\nu)^2} + \frac{y^2}{(b^2+\nu)^2} + \frac{z^2}{(c^2+\nu)^2}\right].$$

Hiernach ist:

$$\lambda = 4\,\wp(\alpha) - \frac{a^2 + b^2 + c^2}{3}, \quad \mu = 4\,\wp(\beta) - \frac{a^2 + b^2 + c^2}{3},$$

$$\nu = 4\,\wp(\gamma) - \frac{a^2 + b^2 + c^2}{3}$$

und damit

$$\Delta\psi = \frac{[\wp(\gamma) - \wp(\beta)]\dfrac{\partial^2\psi}{\partial\alpha^2} + [\wp(\alpha) - \wp(\gamma)]\dfrac{\partial^2\psi}{\partial\beta^2} + [\wp(\beta) - \wp(\alpha)]\dfrac{\partial^2\psi}{\partial\gamma^2}}{4\,[\wp(\beta) - \wp(\gamma)]\,[\wp(\gamma) - \wp(\alpha)]\,[\wp(\alpha) - \wp(\beta)]},$$

Bipolarkoordinaten (ξ, η, z).

$x = \dfrac{c\,\mathfrak{Sin}\,\xi}{\mathfrak{Cof}\,\xi - \cos\eta}$, $\qquad \xi = \xi_0$ bedeutet:

$$(x - c\,\mathfrak{Cotg}\,\xi_0)^2 + y^2 = \frac{c^2}{\mathfrak{Sin}^2\xi_0} = c^2(\mathfrak{Cotg}^2\xi_0 - 1),$$

$y = \dfrac{c\sin\eta}{\mathfrak{Cof}\,\xi - \cos\eta}$, $\qquad \eta = \eta_0$ bedeutet:

$z = z.$ $\qquad\qquad x^2 + (y - c\cot\eta_0)^2 = \dfrac{c^2}{\sin^2\eta_0} = c^2(\cot^2\eta_0 + 1).$

Wertebereich $\qquad u = \xi;\qquad\qquad v = \eta;\qquad\quad w = z,$
der ξ, η.

$-\infty < \xi < +\infty,$ $\qquad U = \dfrac{1}{c}(\mathfrak{Cof}\,\xi - \cos\eta);\quad V = \dfrac{1}{c}(\mathfrak{Cof}\,\xi - \cos\eta);\quad W = 1.$

$0 \leq \eta \leq 2\pi.$

$$\operatorname{grad}_\xi \psi = \frac{1}{c}(\mathfrak{Cof}\,\xi - \cos\eta)\frac{\partial\psi}{\partial\xi};\quad \operatorname{grad}_\eta \psi = \frac{1}{c}(\mathfrak{Cof}\,\xi - \cos\eta)\frac{\partial\psi}{\partial\eta};$$

$$\operatorname{grad}_z \psi = \frac{\partial\psi}{\partial z};$$

$$\operatorname{div}\mathfrak{A} = \frac{1}{c^2}(\mathfrak{Cof}\,\xi - \cos\eta)^2 \times$$

$$\times\left[\frac{\partial}{\partial\xi}\left(\frac{c}{\mathfrak{Cof}\,\xi - \cos\eta}\mathfrak{A}_\xi\right) + \frac{\partial}{\partial\eta}\left(\frac{c}{\mathfrak{Cof}\,\xi - \cos\eta}\mathfrak{A}_\eta\right) + \frac{c^2}{(\mathfrak{Cof}\,\xi - \cos\eta)^2}\frac{\partial\mathfrak{A}_z}{\partial z}\right],$$

$$\Delta\psi = \frac{1}{c^2}(\mathfrak{Cof}\,\xi - \cos\eta)^2\left(\frac{\partial^2\psi}{\partial\xi^2} + \frac{\partial^2\psi}{\partial\eta^2}\right) + \frac{\partial^2\psi}{\partial z^2},$$

$$\operatorname{rot}_\xi \mathfrak{A} = \frac{1}{c}(\mathfrak{Cof}\,\xi - \cos\eta)\left(\frac{\partial\mathfrak{A}_z}{\partial\eta} - \frac{c}{\mathfrak{Cof}\,\xi - \cos\eta}\frac{\partial\mathfrak{A}_\eta}{\partial z}\right),$$

$$\operatorname{rot}_\eta \mathfrak{A} = \frac{1}{c}(\mathfrak{Cof}\,\xi - \cos\eta)\left(\frac{c}{\mathfrak{Cof}\,\xi - \cos\eta}\frac{\partial\mathfrak{A}_\xi}{\partial z} - \frac{\partial\mathfrak{A}_z}{\partial\xi}\right),$$

$$\operatorname{rot}_z \mathfrak{A} = \frac{1}{c}(\mathfrak{Cof}\,\xi - \cos\eta)^2\left[\frac{\partial}{\partial\xi}\left(\frac{1}{\mathfrak{Cof}\,\xi - \cos\eta}\mathfrak{A}_\eta\right) - \frac{\partial}{\partial\eta}\left(\frac{1}{\mathfrak{Cof}\,\xi - \cos\eta}\mathfrak{A}_\xi\right)\right].$$

§ 2. Beispiele zur Trennung der Veränderlichen.

Im folgenden sollen die Ergebnisse des BERNOULLIschen Ansatzes der Trennung der Veränderlichen für einige wichtige Fälle zusammengefaßt werden.

Dies Verfahren wird nachstehend durchgeführt für folgende Differentialgleichungen:

1. Wellengleichung:

$$\Delta \psi = \frac{1}{c^2} \frac{\partial^2 \psi}{\partial t^2},$$

2. Wärmeleitungsgleichung:

$$\Delta \psi = \frac{1}{a^2} \frac{\partial \psi}{\partial t}.$$

Versucht man die Lösung $\psi(x, y, z, t)$ dieser beiden Differentialgleichungen in der Form eines Produktes zweier Funktionen $F(x, y, z)$ und $\chi(t)$ darzustellen, wobei F nur von den Raumkoordinaten xyz und χ nur von der Zeit t abhängen soll, so ergibt sich für $\chi(t)$

im Falle der Wellengleichung:

$$\chi(t) = e^{\pm i k c t},$$

im Falle der Wärmeleitungsgleichung:

$$\chi(t) = e^{-k^2 a^2 t},$$

während sich zur Bestimmung von $F(x, y, z)$ in beiden Fällen die Differentialgleichung

$$\Delta F + k^2 F = 0$$

ergibt, wo k eine beliebige Konstante ist. Mit der Bestimmung von F aus obenstehender Differentialgleichung ergibt sich dann die Lösung

$$\psi = F(x, y, z)\, \chi(t).$$

Werden an Stelle der CARTESISchen Koordinaten xyz beliebige krummlinige orthogonale Koordinaten u, v, w eingeführt, so wird F eine Funktion der neuen Koordinaten u, v, w und die Schwingungsgleichung geht in eine solche mit u, v, w als unabhängigen Veränderlichen über.

$$\Delta F(u, v, w) + k^2 F(u, v, w) = 0.$$

Unter der Voraussetzung $F(u, v, w) = f_1(u)\, f_2(v)\, f_3(w)$, (d. h. die gesuchte Funktion F lasse sich als Produkt dreier Funktionen $f_1(u)$; $f_2(v)$; $f_3(w)$ darstellen, von denen jede nur von einer der drei Variablen u, v, w allein abhängt), werden im folgenden für einige spezielle Koordinatensysteme die Differentialgleichungen denen $f_1(u)$, $f_2(v)$, $f_3(w)$ genügen müssen, sowie linear unabhängige Lösungen jeder dieser drei Differentialgleichungen angegeben.

Zylinderkoordinaten (ϱ, φ, z), $u = \varrho$, $v = \varphi$, $w = z$.

$$\Delta F + k^2 F = 0; \quad \frac{\partial^2 F}{\partial \varrho^2} + \frac{1}{\varrho}\frac{\partial F}{\partial \varrho} + \frac{1}{\varrho^2}\frac{\partial^2 F}{\partial \varphi^2} + \frac{\partial^2 F}{\partial z^2} + k^2 F = 0,$$

$$F = f_1(\varrho)\, f_2(\varphi)\, f_3(z),$$

$$\frac{d^2 f_1}{d\varrho^2} + \frac{1}{\varrho}\frac{d f_1}{d\varrho} + \left(k^2 - \alpha^2 - \frac{\mu^2}{\varrho^2}\right) f_1 = 0, \qquad f_1 = \mathfrak{Z}_\mu(\varrho\,\sqrt{k^2 - \alpha^2}),$$

$$\frac{d^2 f_2}{d\varphi^2} = -\mu^2 f_2, \qquad f_2 = e^{\pm i\mu\varphi},$$

$$\frac{d^2 f_3}{dz^2} = -\alpha^2 f_3, \qquad f_3 = e^{\pm i\alpha z},$$

wo α und μ beliebige Konstanten sind.

Ebene Welle und Kugelwelle lassen sich durch Partikularlösungen der Schwingungsgleichung in Zylinderkoordinaten folgendermaßen ausdrücken:

Ebene Welle:
$$e^{i k \varrho \cos\varphi} = \sum_{m=0}^{\infty} i^m\, \varepsilon_m\, J_m(k\varrho)\, \cos m\varphi,$$

$$\varepsilon_0 = 1,$$

$$\varepsilon_m = 2 \qquad \text{für } m \geq 1.$$

Kugelwelle:

$$\frac{e^{ikR}}{R} = \frac{i}{2}\sum_{m=0}^{\infty}\varepsilon_m \cos m\,(\varphi - \varphi_0)\int_{\alpha=-\infty}^{+\infty} J_m(\varrho\,\sqrt{k^2-\alpha^2})\, H_m^1(\varrho_0\sqrt{k^2-\alpha^2})\, e^{-i\alpha\,|z-z_0|}\, d\alpha$$

$$\text{für } \varrho < \varrho_0,$$

$$= \frac{i}{2}\sum_{0}^{\infty}\varepsilon_m \cos m\,(\varphi - \varphi_0)\int_{\alpha=-\infty}^{+\infty} J_m(\varrho_0\sqrt{k^2-\alpha^2})\, H_m^1(\varrho\,\sqrt{k^2-\alpha^2})\, e^{-i\alpha\,|z-z_0|}\, d\alpha$$

$$\text{für } \varrho > \varrho_0,$$

$$= \sum_{0}^{\infty}\varepsilon_m \cos m\,(\varphi - \varphi_0)\int_{\lambda=0}^{\infty} J_m(\lambda\varrho)\, J_m(\lambda\varrho_0)\, e^{-|z-z_0|\sqrt{\lambda^2-k^2}}\,\frac{\lambda\, d\lambda}{\sqrt{\lambda^2-k^2}}$$

mit
$$R = \sqrt{\varrho^2 + \varrho_0^2 - 2\varrho\,\varrho_0 \cos(\varphi - \varphi_0) + (z - z_0)^2}.$$

Kugelkoordinaten (r, ϑ, φ) $u = r$; $v = \vartheta$, $w = \varphi$.

$$\Delta F + k^2 F = 0;$$

$$\frac{1}{r^2}\frac{\partial}{\partial r}\left(r^2 \frac{\partial F}{\partial r}\right) + \frac{1}{r^2 \sin\vartheta}\frac{\partial}{\partial\vartheta}\left(\sin\vartheta\,\frac{\partial F}{\partial\vartheta}\right) + \frac{1}{r^2 \sin^2\vartheta}\frac{\partial^2 F}{\partial\varphi^2} + k^2 F = 0,$$

$$F = f_1(r)\, f_2(\vartheta)\, f_3(\varphi),$$

$$\frac{1}{r}\frac{d^2(r f_1)}{dr^2} + \left(k^2 - \frac{\nu(\nu+1)}{r^2}\right) f_1 = 0, \qquad\qquad f_1(r) = \frac{\mathfrak{Z}_{\nu+\frac{1}{2}}(k r)}{\sqrt{r}}$$

$$\sin^2\vartheta\,\frac{d^2 f_2}{d\vartheta^2} + \sin\vartheta \cos\vartheta\,\frac{d f_2}{d\vartheta} + [\nu(\nu+1)\sin^2\vartheta - \mu^2]\, f_2 = 0;$$

$$f_2(\vartheta) = P_\nu^\mu(\cos\vartheta),$$

$$\frac{d^2 f_3}{d\varphi^2} = -\mu^2 f_3; \qquad\qquad f_3(\varphi) = e^{\pm i\mu\varphi}.$$

Darstellung von ebener Welle und Kugelwelle durch Partikularlösungen der Schwingungsgleichung in Kugelkoordinaten.

Ebene Welle:

$$e^{i k r \cos \vartheta} = \sqrt{\frac{\pi}{2 k}} \sum_0^\infty (2 n + 1) \, i^n \frac{1}{\sqrt{r}} J_{n+\frac{1}{2}}(k r) \, P_n(\cos \vartheta).$$

Kugelwelle:

$$\frac{e^{i k R}}{R} = i \frac{\pi}{2} \sum_0^\infty \frac{1}{\sqrt{r}} J_{n+\frac{1}{2}}(k r) \frac{1}{\sqrt{r_0}} H_{n+\frac{1}{2}}^{(1)}(k r_0) \, P_n(\cos \gamma); \quad \text{für } r < r_0$$

$$= i \frac{\pi}{2} \sum_0^\infty \frac{1}{\sqrt{r_0}} J_{n+\frac{1}{2}}(k r_0) \frac{1}{\sqrt{r}} H_{n+\frac{1}{2}}^{(1)}(k r) \, P_n(\cos \gamma); \quad \text{für } r > r_0$$

mit

$$R = \sqrt{r^2 + r_0^2 - 2 r r_0 \cos \gamma}; \quad \cos \gamma = \cos \vartheta \cos \vartheta_0 + \sin \vartheta \sin \vartheta_0 \cos (\varphi - \varphi_0),$$

$$P_n(\cos \gamma) = \sum_{m=0}^n \varepsilon_m \frac{(n - m)!}{(n + m)!} P_n^m(\cos \vartheta) \, P_n^m(\cos \vartheta_0) \cos m (\varphi - \varphi_0).$$

Koordinaten des parabolischen Zylinders (ξ, η, z); $u = \xi, v = \eta, w = z.$

$$\Delta F + k^2 F = 0; \quad \frac{\partial^2 F}{\partial \xi^2} + \frac{\partial^2 F}{\partial \eta^2} + (\xi^2 + \eta^2) \frac{\partial^2 F}{\partial z^2} + k^2 (\xi^2 + \eta^2) F = 0,$$

$$F = f_1(\xi) \, f_2(\eta) \, f_3(z),$$

$$\frac{d^2 f_1}{d \xi^2} + (\lambda + l^2 \xi^2) f_1 = 0; \quad (l^2 = k^2 - \alpha^2); \quad f_1 = D_{-(l+i\lambda)/2l}[\pm \xi \sqrt{l}(1 + i)],$$

$$\frac{d^2 f_2}{d \eta^2} + (-\lambda + l^2 \eta^2) f_2 = 0; \qquad\qquad f_2 = D_{-(l-i\lambda)/2l}[\pm \eta \sqrt{l}(1 + i)],$$

$$\frac{d^2 f_3}{d z^2} = -\alpha^2 f_3; \qquad\qquad\qquad f_3 = e^{\pm i \alpha z}.$$

Darstellung einer Zylinderwelle:

$$Ho^{(2)}\left(k \frac{\xi^2 + \eta^2}{2}\right) = \frac{1}{\pi^2 \sqrt{2}} \int_{\sigma - i \infty}^{\sigma + i \infty} D_\nu[(1 + i) \xi \sqrt{k}] D_{-\nu-1}[(1 + i) \eta . \sqrt{k}] \times$$

$$\times \Gamma\left(-\frac{\nu}{2}\right) \Gamma\left(\frac{1 + \nu}{2}\right) d\nu,$$

$$\nu = \sigma + i \tau; \quad -1 < \sigma < 0; \quad \text{Re } (i \xi^2 k) \geqq 0; \quad \text{Re } (i \eta^2 k) \geqq 0.$$

Parabolische Koordinaten (ξ, η, φ); $u = \xi, v = \eta, w = \varphi.$

$$\Delta F + k^2 F = 0;$$

$$\frac{\partial^2 F}{\partial \xi^2} + \frac{1}{\xi} \frac{\partial F}{\partial \xi} + \frac{\partial^2 F}{\partial \eta^2} + \frac{1}{\eta} \frac{\partial F}{\partial \eta} + \frac{(\xi^2 + \eta^2)}{\xi^2 \eta^2} \frac{\partial^2 F}{\partial \varphi^2} + k^2 (\xi^2 + \eta^2) F = 0,$$

$$F = f_1(\xi)\, f_2(\eta)\, f_3(\varphi),$$

$$\frac{d^2 f_1}{d\xi^2} + \frac{1}{\xi}\frac{df_1}{d\xi} + \left(k^2\xi^2 - \frac{\mu^2}{\xi^2} + \lambda\right) f_1 = 0;$$

$$f_1 = \xi^\mu\, e^{\pm i k \xi^2/2}\, {}_1F_1\left(-\frac{i\lambda}{4k} + \frac{\mu+1}{2};\ \mu+1;\ \mp i k\,\xi^2\right),$$

$$\text{bzw. } f_1 = \xi^{-1}\, W_{\lambda/4ik,\,\mu/2}(i\,k\,\xi^2).$$

$$\frac{d^2 f_2}{d\eta^2} + \frac{1}{\eta}\frac{df_2}{d\eta} + \left(k^2\eta^2 - \frac{\mu^2}{\eta^2} - \lambda\right) f_2 = 0;$$

$$f_2 = \eta^\mu\, e^{\pm i k \eta^2/2}\, {}_1F_1\left(\frac{i\lambda}{4k} + \frac{\mu+1}{2};\ \mu+1;\ \mp i k\,\eta^2\right),$$

$$\text{bzw. } f_2 = \eta^{-1}\, W_{i\lambda/4k,\,\mu/2}(i\,k\,\eta^2).$$

$$\frac{d^2 f_3}{d\varphi^2} = -\mu^2 f_3;\quad f_3 = e^{\pm i\mu\varphi}.$$

Im Falle $k = 0$; $\Delta F = 0$ (Laplacesche Differentialgleichung)

$$f_1 = \mathfrak{Z}_\mu(\sqrt{\lambda}\,\xi),\quad f_2 = \mathfrak{Z}_\mu(i\,\sqrt{\lambda}\,\eta),\quad f_3 = e^{\pm i\mu\varphi}.$$

Koordinaten des elliptischen Zylinders $(\xi,\,\eta,\,z)$.

$$\Delta F + k^2 F = 0;$$

$$\frac{\partial^2 F}{\partial\xi^2} + \frac{\partial^2 F}{\partial\eta^2} + \frac{c^2}{2}(\mathfrak{Cof}\,2\xi - \cos 2\eta)\frac{\partial^2 F}{\partial z^2} + k^2\frac{c^2}{2}(\mathfrak{Cof}\,2\xi - \cos 2\eta)\,F = 0,$$

$$F = f_1(\xi)\, f_2(\eta)\, f_3(z),$$

$$\frac{d^2 f_1}{d\xi^2} + \left[-\lambda + \frac{c^2}{2}(k^2 - \alpha^2)\,\mathfrak{Cof}\,2\xi\right] f_1 = 0,$$

$$\frac{d^2 f_2}{d\eta^2} + \left[\lambda - \frac{c^2}{2}(k^2 - \alpha^2)\cos 2\eta\right] f_2 = 0,$$

$$\frac{d^2 f_3}{dz^2} = -\alpha^2 f_3, \qquad\qquad f_3 = e^{\pm i\alpha z}.$$

Die Differentialgleichungen für f_2 und f_1 sind die sogenannten Mathieuschen Differentialgleichungen, ihre Lösungen die Mathieuschen Funktionen.

Die Differentialgleichung für f_1 folgt aus der für f_2, indem an Stelle von η der Wert $i\,\xi$ gesetzt wird. Das entsprechende folgt auch für die Lösungen der beiden Differentialgleichungen. Näheres hierüber: Strutt: Lamésche und Mathieusche Funktionen.

Elliptische Koordinaten $(\xi,\,\eta,\,\varphi)$ (gestrecktes Rotationsellipsoid).

$$\Delta F + k^2 F = 0;\quad \frac{\partial}{\partial\xi}\left[(\xi^2 - 1)\frac{\partial F}{\partial\xi}\right] + \frac{\partial}{\partial\eta}\left[(1 - \eta^2)\frac{\partial F}{\partial\eta}\right] +$$

$$+ \left(\frac{1}{1 - \eta^2} + \frac{1}{\xi^2 - 1}\right)\frac{\partial^2 F}{\partial\varphi^2} + k^2 c^2(\xi^2 - \eta^2) = 0,$$

$$F = f_1(\xi)\, f_2(\eta)\, f_3(\varphi),$$

$$\frac{d}{d\xi}\left[(1-\xi^2)\frac{df_1}{d\xi}\right] + f_1\left(-\frac{\mu^2}{1-\xi^2} - k^2 c^2 \xi^2 + \lambda\right) = 0;$$

$$\frac{d}{d\eta}\left[(1-\eta^2)\frac{df_2}{d\eta}\right] + f_2\left(-\frac{\mu^2}{1-\eta^2} - k^2 c^2 \eta^2 + \lambda\right) = 0;$$

$$\frac{d^2 f_3}{d\varphi^2} = -\mu^2 f_3; \qquad\qquad f_3 = e^{\pm i\mu\varphi}.$$

Im Falle $k = 0$ (LAPLACEsche Differentialgleichung) ergibt sich mit $\lambda = \nu(\nu + 1)$

$$f_1 = \mathfrak{P}_\nu^\mu(\xi) \quad\text{bzw.}\quad \mathfrak{Q}_\nu^\mu(\xi), \quad f_2 = P_\nu^\mu(\eta) \quad\text{bzw.}\quad Q_\nu^\mu(\eta), \quad f_3 = e^{\pm i\mu\varphi}.$$

Für $k \neq 0$ sind die Differentialgleichungen für f_1 und f_2 die sogenannten LAMÉschen Differentialgleichungen, ihre Lösungen die LAMÉschen Wellenfunktionen.

Näheres hierüber siehe STRUTT: LAMÉsche und MATHIEUsche Funktionen.

Elliptische Koordinaten (ξ, η, φ) (abgeplattetes Rotationsellipsoid).

$$\Delta F + k^2 F = 0; \quad \frac{\partial}{\partial\xi}\left[(1+\xi^2)\frac{\partial F}{\partial\xi}\right] + \frac{\partial}{\partial\eta}\left[(1-\eta^2)\frac{\partial F}{\partial\eta}\right] +$$

$$+ \frac{\partial^2 F}{\partial\varphi^2}\left(\frac{1}{1-\eta^2} - \frac{1}{1+\xi^2}\right) + k^2 c^2 (\xi^2 + \eta^2) F = 0,$$

$$F = f_1(\xi)\, f_2(\eta)\, f_3(\varphi),$$

$$\frac{d}{d\xi}\left[(1+\xi^2)\frac{df_1}{d\xi}\right] + f_1\left(\frac{\mu^2}{1+\xi^2} + k^2 c^2 \xi^2 - \lambda\right) = 0,$$

$$\frac{d}{d\eta}\left[(1-\eta^2)\frac{df_2}{d\eta}\right] + f_2\left(-\frac{\mu^2}{1-\eta^2} + k^2 c^2 \eta^2 + \lambda\right) = 0,$$

$$\frac{d^2 f_3}{d\varphi^2} = -\mu^2 f_3, \qquad\qquad f_3 = e^{\pm i\mu\varphi}.$$

Die Differentialgleichungen für f_1 und f_2 sind wieder die LAMÉschen Differentialgleichungen. Die Differentialgleichung für f_1 folgt aus der für f_2, indem an Stelle von η der Wert $i\xi$ gesetzt wird.

Für $k = 0$ (LAPLACEsche Differentialgleichung) ist mit $\lambda = \nu(\nu + 1)$:

$$f_1 = \mathfrak{P}_\nu^\mu(i\xi) \quad\text{bzw.}\quad \mathfrak{Q}_\nu^\mu(i\xi), \quad f_2 = P_\nu^\mu(\eta), \quad f_3 = e^{\pm i\mu\varphi}.$$

Toruskoordinaten (ξ, η, φ); $u = \xi$, $v = \eta$, $w = \varphi$.

$$\Delta F + k^2 F = 0; \quad \frac{\partial}{\partial\xi}\left(\frac{\mathfrak{Sin}\,\xi}{\mathfrak{Cof}\,\xi - \cos\eta}\frac{\partial F}{\partial\xi}\right) + \frac{\partial}{\partial\eta}\left(\frac{\mathfrak{Sin}\,\xi}{\mathfrak{Cof}\,\xi - \cos\eta}\frac{\partial F}{\partial\eta}\right) +$$

$$+ \frac{\dfrac{\partial^2 F}{\partial\varphi^2}}{\mathfrak{Sin}\,\xi\,(\mathfrak{Cof}\,\xi - \cos\eta)} + \frac{k^2 c^2 \mathfrak{Sin}\,\xi}{(\mathfrak{Cof}\,\xi - \cos\eta)^3} = 0.$$

Diese Differentialgleichung ist für $k \neq 0$ nicht separierbar. Für $k = 0$ (LAPLACEsche Differentialgleichung) folgt:

$$\Delta F = 0; \quad \frac{\partial}{\partial \xi}\left(\frac{\mathfrak{Sin}\,\xi}{\mathfrak{Cof}\,\xi - \cos \eta}\frac{\partial F}{\partial \xi}\right) + \frac{\partial}{\partial \eta}\left(\frac{\mathfrak{Sin}\,\xi}{\mathfrak{Cof}\,\xi - \cos \eta}\frac{\partial F}{\partial \eta}\right) +$$

$$+ \frac{1}{\mathfrak{Sin}\,\xi\,(\mathfrak{Cof}\,\xi - \cos \eta)}\frac{\partial^2 F}{\partial \varphi^2} = 0.$$

Wird als neue Variable $\mathfrak{Cof}\,\xi = s$ und $F = \sqrt{\mathfrak{Cof}\,\xi - \cos \eta}\,g\,(s, \eta, \varphi)$ gesetzt, dann ist

$$\frac{\partial}{\partial s}\left[(s^2 - 1)\frac{\partial g}{\partial s}\right] + \frac{\partial^2 g}{\partial \eta^2} + \frac{g}{4} + \frac{1}{s^2 - 1}\frac{\partial^2 g}{\partial \varphi^2} = 0.$$

Mit $g = f_1(s)\,f_2(\eta)\,f_3(\varphi)$ wird:

$$(1 - s^2)\frac{d^2 f_1}{d s^2} - 2 s \frac{d f_1}{d s} + \left[(\nu - \tfrac{1}{2})(\nu + \tfrac{1}{2}) - \frac{\mu^2}{1 - s^2}\right] f_1 = 0; \quad \left\{ \begin{array}{l} f_1 = \mathfrak{P}^{\mu}_{\nu - \frac{1}{2}}(s) \\ \text{bzw.} \\ f_1 = \mathfrak{Q}^{\mu}_{\nu - \frac{1}{2}}(s), \end{array}\right.$$

$$\frac{d^2 f_2}{d \eta^2} = - \nu^2 f_2; \qquad\qquad f_2 = e^{\pm i \nu \eta},$$

$$\frac{d^2 f_3}{d \varphi^2} = - \mu^2 f_3; \qquad\qquad f_3 = e^{\pm i \mu \varphi}.$$

Anhang zum neunten Kapitel.

§ 3. Lineare Differentialgleichungen zweiter Ordnung.

Im folgenden werden einige Formeln zusammengestellt, welche bei der Behandlung gewöhnlicher linearer Differentialgleichungen zweiter Ordnung von Nutzen sind und daher vor allem in der Theorie der hypergeometrischen Funktion, der Kugel- und Zylinderfunktionen vielfach angewandt werden.

Die unabhängige Variable wird weiterhin mit x oder mit t bezeichnet; eine Ableitung nach x wird durch einen Strich $\left(y' = \frac{d y}{d x}\right)$, eine Ableitung nach t durch einen Punkt $\left(\frac{d v}{d t} = \dot{v}\right)$ bezeichnet. Größen mit dem Index Null $(x_0, y_0, y_0^*, c_0 \ldots)$ sind Konstanten.

Die Differentialgleichung

$$y'' + a(x)\,y' + b(x)\,y = 0$$

besitzt zwei linear unabhängige Lösungen $\eta_1(x)$ und $\eta_2(x)$; ihre allgemeine Lösung lautet

$$y = c_0\,\eta_1(x) + c_0^*\,\eta_2(x).$$

Zur Abkürzung werde weiterhin eine Funktion $A(x)$ mit

$$\frac{d}{d x}A(x) = a(x)$$

eingeführt; wenn $a(x)$ bei $x = 0$ stetig ist, sei insbesondere

$$A(0) = 0, \quad A(x) = \int_0^x a(\xi)\, d\xi.$$

Die inhomogene Differentialgleichung

$$z'' + a(x)\, z' + b(x)\, z = f(x);$$

besitzt dann die bei $x = 0$ nebst ihrer ersten Ableitung verschwindende Lösung

$$z = \frac{1}{D_0}\left[\eta_1(x)\int_0^x \eta_2(\xi)\, f(\xi)\, e^{A(\xi)}\, d\xi - \eta_2(x)\int_0^x \eta_1(\xi)\, f(\xi)\, e^{A(\xi)}\, d\xi\right]$$

mit

$$D_0 = \eta_1(0)\, \eta_2'(0) - \eta_2(0)\, \eta_1'(0).$$

Für die „WRONSKISCHE Determinante" $\eta_2'\eta_1 - \eta_1'\eta_2$ der Lösungen η_1, η_2 der homogenen Gleichung gilt:

$$\eta_1(x)\, \eta_2'(x) - \eta_2(x)\, \eta_1'(x) = D_0\, e^{-A(x)}.$$

Mithin erhält man aus einer Lösung η_1 eine linear unabhängige in Gestalt von

$$\eta_1(x)\int_0^x e^{-A(\xi)}\, \frac{d\xi}{\eta_1^2(\xi)}.$$

Substitutionen. Setzt man

$$y(x) = h(x)\, W(x)$$

mit der gegebenen Funktion h, so wird

$$y'' + a(x)\, y' + b(x)\, y \equiv h\, W'' + (2\, h' + h\, a)\, W' + (h'' + a\, h' + h\, b)\, W.$$

Wählt man insbesondere

$$h(x) = e^{-\frac{1}{2}A(x)},$$

so wird $ha + 2\, h' \equiv 0$ und die Differentialgleichung für y geht über in die Differentialgleichung für W:

$$W'' + \left(b - \frac{a'}{2} - \frac{a^2}{4}\right) W = 0.$$

Setzt man

$$\omega = \frac{y'}{y},$$

so genügt ω der RICCATIschen Differentialgleichung

$$\omega' + \omega^2 + a\, \omega + b = 0.$$

Führt man eine neue unabhängige Variable t ein durch

$$x = \varphi(t),$$

so wird, mit $\alpha(t) = a(\varphi(t))$, $\beta(t) = b(\varphi(t))$

$$y'' + a\, y' + b\, y \equiv \frac{1}{\dot\varphi^2}\left[\ddot y + \left(\alpha\, \dot\varphi - \frac{\ddot\varphi}{\dot\varphi}\right)\dot y + \beta\, \dot\varphi^2\, y\right].$$

Sätze über die Nullstellen der Lösungen. Es sei $\varrho(x)$ eine reelle Funktion der reellen Variablen x. Die Differentialgleichung

$$u'' + \varrho(x)\, u = 0$$

besitze die linear unabhängigen Lösungen $u_1(x)$ und $u_2(x)$. Dann gilt: Zwischen zwei benachbarten Nullstellen von $u_1(x)$ liegt genau eine Nullstelle von $u_2(x)$. — Es sei weiterhin u eine nicht identisch verschwindende Lösung. Dann gilt: Wenn $\varrho(x)$ in einem Intervall $c_0 \leqq x \leqq c_1$ stets kleiner oder gleich Null ist, so besitzt u in diesem Intervall höchstens eine Nullstelle. Wenn für $c_0 \leqq x \leqq c_1$ durchweg $\varrho > 0$ ist und zwei positive Konstanten m und M existieren, so daß

$$m^2 \leqq \varrho(x) \leqq M^2$$

ist, so gelten für die Koordinaten x_1 und x_2 benachbarter Nullstellen von u die Ungleichungen

$$\frac{\pi}{M} \leqq |x_2 - x_1| \leqq \frac{\pi}{m}.$$

Setzt man

$$\frac{u'(c_0)}{u(c_0)} = \operatorname{tg} \delta, \qquad\qquad (0 \leqq \delta < \pi)$$

so besitzt u im Intervall $c_0 \leqq x \leqq c_1$ mindestens so viele Nullstellen wie die Funktion

$$\cos\left[(x - c_0 - \delta)\, m\right]$$

und höchstens so viele Nullstellen wie die Funktion

$$\cos\left[(x - c_0 - \delta)\, M\right].$$

Abhängigkeit von einem Parameter. Es sei λ ein Parameter, und es sei $y(x, \lambda)$ eine nicht identisch verschwindende Lösung der Differentialgleichung

$$y'' + a(x)\, y' + [b(x) + \lambda g(x)]\, y = 0,$$

welche für $x = 0$ die festen (von λ unabhängigen) Anfangswerte $y(0, \lambda) = y_0$, $y'(0, \lambda) = y_0'$ besitzt.

Ist dann für zwei verschiedene Werte von $\lambda = \lambda_1$ und $\lambda = \lambda_2$ und einen festen Wert von $x_0 \neq 0$ sowohl $y(x_0, \lambda_1)$ als auch $y(x_0, \lambda_2)$ gleich Null, so besteht die Orthogonalitätsrelation:

$$\int\limits_0^{x_0} g(\xi)\, y(\xi, \lambda_1)\, y(\xi, \lambda_2)\, e^{A(\xi)}\, d\xi = 0.$$

Setzt man

$$\frac{\partial y}{\partial \lambda} = h(x, \lambda),$$

so ist der Wert von h an einer Nullstelle x_0 von y gegeben durch

$$\frac{\partial y(x_0, \lambda)}{\partial \lambda} \equiv h(x_0, \lambda) = -\frac{e^{-A(x_0)}}{y'(x_0, \lambda)} \int\limits_0^{x_0} e^{A(x)}\, g(x)\, y^2(x, \lambda)\, dx.$$

Zusammenstellung der benutzten Abkürzungen.

Es sei $z = x + iy$ eine komplexe Größe. Dann ist

$\operatorname{Re} z$ $\quad = $ Realteil von $z = x$.

$\operatorname{Im} z$ $\quad = $ Imaginärteil von $z = y$.

$\bar{z}$ $\quad = x - iy$ die zu z konjugiert komplexe Größe.

$|z|$ $\quad = $ Absoluter Betrag von $z = + \sqrt{x^2 + y^2}$.

$\arg z$ $\quad = $ Argument oder Arcus von z; $\sin(\arg z) = \dfrac{y}{\sqrt{x^2 + y^2}}$, $\cos(\arg z)$
$$= \frac{x}{\sqrt{x^2 + y^2}}.$$

$\ln z$ $\quad = $ Hauptwert des natürlichen Logarithmus von z; $\ln z = \ln|z| +$
$+ i \arg z$ mit $-\pi < \arg z < \pi$; wenn z reell und negativ ist, wird
stets besonders angegeben, ob $\arg z = \pi$ oder ob $\arg z = -\pi$ zu
setzen ist.

z^α $\quad = e^{\alpha \ln z}$

$\operatorname{sgn} x$ $\quad = $ Signum oder Vorzeichen der (reellen) Größe x; $\operatorname{sgn} x = + 1$
für $x > 0$, $\operatorname{sgn} x = -1$ für $x < 0$, $\operatorname{sgn} 0 = 0$.

$[x]$ $\quad = $ größte ganze Zahl, welche kleiner oder gleich der reellen Größe x
ist.

$f(x_0 + 0)$ $\quad = \lim\limits_{\varepsilon \to 0} f(x_0 + \varepsilon)$. Grenzwert von $f(x)$ bei Annäherung an den
Punkt x_0 von Werten $x > x_0$ her.

$f(x_0 - 0)$ $\quad = \lim\limits_{\varepsilon \to 0} f(x_0 - \varepsilon)$, $\varepsilon > 0$.

$f(x_0 \pm 0\,i)$ $\quad = \lim\limits_{\varepsilon \to 0} f(x_0 \pm \varepsilon\,i)$, $\varepsilon > 0$.

n $\quad = 0, 1, 2, \ldots$ bedeutet stets eine nicht negative ganze Zahl, wenn
nichts anderes gesagt ist.

$n!$ $\quad = 1 \cdot 2 \ldots n$.

$0!$ $\quad = 1$.

$(\alpha)_n$ $\quad = \alpha(\alpha + 1) \ldots (\alpha + n - 1)$ für $n = 1, 2, 3, \ldots$

$(\alpha)_0$ $\quad = 1$.

$\dbinom{\alpha}{n}$ $\quad = (-1)^n \dfrac{(-\alpha)_n}{n!} = \dfrac{\alpha(\alpha - 1) \ldots (\alpha - n + 1)}{1 \cdot 2 \ldots n}.$

ε_n $\quad = $ Neumannsche Zahlen; $\varepsilon_0 = 1$, $\varepsilon_n = 2$ für $n = 1, 2, 3, \ldots$

${}_2F_1(\alpha, \beta; \gamma; z) = $ Hypergeometrische Reihe
$$= 1 + \frac{\alpha\beta}{\gamma\,1!}\,z + \frac{\alpha(\alpha + 1)\,\beta(\beta + 1)}{\gamma(\gamma + 1)\,2!}\,z^2 + \cdots$$
$$= \sum_{n=0}^{\infty} \frac{(\alpha)_n (\beta_n)}{(\gamma)_n\, n!}\, z^n.$$

${}_pF_q(\alpha_1, \ldots, \alpha_p; \gamma_1, \ldots, \gamma_q; z) = $ Verallgemeinerte hypergeometrische Reihe (nur
für $p \leqq q + 1$ konvergent)
$$= \sum_{n=0}^{\infty} \frac{(\alpha_1)_n \cdots (\alpha_p)_n}{(\gamma_1)_n \cdots (\gamma_q)_n}\, \frac{z^n}{n!}.$$

$$_1F_1(\alpha;\gamma,z) \;=\; \sum_{n=0}^{\infty} \frac{(\alpha)_n}{(\gamma)_n}\,\frac{z^n}{n!}\,.$$

$$_0F_1(;\gamma;z) \;=\; \sum_{n=0}^{\infty} \frac{z^n}{(\gamma)_n\,n!}\,.$$

$$(\nu,\,n) \;=\; \frac{(4\nu^2-1^2)(4\nu^2-3^2)\ldots[4\nu^2-(2n-1)^2]}{2^{2n}\,n!} \qquad \text{für } n=1,2,3\ldots$$

$(\nu,\,0) = 1.$

∇_ν = s. Kap. III, § 9.

$O[f(z)]$ = Größenordnung von $f(z)$. Wenn z sich einem Grenzwert z_0 nähert (meist ist z_0 gleich ∞; der Grenzwert z_0 ergibt sich stets aus dem Zusammenhang) schreibt man $g(z) = O[f(z)]$, wenn es eine reelle nicht negative Konstante M gibt, so daß in einer hinreichend kleinen Umgebung von $z = z_0$ beständig

$$|g(z)| \leqq M\,|f(z)|$$

ist.

$\gg$ = „Groß gegen" } Ausdrücke, die gebraucht werden, um die Ver-
$\ll$ = „Klein gegen" } wendungsmöglichkeit von Näherungsformeln anzudeuten.

$\sim$ = „Ungefähr gleich" in Formeln ohne explizite Fehlerabschätzung, hauptsächlich benutzt bei Angabe des ersten Gliedes einer asymptotischen (semikonvergenten) Reihe.

$\approx$ = „Asymptotisch gleich". Das Zeichen wird benutzt bei Angabe einer semikonvergenten Entwicklung für eine Funktion.

$\left.\begin{array}{l}\vdots\\\mathfrak{L}\\\mathfrak{L}^{-1}\end{array}\right\}$ = Zeichen für die LAPLACE-Transformation und ihre Umkehrung; s. Kap. VIII, § 2.

Verzeichnis der Funktionssymbole

in alphabetischer Reihenfolge.

Symbol	Name der Funktion	Kapitel und Abschnitt
$B(x, y)$	Betafunktion	I.
B_{2n}	BERNOULLISche Zahlen	I.
$\mathrm{ber}_\nu z,\ \mathrm{ber}\, z$ $\mathrm{bei}_\nu z,\ \mathrm{bei}\, z$	$\left.\begin{array}{l}\text{Real- und Imaginärteil der BESSELschen}\\ \text{Funktionen von } z\, e^{3\pi i/4} \text{ (bei reellem } z)\end{array}\right\}$	III, § 1.
C	EULERsche Konstante	I.
$C(x)$	FRESNELsches Kosinusintegral	VI, § 4.
$C_n^\nu(t)$	GEGENBAUERsche Funktionen (Polynome)	IV, Anhang
$ce_{2n}(x),\ ce_{2n+1}(x)$	MATHIEUsche Funktionen erster Art	
$ce_{2n}^{(2)}(x),\ ce_{2n+1}^{(2)}(x)$	MATHIEUsche Funktionen zweiter Art	Anhang zu
$Ce_{2n}^{(1)},\ Ce_{2n+1}^{(1)}$	$\left.\begin{array}{l}\text{zugeordnete MATHIEUsche Funktionen}\\ \text{erster bzw. zweiter Art}\end{array}\right.$	Kap. III
$Ce_{2n}^{(2)},\ Ce_{2n+1}^{(2)}$		
$\mathrm{Ci}(x)$	Integralkosinus	VI, § 4.
$\mathrm{cd}\, u = \dfrac{\mathrm{cn}\, u}{\mathrm{dn}\, u}$	—	
$\mathrm{cn}\, u$	Cosinus amplitudinis	VII, § 3.
$\mathrm{cs}\, u = \dfrac{\mathrm{cn}\, u}{\mathrm{sn}\, u}$	—	
$D_\nu(z)$	$\left\{\begin{array}{l}\text{WEBER-HERMITEsche Funktionen, Funk-}\\ \text{tionen des parabolischen Zylinders}\end{array}\right.$	VI, § 3.
$\mathrm{dc}\, u = \dfrac{\mathrm{dn}\, u}{\mathrm{cn}\, u}$	—	
$\mathrm{dn}\, u$	Delta amplitudinis	VII, § 3.
$\mathrm{ds}\, u = \dfrac{\mathrm{dn}\, u}{\mathrm{sn}\, u}$	—	
$e_1,\ e_2,\ e_3$	—	VII, § 2.
$E(\alpha, \varphi)$	Elliptisches Normalintegral zweiter Gattung	VII, § 4.
$\mathsf{E}(k)$	$\left\{\begin{array}{l}\text{Vollständiges elliptisches Integral}\\ \text{zweiter Gattung}\end{array}\right.$	VII, § 4.
$\mathsf{E}'(k) = \mathsf{E}(k')$	—	VII, § 4.
$E_\nu(z)$	WEBERsche Funktion	III, § 9.
$\mathrm{Ei}(x)$	Exponentialintegral	VI, § 4.
$\mathrm{Erfc}(x)$	Errorfunction	VI, § 4.
ε_n	NEUMANNsche Zahlen	III, § 1.
$F(\alpha, \varphi)$	Elliptisches Normalintegral erster Gattung	VII, § 4.
$F(a, b; c; z)$ $_2F_1(a, b; c; z)$	$\left.\begin{array}{l}\text{Hypergeometrische Reihe}\end{array}\right.$	II, § 1, s. a. Verzeichn. d.
$_pF_q$	verallgemeinerte hypergeometrische Reihe	Abkürzung.
$_1F_1(a; c; z)$	KUMMERsche Funktion	VI, § 1.
$\mathfrak{F}_n(\alpha, \gamma, x)$	JACOBIsche Polynome	V, § 3.

Symbol	Name der Funktion	Kapitel und Abschnitt
g_2, g_3	—	VII, § 2.
$\Gamma(z)$	Gammafunktion	I.
$\gamma = e^0$	—	I.
$\gamma(\nu, x)$	Unvollständige Gammafunktion	VI. § 4.
$H_\nu(z)$	STRUVEsche Funktion	III, § 9.
$H_\nu^{(1)}(z), H_\nu^{(2)}(z)$	HANKELsche Funktion erster bzw. zweiter Art	III, § 1.
$He_n(x)$	HERMITEsche Polynome	V, § 2.
$he_n(x)$	HERMITEsche Funktionen 2. Art	V, § 2.
$her_\nu(z), hei_\nu(z)$ $her(z), hei(z)$	—	III, § 1.
$I_\nu(z)$	modifizierte BESSELsche Funktionen	III, § 1.
$J_\nu(z)$	BESSELsche Funktionen	III, § 1.
$\mathbf{J}_\nu(z)$	ANGERsche Funktionen	III, § 9.
k	Modul der (JACOBIschen) elliptischen Funktionen und Integrale	VII, § 3.
$k' = \sqrt{1 - k^2}$	komplementärer Modul	VII, § 3.
$\mathbf{K}(k)$	Vollständiges elliptisches Normalintegral erster Gattung	VII, § 3.
$\mathbf{K}(k') = \mathbf{K}(k)$	—	
$K_\nu(z)$	modifizierte HANKELsche Funktionen	III, § 1.
$kei_\nu(z), kei(z)$ $ker_\nu(z), ker(z)$	—	III, § 1.
$L_n(x)$	LAGUERREsche Polynome	V, § 4.
$L_n^{(\alpha)}(x)$	Verallgemeinerte LAGUERREsche Polynome	V, § 4.
$L_\nu^{(\alpha)}(x)$	LAGUERREsche Funktionen	VI, § 4.
$\mathfrak{L}[f(t)]$	LAPLACE-Transformierte von $f(t)$	VIII, § 2.
$li(x)$	Integrallogarithmus	VI, § 4.
$N_\nu(z)$	NEUMANNsche Funktionen	III, § 1.
$M_{\varkappa, \mu}(z)$ $N_{\varkappa, \mu}(z)$	konfluente hypergeometrische Funktionen	VI, § 2.
$nc\, u = \dfrac{1}{cn\, u}$ $nd\, u = \dfrac{1}{dn\, u}$ $ns\, u = \dfrac{1}{sn\, u}$	—	VII, § 3.
$O[f(z)]$	—	siehe Verz. d. Abkürzungen S. 163
$O_n(t)$	NEUMANNsche Polynome	III, § 8.
$\wp(u)$	Pe-Funktion von WEIERSTRASS	VII, § 2.
$P_n(z)$	LEGENDREsche Polynome	IV, § 2.
$P_n^m(x)$ $\mathfrak{P}_n^m(x)$	zugeordnete LEGENDREsche Polynome	IV, § 3.
$\mathfrak{P}_\nu(z), P_\nu(x)$	LEGENDREsche Funktionen erster Art	IV, § 4.

Symbol	Name der Funktion	Kapitel und Abschnitt
$\mathfrak{P}_\nu^\mu(z)$, $P_\nu^\mu(z)$	zugeordnete Kugelfunktionen erster Art	IV, § 5.
$\Pi(z)$	Fakultät von z	I.
$P\left\{\begin{matrix} a, & b, & c \\ \alpha, & \beta, & \gamma, & z \\ \alpha', & \beta', & \gamma' \end{matrix}\right\}$	RIEMANNsche Differentialgleichung	II, § 2
$\Phi(x)$	Fehlerintegral	VI, § 4.
$\psi(z)$	EULERsche Psi-Funktion	I.
$\psi_n(z)$	—	III, § 1.
$\mathfrak{Q}_\nu(z)$, $Q_\nu(x)$	LEGENDRESche Funktionen (Kugelfunktionen) zweiter Art	IV, § 4.
$\mathfrak{Q}_\nu^\mu(z)$, $Q_\nu^\mu(x)$	zugeordnete Kugelfunktion zweiter Art	IV, § 5.
$R_{m,\nu}(z)$	LOMMELsche Polynome	III, § 8.
$S(t)$	FRESNELsches Sinus-Integral	VI, § 4.
$S_n(t)$	SCHLÄFLIsche Polynome	III, § 8.
$s_{\mu;\nu}(z)$ $S_{\mu;\nu}(z)$	LOMMELsche Funktionen	III, § 10.
$se_{2n}(x)$; $se_{2n+1}(x)$	MATHIEUsche Funktionen erster Art	
$se_{2n}^{(2)}(x)$; $se_{2n+1}^{(2)}(x)$	MATHIEUsche Funktionen zweiter Art	Anhang zu Kap. III.
$Se_{2n}^{(1)}(x)$; $Se_{2n+1}^{(1)}(x)$	zugeordnete MATHIEUsche Funktionen erster bzw. zweiter Art	
$Se_{2n}^{(2)}(x)$; $Se_{2n+1}^{(2)}(x)$		
$Si(x)$	Integralsinus	VI, § 4.
$sn\ u$	Sinus amplitudinis	VII, § 3.
$T_n(x)$	TSCHEBYSCHEFFsche Polynome	V, § 1.
$T_\alpha^{(n)}(x)$	SONINEsche Polynome	V, § 4.
$\vartheta_1(v,t)$, $\vartheta_2(v,t)$, $\vartheta_3(v,t)$, $\vartheta_0(v,t)$	Elliptische Thetafunktionen	VII, § 1.
$U_n(x)$	TSCHEBYSCHEFFsche Polynome zweiter Art	V, § 1.
$W_{n-1}(z)$, $W_{n-1}(x)$	—	IV, § 4.
$W_{\varkappa,\mu}(z)$	WHITTAKERsche Funktionen	VI, § 1.
$Y_\nu(z)$	NEUMANNsche Funktionen	III, § 1.
$\mathfrak{Z}_\nu(z)$, $Z_\nu(z)$	Zylinderfunktionen	VII, § 1.
$zn\ u$	JACOBIsche Zetafunktion	VII, § 4.

Literaturverzeichnis.

Im folgenden sind zunächst [unter a)] eine Reihe von Lehrbüchern und Monographien zusammengestellt, welche weiterhin [unter b)] nur noch mit dem Namen des Verfassers und Angabe der Seitenzahl zitiert werden. Soweit die betreffenden Werke Kapitelüberschriften besitzen, welche mit den Überschriften des vorliegenden Buches übereinstimmen, sind besondere Verweise auf Seitenzahlen meist unterblieben. Die Angaben unter b) enthalten zunächst zu jedem einzelnen Kapitel Literaturverweise, welche sich auf das Kapitel als Ganzes beziehen; sodann wird zu den einzelnen Abschnitten ein Nachweis der benutzten Literatur, insbesondere der Originalarbeiten, hinzugefügt, soweit dies notwendig erscheint.

a) Lehrbücher und Monographien.

APPELL, P., J. KAMPÉ DE FÉRIET: Fonctions hypergéometriques et hyperspheriques. Polynomes d'Hermite. Paris 1926. 4⁰.

BATEMAN, H.: Partial differential equations of mathematical Physics. Cambridge 1932.

BIEBERBACH, L.: Theorie der Differentialgleichungen. Berlin 1926.

COURANT, R., HILBERT, D.: Methoden der mathematischen Physik. Bd. 1 2. Auflage. Berlin 1931.

DOETSCH, G.: Theorie und Anwendung der Laplacetransformation. Berlin 1937.

DROSTE, H. W.: Theorie und Anwendung der Laplacetransformation. Berlin 1939.

ENNEPER, A.: Elliptische Funktionen, 2. Aufl. Halle 1890.

FORSYTHE, A. R., JACOBSTHAL, W.: Differentialgleichungen. Braunschweig 1912.

GRAY, A., MATHEWS, G. B.: A Treatise on Bessel Functions. London 1895.

HAAN, Bierens de: Nouvelles Tables d'intégrales definies. Leide 1867, 4⁰.

HAMEL, G.: Integralgleichungen. Berlin 1937.

HOBSON, E. W.: The Theory of spherical and ellipsoidal Harmonics. Cambridge 1931.

HUMBERT, P., MAC LACHLAN, N. W.: Formulaire pour le calcul d'Heaviside. Paris 1939. (Mémorial des sciences mathematiques. Nr. 100.)

HURWITZ, A., COURANT, R.: Funktionentheorie, 2. Auflage. Berlin 1925.

JAHNKE, F., EMDE, F.: Funktionentafeln mit Formeln und Kurven, 2. Aufl. Leipzig 1933; 3. Auflage 1938.

KLEIN, F.: Vorlesungen über die hypergeometrische Funktion. Berlin 1933.

KRAUSE, M.: Theorie der elliptischen Funktionen. Leipzig 1912.

MAC LACHLAN, N. W.: Complex Variable and operational Calculus with technical applications. Cambridge 1939.

MADELUNG, E.: Die mathematischen Hilfsmittel des Physikers. 3. Aufl. Berlin 1936.

MILNE-THOMSON, L. M.: Die elliptischen Funktionen von JACOBI. Berlin 1931.

NIELSEN, N.: Handbuch der Theorie der Zylinderfunktionen. Leipzig 1904.

POCKELS, F.: Über die partielle Differentialgleichung $\Delta u + K^2 u = 0$. Leipzig 1891.

POLYA, G., SZEGÖ, G.: Aufgaben und Lehrsätze aus der Analysis Bd. 2. Berlin 1925.

MAC ROBERT, T. M.: Spherical Harmonics. London 1928.

STRUTT, M. I. O.: LAMÉsche, MATHIEUsche und verwandte Funktionen in Physik und Technik. (Ergebnisse der Mathematik und ihrer Grenzgebiete Bd. 1 Nr. 3). Berlin 1932.

Tricomi, F.: Funzioni ellitiche. Bologna 1937.
Wagner, K. W.: Operatorenrechnung nebst Anwendungen in Physik und Technik. Leipzig 1940.
Watson, G. N.: A Treatise on the Theory of Bessel Functions. Cambridge 1922.
Weyrich, R.: Zylinderfunktionen und ihre Anwendungen. Leipzig 1937.
Whittaker, E. T., Watson, G. N.: A course of modern analysis, 4. Auflage Cambridge 1927; 5. Aufl. 1935.

b) Literaturnachweise zu den einzelnen Abschnitten.

Erstes Kapitel.

Whittaker-Watson, Watson: S. 449, Artin, E.: Einführung in die Theorie der Gammafunktion. Hamburger mathematische Einzelschriften Nr. 11. Leipzig 1931.

Zweites Kapitel.

Whittaker-Watson, Klein, Forsythe-Jacobsthal, Mac Robert.

§ 1. Bailey, W. N.: A new proof of Dixons theorem on hypergeometric series. Quart. J. Math. (Oxford ser.) Bd. 8 (1937) S. 113—114. Associated hypergeometric series. Ebd. S. 115—117. Bateman, H.: Paraboloidal Coordinates. Phil. Mag. (7) Bd. 26 (1938) S. 1063—1068. Erdelyi, A.: Transformation of hypergeometric Integrals by means of fractional integration by parts. Quart. J. Math. (Oxford ser.) Bd. 10 (1939) S. 176—189. Mac Robert, T. M.: Proofs of some formulae for the hypergeometric function. Phil. Mag. (7) Bd. 16 (1933), S. 440—449; Proofs of some formulae for the generalized hypergeometric and certain related functions. Ebd. Bd. 26 (1938) S. 82—93. Watson, G. N.: Asymptotic expansions of hypergeometric functions. Trans. Cambridge Philos. Soc. Bd. 22 (1912—1923) Nr. 14 S. 277—308.

Drittes Kapitel.

Watson, Weyrich, Gray-Mathews.

§ 1. Straubel, R.: Unbestimmte Integrale mit Produkten von Zylinderfunktionen. Ing.-Arch. Bd. 12 (1941) S. 325—336; Bd. 13 (1942) S. 14—20.

§ 2. Watson: S. 395, 363, 368, 142.

§ 3. Jahnke-Emde: 2. Aufl. (1933) S. 204ff. Debeye, P.: Semikonvergente Entwicklungen für die Zylinderfunktionen und ihre Ausdehnung ins Komplexe. Sitzungsber. der math. phys. Kl. d. Bayr. Akademie d. Wissenschaften zu München Bd. 40 (1910) Nr. 5. Weyrich: S. 49—61. Watson: S. 249ff. Weyrich: S. 64ff. Watson: S. 445, 559.

§ 4. Watson: S. 483—485. Siegel, C. L.: Über einige Anwendungen diophantischer Approximationen. Abh. d. Preuß. Akademie d. Wissenschaften 1929 Nr. 1.

§ 6. Buchholz, H.: Approximation formulue for a well known Difference of Products of two Cylinder functions. Phil. Mag. (7) Bd. 27 (1939) S. 407—420. Watson: S. 395—450. von der Pol, B. Niessen, K. F.: Symbolic Calculus. Phil. Mag. (7) Bd. 13 (1932) S. 537—572. Humbert, P.: Sur les fonctions K de Bessel. Timisoara: Bd. 17 (1941) S. 59—64.

§ 7. Watson: S. 385—415. Gray-Mathews: S. 240. Weyrich: S. 110. Van der Pol u. Niessen: wie in § 6.

§ 8. Watson: S. 271ff.

§ 9. Watson: S. 308ff.

§ 10. Watson: S. 345ff. Meijer, C. S.: Integraldarstellungen aus der Theorie der Besselschen Funktionen. Proc. Lond. math. Soc. (2) Bd. 40 (1935) S. 1—22.

§ 12. Watson: S. 619. Lowry, H. V.: Operational Calculus. Phil. Mag. (7) Bd. 13 (1932) S. 1033—1048, 1144—1163.
Anhang. Strutt: (Dort ausführliches Literaturverzeichnis.)

Viertes Kapitel.

Hobson, Bateman, Buchholz, H.: Die Bewegung elektromagnetischer Wellen in einem kegelförmigen Horn. Ann. Phys. (5) Bd. 37 (1940) Anhang S. 215—225.
§ 5. Mac Robert, T. M.: Some formulae for the associated Legendre functions of the first kind. Phil. Mag. (7) Bd. 27 (1939) S. 703—705. The Mehler-Dirichlet Integral and some other Legendre-formulae. Ebd. Bd. 14 (1932) S. 632—656. Proof of some formulae for the generalized hypergeometric function and certain related functions. Ebd. Bd. 26 (1938) S. 82—93. Erdelyi, A.: Integral Representations for Products of Whittaker-Functions. Phil. Mag. (7) Bd. 26 (1938) S. 871—877.
Anhang. Whittaker-Watson: 4. Aufl. S. 329, 335, 330. Watson: S. 369, 379. Appell-Kampé de Fériet: S. 389—391, 346.

Fünftes Kapitel.

Polya-Szegö: Bd. 2. Courant-Hilbert: Bd. 1.
§ 2. Appell-Kampé de Fériet: S. 342—362. Doetsch: S. 184—186, 310. Feldheim, E.: J. London math. Soc. Bd. 13 (1938) S. 22—29.
§ 3. Appell-Kampé de Fériet: S. 99.
§ 4. Bateman: S. 457. Doetsch: S. 136, 181—184, 310. Howell, W. T.: A Note on Laguerre Polynomials. Phil. Mag. (7) Bd. 23 (1937) S. 807—811. On operational Representations of products of parabolic Cylinder functions and products of Laguerre polynomials. Ebd. Bd. 24 (1937) S. 1082—1093. Toscano, L.: Formula di addizione e moltiplicazione sui polinomi di Laguerre. Atti Accad. Sci. Torino Bd. 76 (1941) S. 417—432.

Sechstes Kapitel.

Whittaker-Watson, Appel-Kampé de Fériet: S. 129—131, 339—341.
§ 1, 2, 3. Bailey, W. N.: An integral representation for the Product of two Whittaker funktions. Quart. J. Math. (Oxford ser.) Bd. 8, (1937) S. 51—53. Dhar, S. C.: Bull. Calcutta Math. Soc. Bd. 26 (1933) S. 57. Erdelyi, A.: Funktionalrelationen mit konfluenten hypergeometrischen Funktionen. Math. Z. Bd. 42 (1936) S. 125—143, 641—670. Howell, W. T.: Wie zu Kap. V., § 4. Magnus, W.: Zur Theorie des zylindrisch-parabolischen Spiegels. Z. Physik Bd. 118 (1941) S. 343 bis 356. Meijer. C. S.: Neue Integraldarstellungen aus der Theorie der Whittakerschen und Hankelschen Funktionen. Math. Ann. Bd. 112 (1936) S. 469—489. Mac Robert, T. M.: Proof of some formulae for the generalized hypergeometric and certain related functions. Phil. Mag. (7) Bd. 26 (1938) S. 82—93. Schmidt, H.: Über einige neuere Beispiele zur Wertverteilungslehre. J. reine angew. Math. Bd. 176 (1937) S. 250—252. Shanker, H.: On the expansion of the parabolic cylinder function in a series of the product of two parabolic Cylinder functions. J. Indian math. Soc. Bd. 3 (1939) S. 228—230. Sharma, J. L.: On Whittakers confluent hypergeometric function. Phil. Mag. (7) Bd. 25 (1938) S. 491—504.
§ 4. Watson, G. N.: Über eine Reihe aus verallgemeinerten Laguerreschen Polynomen. Sitzungsber. Akad. Wissensch. Wien. II a Bd. 147 (1938) S. 151—159. Tricomi, F.: Sviluppo dei polinomi di Laguerre e di Hermite in serie di funzioni di Bessel. Giorn. Ist. ital. Attuari Bd. 12 (1941) S. 14—33.

Siebentes Kapitel.

Whittaker-Watson, Hurwitz-Courant, Krause, Tricomi, Milne-Thomson, Enneper.

Achtes Kapitel.

DOETSCH: (Dort ausführliches Literaturverzeichnis.)

§ 1. CAMPBELL, G. A., FOSTER, R. M.: Fourier Integrals. Bell Telephone Monograph B—584 (1931). HOWELL, W. T.: Wie in Kap. V, § 4. — Zahlreiche Resultate implizit bei WATSON und WHITTAKER-WATSON.

§ 2. HUMBERT-MAC LACHLAN, MAC LACHLAN: (Dort ausführliches Literaturverzeichnis), WAGNER, K. W. Ferner DHAR, S. C.: On the operational Representation of M-Functions of the confluent hypergeometric type. Phil. Mag. (7) Bd. 25 (1938) S. 416—425. MAC LACHLAN, N. W.: Integrals involving BESSEL and STRUVE Functions, Phil. Mag. (7) Bd. 21 (1936) S. 437—448; Operational forms for BESSEL and STRUVE Functions. Ebd. Bd. 23 (1937) S. 762—774, 918—925; Operational forms and contour integrals for BESSEL Functions with argument $a \sqrt{t^2 - b^2}$, Ebd. Bd. 26 (1938) S. 394—408. Operational forms and contour integrals for STRUVE and other functions. Ebd. S. 457—466. LOWRY, H. V.: Operational calculus. Phil. Mag. (7) Bd. 13 (1932) S. 1033—1048, 1144—1163. NIESSEN, K. F.: A contribution to the symbolic calculus. Phil. Mag. (7) Bd. 20 (1935) S. 977—997. VAN DER POL, B.: On the operational solution of linear differential equations and investigation of propertics of these solutions. Phil. Mag. (7) Bd. 8 (1929) S. 861 bis 898. VAN DER POL, B., NIESSEN, K. F.: On simultaneous operational calculus. Phil. Mag. (7) Bd. 11 (1931) S. 368—376. Symbolic calculus. Ebd. Bd. 13 (1932) S. 537—577. Ferner ERDELYI, A.: Wie in Kap. VI.

§ 3. HOWELL, W. T.: On a class of functions which are self-reciprocal in the HANKEL-Transforms. Phil. Mag. (7) Bd. 25 (1938) S. 622—628. VAN DER POL, B., NIESSEN, K. F.: Symbolic calculus. Phil. Mag. (7) Bd. 13 (1932) S. 537—577. MEIJER, C. S.: Beiträge zur Theorie der WHITTAKERschen Funktionen II, Proc. Akad. Wetensch. Amsterdam Bd. 41 (1938) S. 744—755. VARMA, R. S.: Some functions which are self-reciprocal in the HANKEL-Transforms. Proc. London math. Soc. (2) Bd. 42 (1936) S. 9—17. WATSON, G. N.: A Note on parabolic cylinder functions. J. London math. Soc. Bd. 11 (1936) S. 250—251.

§ 4. DOETSCH: S. 318—320.

§ 5. DOETSCH: S. 186. GRAY-MATHEWS: S. 75.

§ 6, 1. HILBERT, D.: Grundzüge einer allgemeinen Theorie der linearen Integralgleichungen. 1. Abschnitt. Leipzig 1912 und 1924.

§ 6, 2. HAMEL: S. 145—151. SCHMEIDLER, W.: Über ein zweidimensionales Analogon einer Formel der Integralrechnung. J. reine angew. Math. Bd. 183 (1941) S. 175—182.

§ 6, 3. DOETSCH: S. 293.

§ 6, 4. KONTOROWICH, M. J., LEBEDEV, N. N.: Über eine Methode zur Lösung einiger Probleme der Beugungstheorie. Journal of Physics (früher: Technical Physics of the U.S.S.R.). Moscou Bd. 1 (1939) S. 229—241. MAGNUS, W.: Über eine Randwertaufgabe der Wellengleichung für den parabolischen Zylinder. Jahresbericht der Deutschen Mathematikervereinigung Bd. 50 (1940) S. 140—161.

§ 6, 5. WHITTAKER-WATSON: 5. Aufl. S. 231. MAGNUS, W.: Über die Beugung elektromagnetischer Wellen an einer Halbebene. Z. Physik Bd. 177 (1941) S. 168—179. BATEMAN, H.: On the inversion of a definite integral. Math. Ann. Bd. 63 (1907) S. 525—548.

Neuntes Kapitel.

§ 1, 2. POCKELS. § 3. BIEBERBACH.

Sach- und Namenverzeichnis.

Nicht aufgenommen sind Begriffe, die in den Überschriften der Kapitel oder Paragraphen auftreten oder an Hand des Inhaltsverzeichnisses sofort zu finden sind wie „Zylinderfunktionen" oder „MATHIEUsche Differentialgleichung", „Ergänzungssatz der Gammafunktion" usw. Die Eigennamen beziehen sich auf Sätze, Formeln oder Funktionen, die nach dem betreffenden Verfasser benannt werden.